Blender2.9

3DCG

Blender2.9
3DCG モデリング・マスター

Benjamin 著

Modeling

Master

はじめに

　本書は、オープンソース統合3DCGソフトウェア「Blender」を使用したモデリング入門書です。

　解説で使用するBlenderは、Version 2.91となります。バージョンによってインターフェイスや操作方法などが多少異なる場合があります。特に初心者など操作にまだ慣れていない方は、解説で使用したバージョンと同じBlenderを使用して、本書を読み進めていただくことをおすすめします。

　画面内の仮想3D空間でモデル（物体）の形状を造り上げていく「モデリング（Modeling）」は、3DCG制作において基本的に最初の工程となり、要ともいえる作業となります。初心者の方が3DCG制作について学習する場合も、自ずとモデリングが最初の項目になるはずです。

　モデリングは、覚える機能や実践のなかで身に付けることなど、学習内容が他の作業工程と比べても非常にボリュームのある工程で、初心者の方にとって大きな壁となっていることは間違いありません。そのため、3DCG制作の学習を始めて間もなく、モデリングの段階で挫折してしまう方も多く、私のそのうちの一人でした。

　本書では、その経験を活かして、無理なくより多くの方にモデリングをスムーズにマスターしていただくために、初めは単純な形状からモデリングを開始し、段階を踏んで徐々に複雑な形状に挑戦していく構成になっています。さらに、実際にモデリングを行うなかで、Blenderに搭載されている各種優れた機能を紹介していきます。

　また、一冊を通して1つのモチーフを仕上げるのではなく、複数のモチーフをモデリングしてその都度仕上げていくことで、造り上げていく喜びや達成感を実感していただき、モチベーションを高めつつ学習していただきたいと思います。

　Blenderは、オープンソースなので無料で利用することができ、プロを目指す学生の方や趣味として3DCG制作に挑戦してみたい方などが気軽に試すことができます。

　無料だからといって機能面でも何ら支障はなく、本格的かつ商用のハイエンドクラスと肩を並べるほどの高機能といえるでしょう。そのため、海外の大手ゲーム開発会社や国内のアニメ制作会社などからも支持されています。

　オープンソース・ソフトウェアということもあり、世界中のプログラマによって日々改良が加えられています。一般的なソフトウェアでは考えられないほど非常に高い頻度でバージョンアップが行われ、次々に新たな機能が搭載されていきます。例えば、レンダリングエンジン「Eeevee」が標準搭載されたことでリアルタイムレンダリングが可能となり、仕上がりとほぼ同じ状態を確認しながらモデリングなどの編集を行うことができるようになりました。

　Blenderひとつあれば、プロ顔負けの作品を制作することももちろん可能です。しかしその分、学習する機能や操作方法なども膨大な量となります。残念ながら本書でBlenderに搭載されている全ての機能を紹介することはできません。本書ではモデリングをマスターしていただくために、あえてモデリングに特化した内容となっており、制作に必要な機能に絞って解説しています。しかし、3DCGの最初の工程となるモデリングをしっかりマスターすれば、表面材質（マテリアル）設定やアニメーションなど、後の工程へもスムーズに移行できるはずです。

　解説で使用したBlenderファイルなどは、ダウンロードで入手できます。モデリングの一連のプロセスを段階的に保存した複数のBlenderファイルになっており、途中の段階から内容を確認することができるため、復習など繰り返し学習する際にも便利です。本書の解説と合わせてご参照いただければ、より理解を深めていただけることと思います。

　本書が、Blenderを使った3DCG制作へ挑戦する足掛かりとなり、一人でも多くの方のお役に立てれば幸いです。

2021年4月
Benjamin（ベンジャミン）

CONTENTS

PART 1 Blenderの基礎知識 9

PART 2 モデリング入門編 57

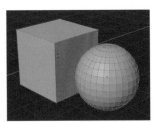

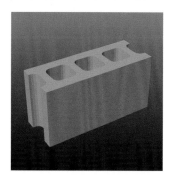

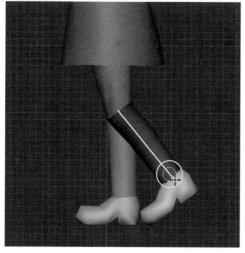

本書の使い方

　本書は、Blenderのビギナーからステップアップを目指すユーザーを対象にしています。
　作例の制作を実際に進めることで、Blenderの操作やテクニックをマスターすることができます。

●注意事項

　Blenderはバージョンアップのサイクルが早く、本書で解説している各機能も改良が加えられています。最新版では機能の名称や設定方法が異なる場合や、機能自体が排除されている場合があります。あらかじめご了承ください。

●キーボードショートカットについて

　本書のキーボードショートカットの記載は、Windowsによるものです。Macユーザーは、キー操作を次のように置き換えて読み進めてください。また、マウスはホイール付きで、ホイールがクリックできるタイプを使用してください。

　また、巻末「モデリングで主に使用するショートカットキー」（384ページ）も併せてご参照ください。

Windows　　Mac

Ctrl キー　➡　control キー（ファイルの保存やアプリケーションの終了など、一部の機能については Command キー）

Alt キー　➡　option キー

サンプルデータについて

　以下のサポートサイトでは、本書の内容をより理解していただくために、作例で使用するBlenderファイルや各種データのアーカイブ（ZIP形式）をダウンロードできます。本書と合わせてご利用ください。

●本書のサポートページ

http://www.sotechsha.co.jp/sp/1285/

●解凍のパスワード

blend29MM

※パスワードは半角英数字で入力

Blender について

　オープンソースのソフトウェアとして開発・無償配布されているBlenderの著作権は、Blender Foundation（http://www.blender.org/）が所有しています。Blenderの最新情報やインストーラーを入手する際にもお役立てください。

　ソフトウェアの使用・複製・改変・再配布については、**GNU General Public License**（GPL）の規定にしたがう限りにおいて許可されています。GPLについての詳細は、「GNU オペレーティング・システム」（http://www.gnu.org/）を参照してください。

PART 1

Blenderの基礎知識

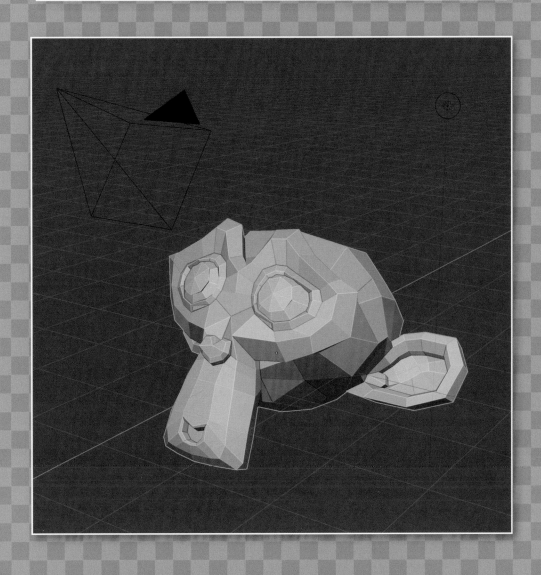

SECTION 1.1 Blenderとは

オランダ生まれのBlenderは、商用のハイエンドクラスと肩を並べるほどの高機能3DCGソフトウェアです。
また、オープンソースなので無料で使用することができ、気軽に挑戦できます。

Blenderはオープンソース＆マルチプラットフォーム

　Blenderは、モデリングやレンダリングなど基本的な機能の他にも、アニメーションやコンポジット、各種シミュレーションなどを搭載する、本格的かつ商用のハイエンドクラスと肩を並べるほど高機能な3DCGソフトウェアです。WindowsやmacOS、Linuxといった幅広いプラットフォームに対応しており、ほとんどの一般的なパソコンで使用できます。

　また、GPLに基づくオープンソース・ソフトウェアとして開発・配布されているため、無料で使用することができ、商用／非商用に関わらず自由に利用することができます。

　さらに、オープンソース・ソフトウェアのため世界中のプログラマにより日々改良が加えられるので、一般的なソフトウェアでは考えられないほどバージョンアップが早く、頻度も非常に高く、次々と新たな機能が搭載されていきます。

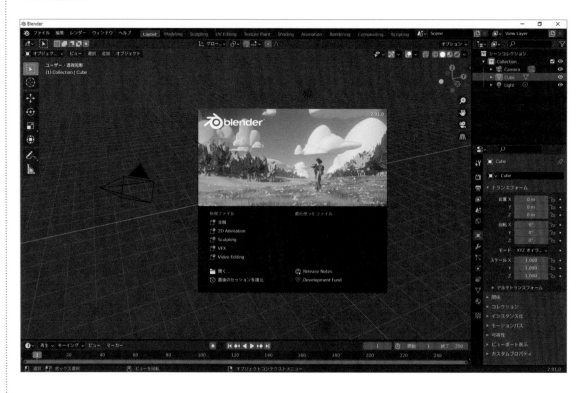

Blenderでできること

統合3DCGソフトウェア「Blender」は、オープンソースで無料で利用できるにも関わらず、すべてを使いこなすのは不可能と思わせるほど膨大な機能が搭載されています。

ここでは、その機能の中から代表的なものを紹介します。

モデリング（Modeling）

画面内の仮想3D空間で、モデル（物体）の形状を造り上げていく作業をモデリングと言います。

モデリングの方式としては、ポリゴンと呼ばれる三角形面あるいは四角形面を組み合わせて形状を造り上げていく現在最もポピュラーなポリゴンモデリングと、工業製品の設計などに用いられるスプライン曲線を利用して形状を造り上げるスプラインモデリングが主に挙げられ、Blenderではどちらの方式にも対応しています。

本書では、直感的に操作することができ、比較的扱いやすいポリゴンモデリングでの編集を前提に解説を行います。

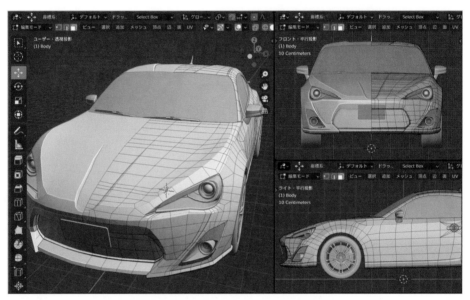

マテリアル（Material）

モデルに対して色や光沢など表面材質（マテリアル）を設定することが可能です。光源の役割も果たす自己発光体を設定したり、透明度や反射率、屈折率などを設定し、宝石のような材質を表現することも可能です。

さらに、フォトリアルな人間の肌や大理石といった半透明な物体を表現するSSS（サブ・サーフェイス・スキャッタリング）機能まで搭載されています。

テクスチャマッピング（Texture mapping）

　マテリアルだけでは表現できない絵柄などは、画像をテクスチャとしてモデルに貼り付けることで、ディテールの作り込みを行うことができます。さらに絵柄として画像を貼り付けるだけでなく、モデリングでは再現が難しい細かい凹凸を擬似的に表現したり、モデルを部分的に透明にしたり、光沢の有無を部分的にコントロールすることも可能です。

　立方体や球体とは異なり、人物のような複雑な形状は、キリトリ線を設定して平面に展開することでテクスチャを投影することが可能となります。このような手法はUVマッピングと呼ばれ、テクスチャの投影方式として最もポピュラーな手法となります。

レンダリング（Rendering）

　画面内の仮想3D空間で制作したモデルを、撮影するように画像として書き出すことをレンダリングと言います。ほとんどの場合が最終工程となり、仕上がりのクオリティを決定付ける重要な作業となります。

　実際の撮影と同じくカメラのアングルや画角、背景の処理など細かな設定を行うことができます。また、作品の雰囲気やテイストなどを左右するライティングについても各種機能が搭載されています。

　さらに、奥行き感のあるシーンを再現できる被写界深度の設定や、光があふれ出ているようなブルームエフェクトなど、さまざまな演出や効果を加えることができます。

　また、Blenderには、ゲームと同様リアルタイムにレンダリング結果を画面に表示することができるリアルタイムレンダリング機能が搭載されています。これによって、仕上がりとほぼ同じ状態を確認しながらモデリングなどの編集を行うことができます。

アニメーション（Animation）

　静止画だけでなく、移動や回転などによるアニメーションを動画として書き出すことが可能です。移動や回転などの単純なアニメーションから、ラインに沿って移動するパスアニメーションや、マテリアルで設定した色を時間の経過とともに変化させるなど、さまざまなアニメーションを設定できます。また、高速で移動する物体の残像を表示させるモーションブラーなど、アニメーションにエフェクトを加えることもできます。

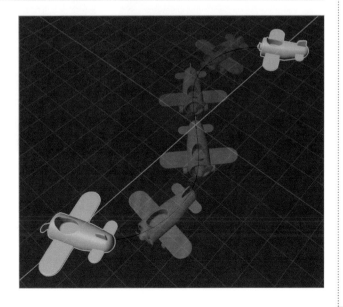

　骨格の設定や顔の表情の設定などキャラクターセットアップを施すことで、ウォーキングやダンスなど複雑なアニメーションを制作することも可能です。

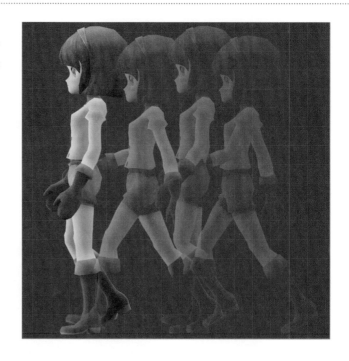

シミュレーション（Simulation）

　本格的かつ商用のハイエンドクラスの3DCGソフトと同様に、力学を用いた流体や風、煙、重力、摩擦などの物理シミュレーションを行うことが可能です。物体の硬さや重さといった細かな設定を行うことで、非常にリアリティのある液体や布などを表現できます。

　また、各種用意されているプリセットを利用すれば、難しい設定を行わず手軽にシミュレーションを試すことが可能です。

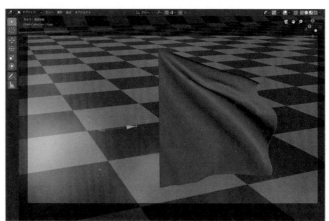

スカルプト(Sculpt)

スカルプトとはモデリング技法の一種で、粘土細工のようにモデルをマウスポインターでなぞることで凹凸を付け、造形を行う機能です。人間など有機的な形状を制作する際に向いています。ペンタブレットを使用することでより直感的に編集作業を行うことができます。

球体などの単純な形状から人間などの複雑な形状を造形することも可能ですが、通常のモデリングでベースとなる形状を作成し、それに対してスカルプトでディテールの作り込みを行う手法もあります。

凹凸を付けるブラシもさまざまな形状が用意されており、さらに自身で用意した画像をブラシの形状として使用することも可能です。

パーティクル(Particle)

パーティクルとは、発生源として設定したオブジェクトから大量の粒子を発生させることができる機能です。それら粒子の形状を変更することで群集を表現したり、粒子を連続的に発生させることで髪の毛を表現することができます。

さらにBlenderでは、パーティクルで生成した髪の毛をくしでとかして整えたり、カットして長さを調整したり、ヘアースタイリングを行うことができます。

これらの機能の他にも、制作した動画や静止画、撮影した実写動画を用いたビデオ編集やアドオンによる機能拡張、Python APIでの柔軟なカスタマイズなど、オープンソース・ソフトウェアとしては考えられないような機能が、Blenderには多数搭載されています。

SECTION 1.2　Blenderの導入

お使いのパソコンで実際にBlenderをご利用になれるように、インストール方法やインストール後の環境設定について紹介します。

Blenderをはじめる

　本書は、BlenderのWindows版、version 2.91で解説を行います。バージョンによってインターフェイスや操作方法などが多少異なる場合があります。特に初心者など操作にまだ慣れていない方は、解説で使用したバージョンと同じBlenderを使用して、本書を読み進めていただくことをおすすめします。

　Blender 2.91は、Windows 7/8.1/10、macOS v10.13以降、またLinuxで利用できます。

最低動作環境	
CPU	64ビット 2GHzデュアルコアプロセッサ（SSE2以上）
メモリ	4GB
ディスプレイ	解像度1280×768ピクセル
ビデオカード	OpenGL 3.3対応、1GBメモリ搭載

推奨動作環境	
CPU	64ビット クワッドコアプロセッサ
メモリ	16GB
ディスプレイ	フルHD（解像度1920×1080ピクセル）
ビデオカード	4GBメモリ搭載

　詳しくは、以下のURLの公式Webサイト（英語）をご参照ください。

▶ https://www.blender.org/download/requirements/

Blenderの入手方法

　Blenderを入手するにはまず、次頁記載の公式Webサイトにアクセスします。ホームの **[Download Blender 2.91.x]** をクリックするとダウンロードページへ進みます。

ダウンロードページの [Download Blender 2.91.x] をクリックしてインストーラーを入手してください。

※本書執筆時とはサイトのデザインやダウンロード方法が異なっている場合があります。

▶ https://www.blender.org/

Zip版は1台のパソコンで複数のバージョンを使用することが可能です。また、アンインストールはパソコンの「コントロールパネル」からではなく、該当フォルダを削除するだけと容易です。インストーラー版とソフトの機能に違いはありませんので、お好みでお選びください。

Zip版や以前のバージョンは、以下のURLよりダウンロードすることが可能です。

▶ https://download.blender.org/release/

Blenderのインストール

1 ダウンロードしたインストーラーのアイコンをダブルクリックしてインストーラーを実行し、表示されたウィンドウ内の指示に従ってインストールを行います。

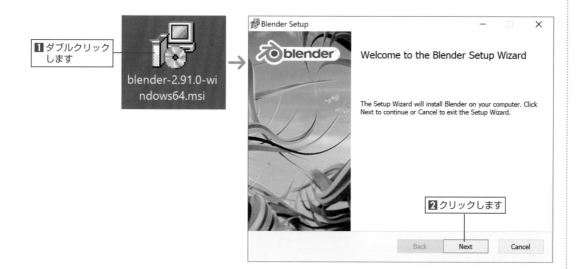

2 ライセンスの利用許諾について、同意する場合は [I accept the terms in the License Agreement] にチェックを入れ、[Next] ボタンをクリックして次に進みます。

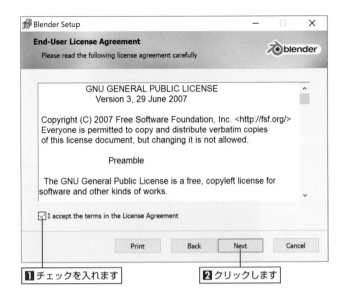

3 Blenderのインストール先を確認し、[Next] ボタンをクリックして次に進みます。インストール先を変更する場合は、[Browse] ボタンをクリックして指定します。

インストール先を変更する場合はクリックします

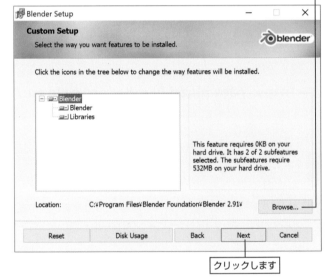

4 [Install] ボタンをクリックし、インストールを実行します。指定先にBlenderのインストールが開始されるので、完了するまで数分待ちます。

⚠ インストーラーを実行する際、「ユーザーアカウント制御」ウィンドウが表示される場合があります。その際は、[はい] ボタンを選択してインストールを続行してください。

5 [Finish] ボタンをクリックして、インストールを終了します。
インストールが完了したら、インストーラーは削除してもかまいません。

クリックします

6 指定したインストール先に生成された「Bledner 2.91」フォルダ内にある "bledner.exe" をダブルクリックするとBlenderが起動します。デスクトップに追加されたショートカットアイコンをダブルクリックするか、スタートメニューから「**Blender**」を選択することでもBlenderを起動することができます。

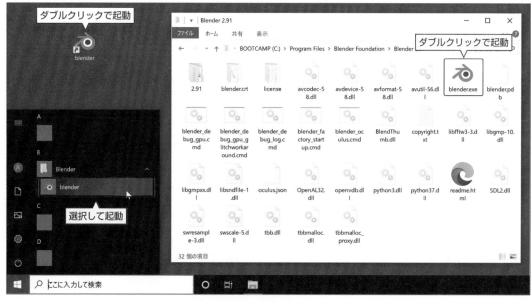

ダブルクリックで起動

ダブルクリックで起動

選択して起動

7 画面内をクリックすると、スプラッシュウィンドウが閉じます。

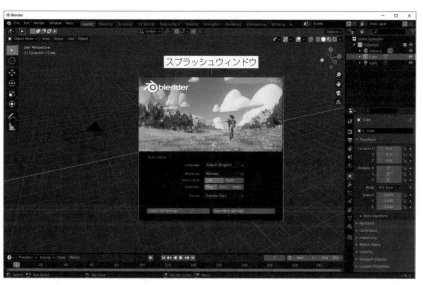

スプラッシュウィンドウ

環境設定

日本語化

1 Blenderのインターフェイスはデフォルトでは英語表記となっていますが、日本語化することが可能です。本書では日本語化したBlenderで解説を進めます。
インターフェイスの日本語化は、ヘッダーの [Edit] から [Preferences] を選択し、[Blender Preferences] ウィンドウを表示させます。

2 ウィンドウの左側にある [Interface] を左クリックします。

3 「Translation」の [Language] メニューから [Japanese（日本語）] を選択すると、インターフェイスが日本語で表示されます。

4 設定内容は自動的に保存されるため、Blenderを終了し、再度起動しても日本語化された状態になります。
設定が完了したら右上の ✕ をクリックして、[Blenderプリファレンス] ウィンドウを閉じます。

テンキーがない場合

頻繁に使用する視点変更のショートカットは、デフォルトでテンキーに割り当てられています。

ノートパソコンなどテンキーがない場合は、テンキーをキーボード上部にある 1 ～ 0 キーに割り当てることをおすすめします。

ヘッダーの [編集] から [プリファレンス] を選択し、[Blenderプリファレンス] ウィンドウを表示させます。ウィンドウの左側にある [入力] を左クリックし、「キーボード」の [テンキーを模倣] にチェックを入れて有効にします。

これによって、テンキーがキーボード上部にある 1 ～ 0 キーに割り当てられるためスムーズな視点切り替えが可能となります。

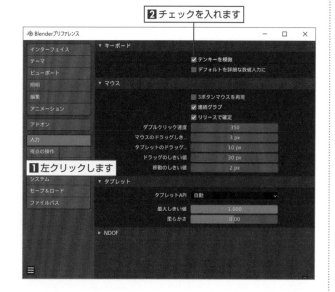

オブジェクトの選択

Blender 2.7x以前では、オブジェクトや各頂点などの選択を右クリックで行っていました。Blender 2.8からは、左クリックでの選択がデフォルトとなっています。Blender 2.7以前の操作に慣れているユーザーのために、右クリックでの選択に変更できます。

ヘッダーの [編集] から [プリファレンス] を選択し、[Blenderプリファレンス] ウィンドウを表示させます。ウィンドウの左側にある [キーマップ] を左クリックし、「プリファレンス」の「Select with Mouse Button」で [右] を左クリックします。

本書は、デフォルトの左クリックによる選択で解説しています。

SECTION 1.3 Blenderの基本操作

Blenderは膨大な機能が搭載されていることもあり、画面の情報量も多く敬遠されがちですが、各ウィンドウの役割を理解して要点を押さえ、基本的な操作を学習すれば、決して難しいことはありません。

インターフェイスの名称と役割

Blenderの起動時に表示される画面について説明します。

ヘッダーメニュー
ファイルの保存や外部ファイルの読み込み、レンダリングの実行といった基本的なメニューが用意されています。

ワークスペース切り替えタブ
上部の各タブを左クリックすることで、モデリングやアニメーション、レンダリングなどそれぞれの編集作業に適した画面レイアウト（ワークスペース）に切り替えることができます。

アウトライナー
シーンに配置されているすべてのオブジェクトが一覧表示されています。

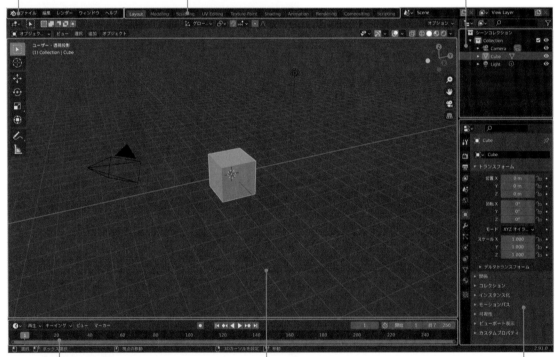

タイムライン
アニメーションの再生や再生時間の制御などアニメーションを制作する際に使用します。

3Dビューポート
モデリングやシーン構築など、3DCG制作でメインの作業エリアです。

プロパティ
各種プロパティが表示されています。左側のアイコンをクリックすると、表示項目を切り替えることができます。

TIPS シーン（Scene）について

3Dビューポートに表示されている仮想3D空間には、モデルの他にカメラやライトが配置されており、この空間を「シーン」と呼びます。さらにBlenderでは、ひとつのファイルに複数のシーンを作成することができ、さまざまな異なる場面を一括で管理することが可能です。

ヘッダーメニューについて

「ファイル」メニュー

現在開いているファイルの保存や外部ファイルの読み込みなどを行います。また、Blenderを終了する場合も、**「ファイル」**メニューから行います。

「編集」メニュー

操作の取り消しや操作の繰り返し、環境設定などを行います。

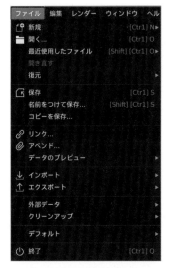

「レンダー」メニュー

画像、アニメーションのレンダリング実行や、レンダリング結果の表示などを行います。

「ウィンドウ」メニュー

新規ウィンドウの表示（同ファイルの別ウィンドウ表示）や全画面表示の切り替え、ワークスペースの切り替えなどを行います。

「ヘルプ」メニュー

マニュアルサイトやBlender公式サイトへの移動などを行います。

アウトライナーについて

アウトライナーには、シーンに配置されているすべてのオブジェクトがツリー状に一覧表示されています。

各オブジェクトの右端に表示されている👁アイコンを左クリックすると、3Dビューポート上での表示／非表示の切り替えが行えます。モデリングの際、他のオブジェクトが邪魔で作業しづらい場合などに非表示にすると便利です。

3Dビューポート上では非表示になっていますが、レンダリング時には表示されます。

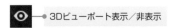
3Dビューポート表示／非表示

左クリックして表示／
非表示を切り替えます

アウトライナー右上の「Filter」メニューから[制限の切替え]項目を追加できます。アイコンを左クリックして有効 (青色) にするとアウトライナー上に表示され、制限の切り替えができるようになります。

主に使用される[制限の切替え]としては、►アイコンの「選択の可／不可」と◎アイコンの「レンダリング時の表示／非表示」となります。

「選択不可」の状態にすると、誤って移動してしまわないようにロックすることができます。

「レンダリング時非表示」の状態にすると、テストレンダリングなど不要なオブジェクトを非表示にすることでレンダリング時間の短縮になります。

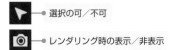
選択の可／不可

レンダリング時の表示／非表示

プロパティについて

レンダリングを行うにあたっての設定項目や選択しているオブジェクトのマテリアルやテクスチャの設定項目など、各種プロパティの確認および変更を行います。

左側のアイコンを左クリックすることで、項目の切り替えができます。3Dビューポートと同様に、制作時によく使用するエディターです。

左クリックで項目を切り替えられます

エディタータイプの切り替え

各エディターの左上には、エディタータイプメニューが設置されており、表示されるエディターのタイプを切り替えることができます。

デフォルトで表示されている「3Dビューポート」や「アウトライナー」、「プロパティ」の他に、マテリアルを編集を行う「シェーダーエディター」など各種編集を行うエディターが用意されています。

インターフェイスのカスタマイズ

　ヘッダータブにて各編集作業に合わせたワークスペースに切り替えることができますが、Blenderではさらに、インターフェイスの画面配置を各自使いやすいように変更することが可能です。

　また、好みの色合いに画面の配色を変更することもできます。

サイズ変更

　各エディターの境界にマウスポインターを合わせると、ポインターが➡️に変わります。

　その状態で、マウス左ボタンで垂直または水平方向にドラッグすると、サイズを変更できます。

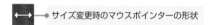
サイズ変更時のマウスポインターの形状

　サイズ変更などによってヘッダーに配置されている項目が隠れて見えなくなってしまった場合は、マウスポインターをヘッダーに合わせてマウスホイールを回転することで横スクロールし、隠れている項目を表示させることができます。

分割

　各エディターの右上または左下にマウスポインターを合わせると、ポインターが＋に変わります。その状態で、マウス左ボタンで垂直または水平方向にドラッグすると分割できます。

　新規に表示されたエディターのヘッダーにあるエディタータイプメニューで、異なるエディターに切り替えることもできます。

➕ 分割時のマウスポインターの形状

統合

各エディターの右上または左下にマウスポインターを合わせると、ポインターが ╬ に変わります。

その状態で、マウス左ボタンで統合したいエディターの方向にドラッグすると矢印が表示されるので、どちら
に統合するかを選択します。

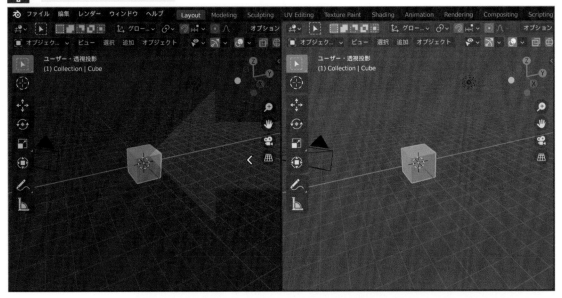

╬ ━━● 統合時のマウスポインターの形状

拡大表示

拡大したいエディターのヘッダーにある **[ビュー]** から **[エリア]** ➡ **[エリアの最大化切替え]** (｢Ctrl｣+スペー
スキー) または **[エリアの全画面切替え]** (｢Ctrl｣+｢Alt｣+スペースキー) を選択すると、拡大表示されます。

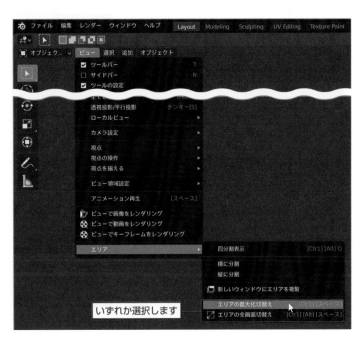

いずれか選択します

「**エリアの最大化切替え**」の場合は、ヘッダーの [**戻る**] を左クリックすると拡大表示が解除されます。

「**エリアの全画面切替え**」の場合は、マウスポインターを画面の右上に合わせると表示されるアイコン▨を左クリックすると拡大表示が解除されます。

エリアの最大化切替え

エリアの全画面切替え

[戻る] を左クリックします

▨を左クリックします

3Dビューポートの四分割表示

3Dビューポートのヘッダーにある [**ビュー**] から [**エリア**] ➡ [**四分割表示**]（[Ctrl] + [Alt] + [Q] キー）を選択すると四分割され、フロントビュー（左下）、ライトビュー（右下）、トップビュー（左上）、ユーザービュー（右上）が表示されます。再度 [**四分割表示**] を選択すると、四分割表示が解除されます。

フロントビュー、ライトビュー、トップビューは、視点が固定されておりズームイン／ズームアウトのみ可能です。ユーザービューは、任意の視点に変更できます。

なお、四分割された画面を [**エリアの最大化切替え**] で個別に拡大して表示することはできません。

選択します

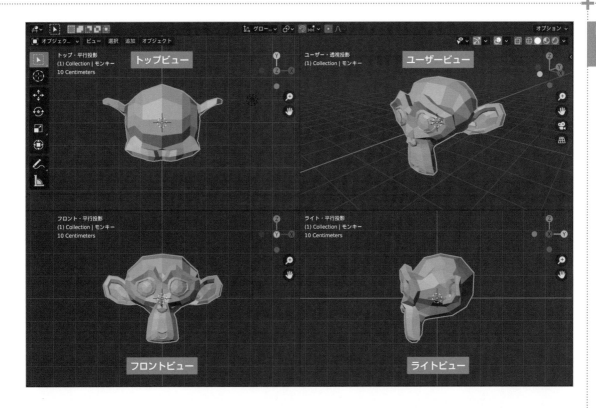

カスタマイズの保存

　カスタマイズしたインターフェイスの画面
配置を今後も使用したい場合は、ヘッダーの
[ファイル] から [デフォルト] ➡ [スタート
アップファイルを保存] を選択して保存しま
す。

　デフォルトの画面配置に戻す場合は、ヘッ
ダーの [ファイル] から [デフォルト] ➡ [初
期設定を読み込む] を選択し、続けて [ス
タートアップファイルを保存] を選択して保
存します。

　なお、環境設定で行った日本語化などもデ
フォルトの状態に戻るので再設定が必要とな
ります。

3Dビューポート内での操作

モデリングやシーン構築など、3DCG制作の作業エリアとなる3Dビューポートには、デフォルトでカメラとライト、立方体のオブジェクト **「Cube」** が配置されています。

立方体は選択されている状態になっており、オレンジ色のアウトラインが表示されています。また、原点には3Dカーソルが表示されています。

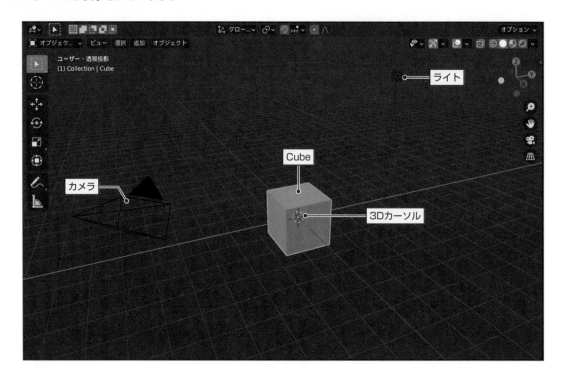

視点変更

❖視点切り替え

3Dビューポートのヘッダーにある **[ビュー]** ➡ **[視点]** から **[前]** や **[右]** などを選択することで、フロントビューやライトビューなど視点を切り替えることができます。

[カメラ] を選択すると、カメラからの視点に切り替わります。そのため、カメラ視点に切り替える場合は、シーン内にカメラが配置されている必要があります。

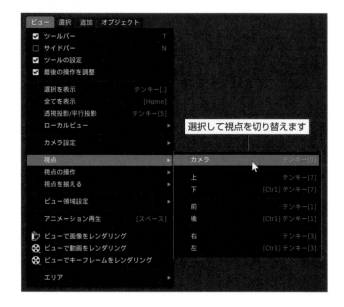

❖視点移動

マウス中央ボタンのドラッグで視点の回転、マウスホイールの回転でズームイン／ズームアウトします。
また、Shift キーを押しながらマウス中央ボタンをドラッグすると、視点の平行移動ができます。

視点の回転

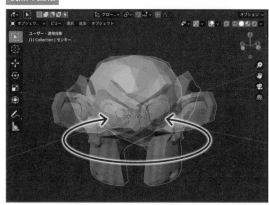

視点の平行移動

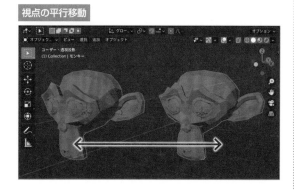

❖透視投影と平行投影の切り替え

3Dビューポートのヘッダーにある [ビュー] から [透視投影/平行投影]（テンキー 5）を選択すると、投影法
を切り替えることができます。

透視投影とは、大きさが同じオブジェクトでも遠くにあるほど小さく見える遠近法で表示される投影法で、私
たちが普段見慣れている肉眼と同様の見え方になり
ます。

平行投影とは、いくら遠くにあるオブジェクトで
も表示される大きさは変わりません。そのため、複数
のオブジェクトの大きさを比較する場合などに役立
ちます。透視投影の場合でも、視点切り替え（上下、
前後、左右）を行うと自動的に平行投影へ切り替わり
ます。

現在の投影法は、3Dビューポートの左上に表示さ
れます。

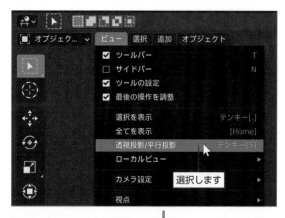

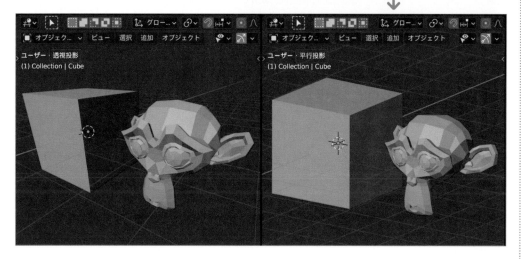

❖ナビゲートでの視点変更

3Dビューポート右上のナビゲートを使用して視点変更することも可能です。

座標軸の先端にある [X][Y][Z]、対称の赤色、緑色、青色の円、それぞれを左クリックすると各方向からの視点に切り替わります。また、座標軸にマウスポインターを合わせて、マウス左ボタンでドラッグすると視点の回転を行うことができます。

🔍をマウス左ボタンで上下にドラッグするとズームイン／ズームアウト、✋をマウス左ボタンでドラッグすると視点の平行移動を行うことができます。🎥を左クリックするとカメラからの視点に切り替わります。⛶を左クリックすると透視投影と平行投影の切り替えを行うことができます。

各視点の切り替え

ズームイン／ズームアウト

平行移動

カメラ視点

投影法切り替え

❖視点変更のショートカット

視点の切り替えや移動は、テンキーにもショートカットキーが割り当てられています。視点変更は編集作業中に何度も行う行為のため、スムーズな操作が可能なショートカットキーによる視点変更をおすすめします。

ショートカットキー	操作内容
1	正面から見た視点（フロントビュー）に切り替えます。
3	右側から見た視点（ライトビュー）に切り替えます。
7	上から見た視点（トップビュー）に切り替えます。
Ctrl + 1	背面から見た視点（バックビュー）に切り替えます。
Ctrl + 3	左側から見た視点（レフトビュー）に切り替えます。
Ctrl + 7	下から見た視点（ボトムビュー）に切り替えます。
2	視点を下方向に15°単位で回転します。
4	視点を左方向に15°単位で回転します。
6	視点を右方向に15°単位で回転します。
8	視点を上方向に15°単位で回転します。
Ctrl + 2	視点を下方向に平行移動します。
Ctrl + 4	視点を左方向に平行移動します。
Ctrl + 6	視点を右方向に平行移動します。
Ctrl + 8	視点を上方向に平行移動します。
Shift + 4	視点を反時計回りに回転します。
Shift + 6	視点を時計回りに回転します。
0	カメラから見た視点（カメラビュー）に切り替えます。
.（ピリオド）	選択しているオブジェクトに視点を移動します。
5	3Dビューでの投影方法を透視投影と平行投影で切り替えます。

⚠本書の巻末に「モデリングで主に使用するショートカットキー」（384ページ）を掲載していますので、併せてご参照ください。

ツールバーとサイドバー

3Dビューポートの左側には**「ツールバー」**、右側には**「サイドバー」**があり、それぞれ便利なツールや各種プロパティが格納されています。各エディタータイプやモードによって、自動的に内容が切り替わります。

3Dビューポートのヘッダーにある**[ビュー]**から**[ツールバー]**（Tキー）と**[サイドバー]**（Nキー）を選択することで、表示／非表示の切り替えができます。

　「ツールバー」の右端や**「サイドバー」**の左端でマウス左ボタンをドラッグすると、表示スペースの拡大縮小を行うことができます。

マウス左ボタンをドラッグします

オブジェクトの選択

オブジェクトにマウスポインターを合わせて左クリックすると選択できます。Shift キーを押しながら左クリックすると複数のオブジェクトを同時に選択できます。選択した状態のオブジェクトは、オレンジ色のアウトラインで囲まれます。複数選択の場合、薄いオレンジ色の線で囲まれているオブジェクトが、最後に選択されたことを表しています。また、アウトライナーからも同様に左クリックでオブジェクトを選択することができます。

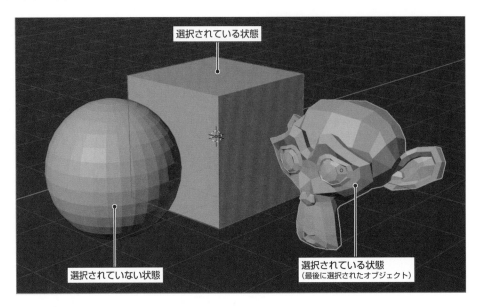

❖全選択および選択解除

3Dビューポートのヘッダーにある [選択] から [すべて] (A キー) を選択すると、シーンに配置されているすべてのオブジェクトが選択されます。

すべての選択を解除する場合は、3Dビューポートのヘッダーにある [選択] から [なし] (Alt + A キー) を選択します。または、A キーを素早く2回押すかシーンの何もない部分を左クリックしても、すべての選択を解除できます。

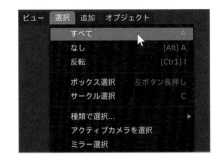

❖反転

3Dビューポートのヘッダーにある [選択] から [反転] (Ctrl + I キー) を選択すると選択状態が反転され、選択されていたオブジェクトが選択解除になり、選択されていなかったオブジェクトを選択した状態になります。

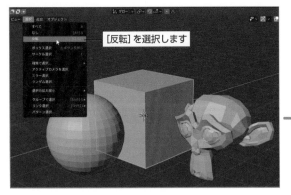

[反転] を選択します

❖ ボックス選択

3Dビューポートのヘッダーにある**[選択]**から**[ボックス選択]**（Bキー）を選択すると、マウスポインターを中心として十字に点線が表示されます。その状態でマウス左ボタンでドラッグすると、囲んだ矩形の内側に含まれるオブジェクトを選択できます。

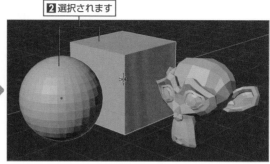

❖ サークル選択

3Dビューポートのヘッダーにある**[選択]**から**[サークル選択]**（Cキー）を選択すると、マウスポインターを中心として円状に点線が表示されます。その状態でマウス左ボタンでドラッグすると、なぞったオブジェクトを選択できます（オブジェクトの原点とサークルが重なると選択状態となります）。

選択範囲となる円状の点線は、マウスホイールの回転で大きさを変更できます。

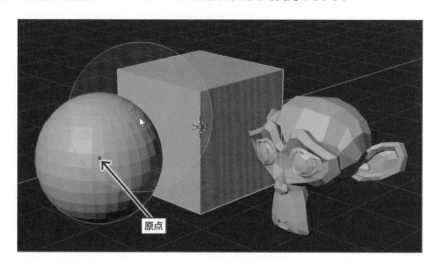

❖ 選択ツール

ツールバーの上部には、選択ツールが格納されています。ツールにマウスポインターを合わせてマウス左ボタンを長押しすると、選択方式を変更することができます。

いずれかの選択ツールが有効な状態でWキーを押すと、選択方式を切り替えることができます。また、選択ツール以外が有効な状態でWキーを押すと、選択ツールが有効になります。

[長押し] ツールは、マウスポインターを
オブジェクトなどに合わせて左クリックで選
択となります。さらに、マウス左ボタンのド
ラッグで移動することが可能です。

[ボックス選択] ツールおよび [サークル
選択] ツールは、3Dビューポートのヘッダー
から選択した各選択方式と同様の操作方法と
なります。

[投げ縄選択] ツールは、マウス左ボタン
でドラッグして囲んだ内側のオブジェクトが
選択されます。

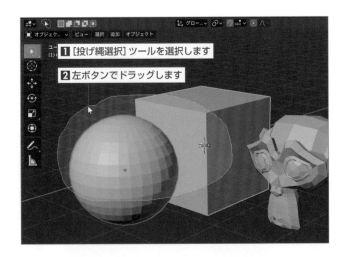

オブジェクトギズモ

オブジェクトギズモは、座標軸に合わせて
赤色、緑色、青色のラインが表示され、オブ
ジェクトなどの移動や回転、拡大縮小を行う
際に使用します。

オブジェクトを選択した状態でツールバー
から該当項目を有効にすると表示されます。

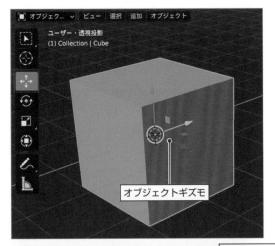

3Dビューポートのヘッダー右側
の「ビューポートギズモ」メニュー
から該当項目にチェックを入れて有
効にすると、オブジェクトギズモ以
外のツールが有効な状態でもオブ
ジェクトギズモが表示されます。

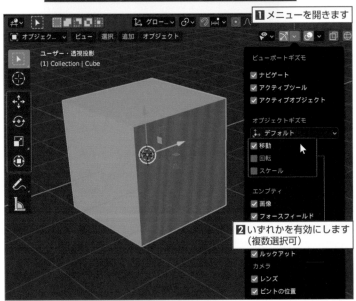

✛ [移動] ツール

[移動] ツールを有効にすると、ギズモによる移動を行うことができます。赤、青、緑の矢印をマウス左ボタンでドラッグすると、各軸方向に制限した移動ができます。また、中央の白い円をマウス左ボタンでドラッグすると、現在の視点から見て上下左右に平行移動ができます。

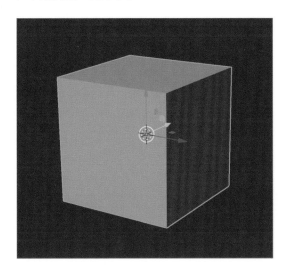

⟳ [回転] ツール

[回転] ツールを有効にすると、ギズモによる回転を行うことができます。赤、青、緑の円をマウス左ボタンでドラッグすると、各軸方向に制限した回転ができます。また、外側の白い円をマウス左ボタンでドラッグすると、現在の視点から見て平行に回転ができます。

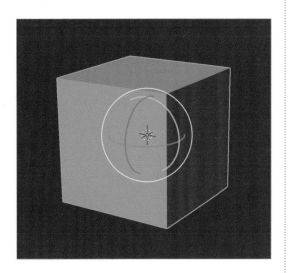

◧ [スケール] ツール

[スケール] ツールを有効にすると、ギズモによる拡大縮小を行うことができます。ライン先端の赤、青、緑の四角をマウス左ボタンでドラッグすると、各軸方向に制限した拡大縮小ができます。また、白い円をマウス左ボタンでドラッグすると、比率を変えずに拡大縮小ができます。

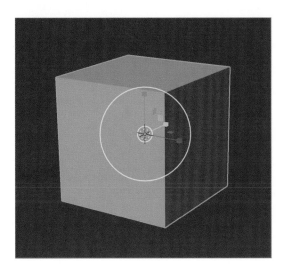

◉ [トランスフォーム] ツール

[トランスフォーム] ツールを有効にすると、その都度ツールを切り替えずに、移動、回転、拡大縮小を行うことができます。

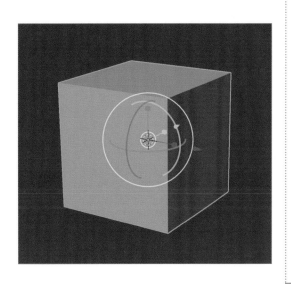

グローバル座標とローカル座標

　Blenderでは、デフォルトでグローバル座標に設定されており、左右がX軸（赤色）、奥行きがY軸（緑色）、上下がZ軸（青色）となります。

　グローバル座標は、シーンの3D空間を基準とした座標となり、シーン内にあるすべてのオブジェクトにとって共通です。対してローカル座標は、個々のオブジェクトを基準とした座標となり、オブジェクトを回転するとローカル座標も連動して変化します。

　座標系の切り替えは、3Dビューポートのヘッダーにある**[トランスフォーム座標系]**メニューで行うことができます。

メニューから座標系を選択します

メニューから座標系を選択します

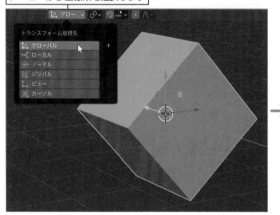
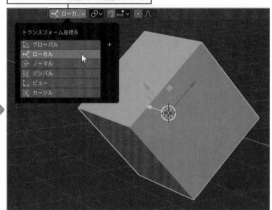

3Dカーソル

　3Dカーソルはオブジェクトをシーンに追加する際の基準となります。また、設定によってオブジェクトの回転や拡大縮小の基準点に指定できます。

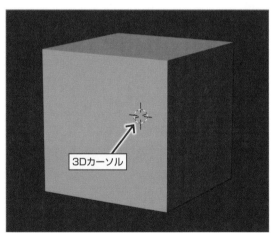

3Dカーソル

　位置を変更する場合は、3Dビューポートの左側にある「**ツールバー**」（**T**キー）の**[カーソル]**ツールを左クリックして有効にした状態で、シーンの移動したい場所を左クリックします。

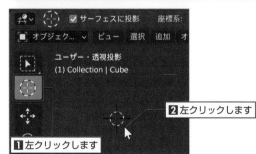

1 左クリックします

2 左クリックします

また、3Dビューポートの右側にある「**サイドバー**」（Nキー）の「**ビュー**」タブを左クリックすると表示される「**3Dカーソル**」パネルで各座標軸ごとに数値で位置を指定することが可能です（数値の変更方法についての詳細は、42ページ参照）。

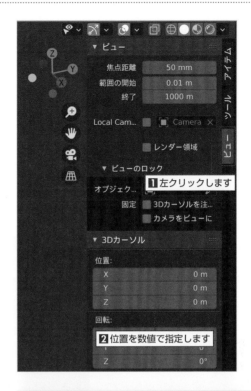

3Dビューポートのヘッダーにある[**トランスフォームピボットポイント**]メニューでは、オブジェクトの回転や拡大縮小の基準点を変更することができます。デフォルトでは、中点に設定されています。[**3Dカーソル**]を選択することで、ピボットポイントを3Dカーソルに変更することができます。

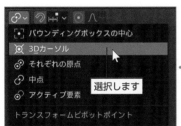

3Dビューポートのヘッダーにある[**オブジェクト**]から[**スナップ**]➡[**選択物→カーソル**]を選択すると、選択中のオブジェクトを3Dカーソルの位置に移動できます。

[**カーソル→選択物**]を選択すると、逆に3Dカーソルを選択中のオブジェクトの原点に移動できます。

[**カーソル→ワールド原点**]を選択すると、3Dカーソルをシーンの原点に移動できます。

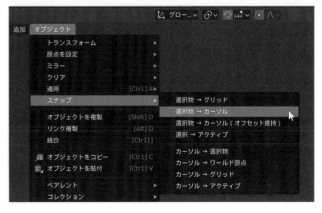

シェーディングの切り替え

　3Dビューポートに配置されているメッシュ（60ページ参照）オブジェクトなどデフォルトでは、「ソリッド」モードで表示されており、面で覆われて陰影が表示された状態になっています。

　表示されるシェーディングは、3Dビューポートのヘッダーにある [シェーディング切り替え] アイコンで切り替えることができます。デフォルトの [ソリッド] を含めて、4種類の表示モードが用意されています。

⊕ ワイヤーフレーム

　面が非表示となり、オブジェクトが辺のみで表示されます。「透過表示」（42ページ参照）がデフォルトで有効になっており、本来は隠れて見えない裏側の辺も表示されている状態になります。

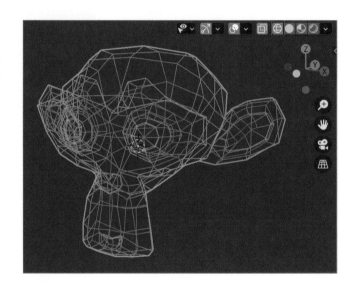

● ソリッド

　オブジェクトは面で覆われて陰影が表示された状態になります。

　プリセットとして数種類のMatCap（Material Capture）が用意されており、右側のプルダウンメニューで [MatCap] を左クリックし、表示されたサムネールを左クリックして切り替えることが可能です。

　制作中のモデルへ簡易的に設定可能なマテリアルで、より凹凸が認識しやすく、より仕上がりに近い状態でモデリングなどの編集を行うことができます。

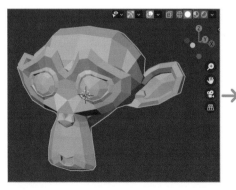

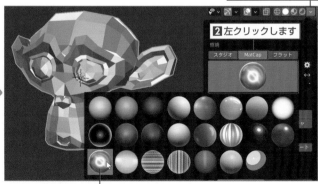

1 左クリックします

2 左クリックします

3 選択して切り替えます

マテリアルプレビュー

オブジェクトに対して設定したマテリアルが表示されます。プリセットとして数種類のライティング環境が用意されており、ライティングなどの設定を行わなくても、右側のプルダウンメニューでサムネールを左クリックするだけで、設定したマテリアルの反射や光沢などの度合いを簡単に確認できます。

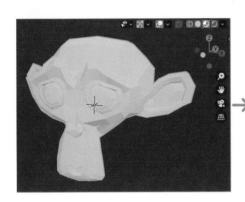

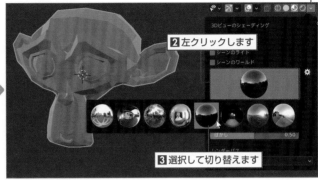

 レンダー

レンダリングと同様の環境でリアルタイム表示されます。

編集を行いながらでもレンダリングと同様の結果が表示されて非常に便利ですが、PCのスペックによっては動作が鈍くなる場合があります。また、レンダリングと同様の環境での表示になるため、事前にライティングなどの設定が必要となります。

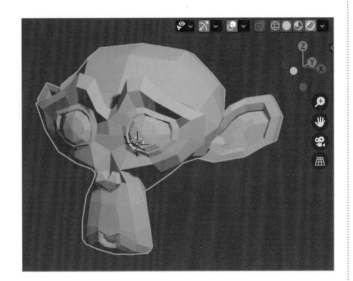

TIPS **シェーディング(Shading)とは**

「陰影処理」とも呼ばれ、3次元コンピュータグラフィックス(3DCG)における光源の位置や強さによって物体表面に色の濃淡や陰影を付けて、より立体的に表示させる技法のことです。

透過表示の切り替え

シェーディングが「**ワイヤーフレーム**」または「**ソリッド**」の場合には、透過表示に切り替えられます。3Dビューポートのヘッダーにある [**シェーディング切り替え**] の左側にある [**透過表示の切り替え**] アイコン を左クリックすると切り替わります。

透過表示が有効になると、本来裏側で隠れて見えない頂点や辺、面、別のオブジェクトが透過して見えるようになり、左クリックで選択できるようになります。

⚠ 頂点や辺、面を選択する場合は「編集モード」（58ページ参照）に切り替える必要があります。

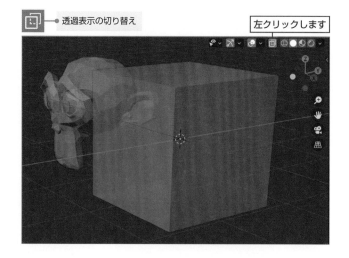

透過表示の切り替え ／ 左クリックします

パイメニューについて

マウスポインターを3Dビューポートに合わせて特定のキーを押すと、円形のメニューが表示されます。

該当する項目にマウスポインターを合わせて左クリックするだけで選択でき、素早い操作が可能となります。右クリックでキャンセルとなります。

キー	項目
Z キー	シェーディング
, （カンマ）キー	座標系
. （ピリオド）キー	ピボット
@ （アットマーク）キー	ビューポート
Shift + S キー	スナップ
Shift + O （アルファベット：オー）キー	プロポーショナル編集の減衰（93ページ参照）

プロパティの数値変更

各項目のプロパティには、数値を変更することで設定を行うケースが数多くあります。

数値を変更する方法はいくつかあります。度合いを確認しながら変更したい場合や、微調整を行いたい場合など、状況に合わせて使い分けましょう。

クリックで数値を変更する

数値の増減

数値が記載されている枠内にマウスポインターを合わせると、左右に矢印のアイコン が表示されます。

左向きの矢印 を左クリックすると数値が減り、右向きの矢印 を左クリックすると数値が増えます。

左クリックします

ドラッグで数値を変更する

数値が記載されている枠内にマウスポインターを合わせるとポインターが⇔に変わります。その状態でマウス左ボタンで左右にドラッグすると、数値を変更できます。

座標軸のXYZなど縦にドラッグして、そのまま左右にドラッグすると、縦にドラッグした数値すべてを同時に変更できます。比率を変えずにサイズ変更する場合などに便利です。

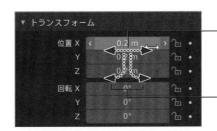

左ボタンを押しながらドラッグすると数値の変更ができます

左ボタンを押しながら縦にドラッグし、そのまま左右にドラッグすると数値を同時に変更できます

直接数値を入力する

数値を左クリックして選択した状態にすると、直接数値を入力することができます。

一般的なソフトウェアと同様に、Ctrl + C キーでコピー、Ctrl + V キーでペーストを行うことができます。

なお、Blenderでは選択する必要はなく、マウスポインターを数値の位置に合わせるだけでコピー＆ペーストを行うことができます。

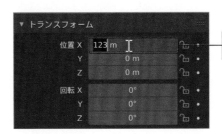

左クリックで選択し、数値を入力します

オブジェクトの編集

追加

3Dビューポートのヘッダーにある [追加]（ Shift + A キー）から配置したいオブジェクトを選択すると、シーンに追加されます（オブジェクトの種類については、59ページ参照）。

追加するオブジェクトは、3Dカーソルの位置に配置されるため、オブジェクトを追加する際は、基本的に3Dカーソルを原点に移動するようにしましょう。

3Dカーソルを原点に移動するには、3Dビューポートのヘッダーにある [オブジェクト] から [スナップ] ➡ [カーソル→ワールド原点] を選択します。

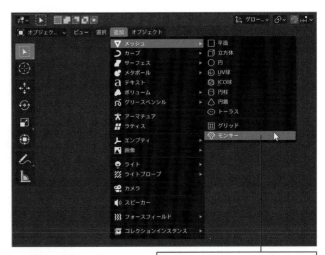

配置したいオブジェクトを選択します

プリミティブ・オブジェクト

　Blenderには、プリミティブ・オブジェクトとしてあらかじめ立方体や球体、円柱など数種類の基本的な形状が用意されています。これらのオブジェクトをベースに、モデリングを行うことになります。

　プリミティブ・オブジェクトを配置するには、3Dビューポートのヘッダーにある [追加]（Shift + A キー）から [メッシュ] を選択し、表示された形状から配置したいものを選びます。

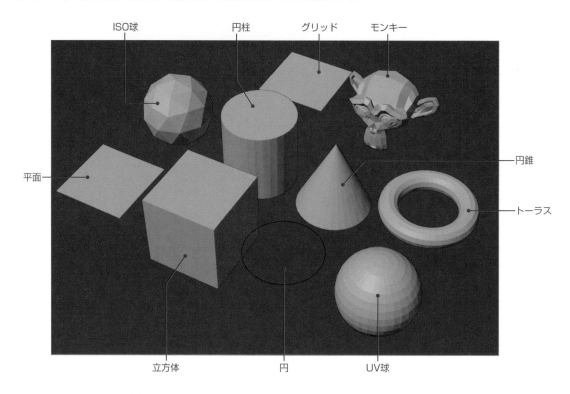

　プリミティブ・オブジェクトをシーンに追加すると3Dビューポートの左下にパネルが表示されます。▼を左クリックするとパネルの開閉を行うことができます。このパネルでは、追加したオブジェクトのサイズや面の分割数などが変更できます。

　このパネルが表示されるのは、オブジェクトの追加を行った直後のみとなります。オブジェクトの移動など別の操作を行うと、パネルが消えてしまいサイズや面の分割数などが確定されます。

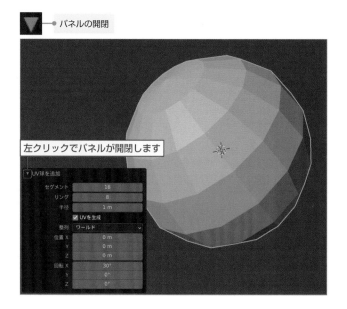

削除

オブジェクトを削除する場合は、左クリックで該当のオブジェクトを選択し、3Dビューポートのヘッダーにある [**オブジェクト**] から [**削除**] を選択します。

ショートカットキーの Ｘ キーを押した場合は、削除の確認メッセージが表示されるので、 [**削除**] を左クリックするか Enter キーを押すと削除が実行されます。

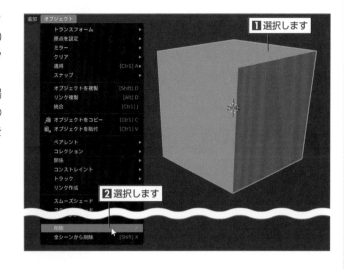

移動／回転／スケール

移動や回転、拡大縮小はギズモで操作できますが、メニュー選択やショートカットキーでも、同様の操作が可能です。

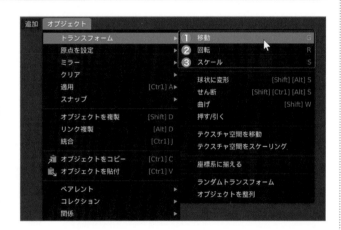

❶ 移動

移動したいオブジェクトを左クリックで選択し、3Dビューポートのヘッダーにある [**オブジェクト**] から [**トランスフォーム**] ➡ [**移動**]（Ｇ キー）を選択すると、マウスポインターの移動と合わせてオブジェクトを移動することができます。左クリックで実行、右クリックでキャンセルとなります。

❷ 回転

回転したいオブジェクトを左クリックで選択し、3Dビューポートのヘッダーにある [**オブジェクト**] から [**トランスフォーム**] ➡ [**回転**]（Ｒ キー）を選択すると、マウスポインターの移動と合わせてオブジェクトを回転することができます。現在の視点を軸に回転されます。左クリックで実行、右クリックでキャンセルとなります。

❸ スケール

サイズ変更したいオブジェクトを左クリックで選択し、3Dビューポートのヘッダーにある [**オブジェクト**] から [**トランスフォーム**] ➡ [**スケール**]（Ｓ キー）を選択すると、マウスポインターの移動と合わせてオブジェクトを拡大縮小することができます。左クリックで実行、右クリックでキャンセルとなります。

❖制限をかけた編集

それぞれ移動・回転・拡大縮小の操作を行う際に X 、 Y 、 Z キーのいずれかを押すとその座標軸に合わせてラインが表示され、各軸方向のみに制限をかけることが可能です。

また、 Ctrl キーを押しながら操作すると、単位を制限しながら移動や回転、拡大縮小を行うことができます。3Dビューポートのヘッダーには、移動量・角度・スケールと制限をかけた軸方向が表示されます。

Shift キーを押しながら操作すると、変化量が減り、微調整が可能となります。

移動量・角度・スケール　　制限をかけた軸方向

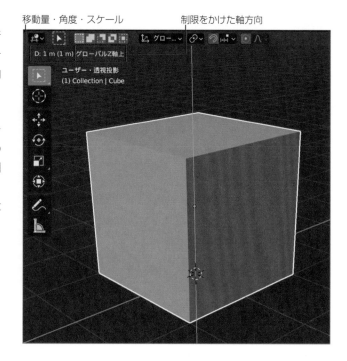

❖数値入力による編集

3Dビューポートのヘッダーにある [ビュー] から [サイドバー]（ N キー）を選択し、サイドバーの [アイテム] タブを左クリックすると「トランスフォーム」パネルが表示されます。

このパネルには、現在選択しているオブジェクトの配置位置（位置）、角度（回転）、拡大率（スケール）、寸法が表示されます。数値を入力して、グローバル座標を元に移動／回転／拡大縮小を行うことができます。

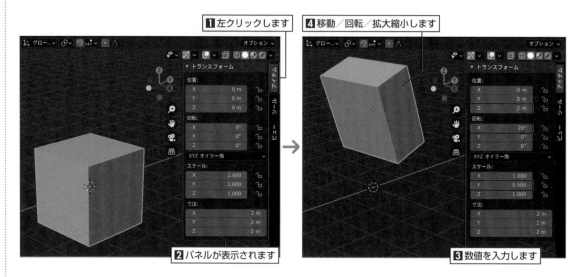

1 左クリックします　**4** 移動／回転／拡大縮小します

2 パネルが表示されます　**3** 数値を入力します

また、3Dビューポートのヘッダーにある [オブジェクト] から [トランスフォーム] ➡ [移動]（ G キー）、[回転]（ R キー）、[スケール]（ S キー）のいずれかを選択した後にテンキーで数値を入力すると、その分移動、回転、拡大縮小されます。数値入力前に X 、 Y 、 Z キーのいずれかを押すと、座標軸方向に制限をかけることができます。

オブジェクト名の変更

プロパティの左側にある「**オブジェクトプロパティ**」タブ を左クリックすると、上部にオブジェクト名が表示されます。オブジェクト名を左クリックすると、入力フォームで任意の名前に変更することが可能です。

また、アウトライナーの該当するオブジェクトを右クリックし、表示されたメニューから[**IDデータ**]➡[**名前変更**]を選択するか、オブジェクト名を左ダブルクリックすると、同様に任意の名前に変更できます。

表示/隠す

オブジェクトの表示および非表示は、アウトライナーで操作できますが、メニュー選択またはショートカットキーでも同様の操作が可能です。

該当のオブジェクトを左クリックで選択し、3Dビューポートのヘッダーにある[**オブジェクト**]から[**表示/隠す**]➡[**選択物を隠す**]([H]キー)を選択すると非表示になります。

再表示させる場合は、[**隠したオブジェクトを表示**]([Alt]+[H]キー)を選択します。

複製

Blenderでは、通常の**「オブジェクトを複製」**と**「リンク複製」**の2種類の複製方法が用意されています。

❖オブジェクトの複製

複製したいオブジェクトを左クリックで選択し、3Dビューポートのヘッダーにある**[オブジェクト]**から**[オブジェクトを複製]**（Shift＋Dキー）を選択すると、マウスポインターに合わせてオブジェクトが複製されるので、左クリックで位置を決定します。右クリックするとマウスポインターの位置に関係なく複製元と同じ位置に複製されます。同じ位置に複製されるため、完全に重なってわかりづらいので注意しましょう。

複製されたオブジェクトは、複製元とは別オブジェクトとして扱われ、独立したオブジェクトとなります。

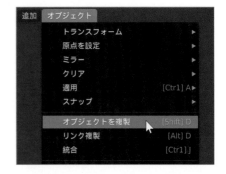

❖リンク複製

通常の**「オブジェクトを複製」**に対して、3Dビューポートのヘッダーにある**[オブジェクト]**から**[リンク複製]**（Alt＋Dキー）を選択すると、複製されたオブジェクトは複製元とリンクした状態となり、編集モード（58ページ参照）でいずれかの形状を変形すると、同様にもう一方の形状も変形されます。

オブジェクトモードでの移動や回転、サイズ変更は個別に行うことができます。

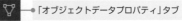

このリンク状態は、プロパティの左側にある**「オブジェクトデータプロパティ」**タブ▽を左クリックし、表示される名前（メッシュ名）の右側で確認することができます。表示されている数字は、リンクしているオブジェクトの数を表しています。

この数字を左クリックするとリンクが解除され、複製元とは別オブジェクトとして扱われ、独立したオブジェクトとなります。

リンク作成

リンクしたいオブジェクトを Shift キーを押しながら左クリックして複数選択し、3Dビューポートのヘッダーにある [**オブジェクト**] から [**リンク作成**]（ Ctrl + L キー）➡ [**オブジェクトデータ**] を選択すると、複数のオブジェクトがリンクされます。

異なる形状のオブジェクトをリンク設定した場合は、すべてのオブジェクトが最後に選択したオブジェクトの形状に変更されます。

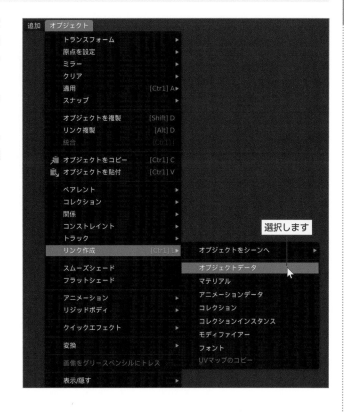

統合

統合したいオブジェクトを Shift キーを押しながら左クリックして複数選択し、3Dビューポートのヘッダーにある [**オブジェクト**] から [**統合**]（ Ctrl + J キー）を選択すると、1つのオブジェクトとして統合されます（分離については、69ページ参照）。

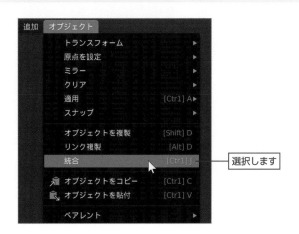

TIPS　オブジェクトの統合について

オブジェクトの統合は、最後に選択したオブジェクトが統合後のベースとなります。オブジェクト名や設定しているモディファイアー（101ページ参照）などは、ベースとなる最後に選択したオブジェクトのものが活かされます。
その他のオブジェクトに設定されていたモディファイアーは削除されるので、ご注意ください。

ショートカットキーについて

Blenderでは、ほとんどの操作と機能に
ショートカットキーが割り当てられていま
す。それらのショートカットキーは、メ
ニューの各項目の右側に記載されています。

よく使用する項目のショートカットキー
は、覚えておくと作業もスムーズに行え非常
に便利です。

また、本書の巻末（384ページ参照）によ
く使うショートカットキーの一覧を掲載して
いるので、参考にしてください。

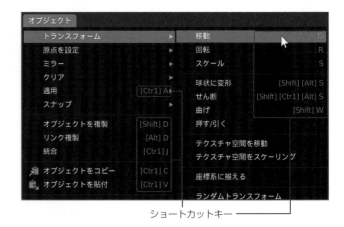

ショートカットキー ────

ファイルの保存

ファイルの保存を行う場合は、ヘッダーメニューの [ファイル] から [保存]（ Ctrl + S キー）を選択します。
他にも [名前をつけて保存]（ Shift + Ctrl + S キー）や [コピーを保存]（ Ctrl + Alt + S キー）などがあります。

初めてファイルを保存する場合や、[名前をつけて保存] や [コピーを保存] を選択した場合は、[Blender ファ
イルビュー] ウィンドウが表示されるので、保存先とファイル名を指定し、 [Blender ファイルを保存] を左ク
リックして保存を実行します。

バックアップ・ファイルについて

Blenderは、保存した「.blend」ファイルと同じ階層に「.blend1」というバックアップ・ファイルが自動生成
されます。

もし、このバックアップ・ファイルを使用する場合は、末尾の数字を削除して「.blend」に変更します。

「名前をつけて保存」と「コピーを保存」でそれぞれファイルを保存した場合では、保存後に継続して開いているファイルが異なることになります。例えば "A" という名前のファイルを編集後に「名前をつけて保存」で名前を "B" と付けた場合、保存後に名前が "B" のファイルが開いている状態になります。対して同条件にて「コピーを保存」で保存した場合は、保存後に名前が "A" のファイルが開いている状態になります。

アペンド／リンク

別のBlenderファイルからオブジェクトなどのデータを現在開いているファイルに読み込む場合は、ヘッダーメニューの【ファイル】から【アペンド】を選択します。

【Blenderファイルビュー】ウィンドウが表示されるので、該当するファイルおよび項目を選び、【アペンド】を左クリックします。オブジェクトだけでなく、マテリアルの情報なども読み込むことが可能です。

ヘッダーメニューの【ファイル】から【リンク】を選択してデータを読み込むと、元データとリンクした状態になっているので、元データを編集すると読み込んだデータも同様に編集した状態に変更されます。

リンクとして読み込んだデータを編集することはできません。また、元データが含まれるファイルの階層を変更すると、リンク切れとなりエラーが発生してしまいます。

インポート／エクスポート

　他の3DCGソフトで作成された「.obj」など「.blend」以外の別形式のファイルを読み込む場合は、ヘッダーメニューの [ファイル] ➡ [インポート] から読み込む3Dデータのファイル形式を選択します。

　[Blenderファイルビュー] ウィンドウが表示されるので、該当するファイルを選択して [～をインポート] を左クリックし、読み込みを実行します。

　逆に、Blenderで作成したデータを他の3DCGソフトで使用する場合などは、ヘッダーメニューの [ファイル] ➡ [エクスポート] からファイル形式を選択します。

　[Blenderファイルビュー] ウィンドウが表示されるので、保存先とファイル名を指定して [～をエクスポート] を左クリックし、書き出しを実行します。

SECTION 1.4 視点変更のトレーニング

3DCG制作において、オブジェクトの位置や形状を把握するために欠かせないのが「視点変更」です。頻繁に行う視点変更をいかに思い通りに、そしてスムーズに操作ができるかは非常に重要となります。

視点回転の基点を理解しよう

📄 **SECTION1-4-1.blend**

ここではまず、今後行う**「モデリング」**をよりスムーズに行うために、Blenderファイルを開いて実際に視点変更を試し、一連の操作をマスターしましょう。

1 モンキー・オブジェクトが配置されているBlenderファイル **"SECTION1-4-1.blend"** を用意しました。このファイルを開くと、2つに分割された3Dビューポートが表示されます。一見、ほとんど違いのない2つの3Dビューポートですが、実際にマウス中央ボタンのドラッグで視点の回転を行うと、その違いがわかるはずです。

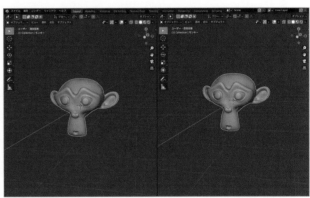

SECTION1-4-1.blend

視点の回転は、3Dビューポートの画面の中心が基点となります。

この2つの3Dビューポートは、その基点となる画面の中心の位置が異なっているため、視点の回転を行うと異なる動きをします。

2Dとは違い、3Dでは上下左右だけでなく奥行きも関係します。前方から見ただけでは判断が難しいですが、側面から見ると画面の中心の位置が異なっているのが一目瞭然です。

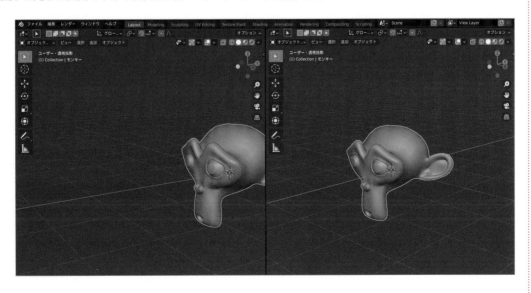

2 この2つの3Dビューポートそれぞれで3Dビューポートのヘッダーにある[ビュー]から[視点]➡[右]（テンキー3）を選択して、視点をライトビューに切り替えます。

右側の3Dビューポートはモンキーが中心に表示されているのに対して、左側は右端に表示されているはずです。

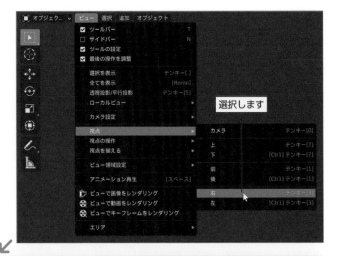

選択します

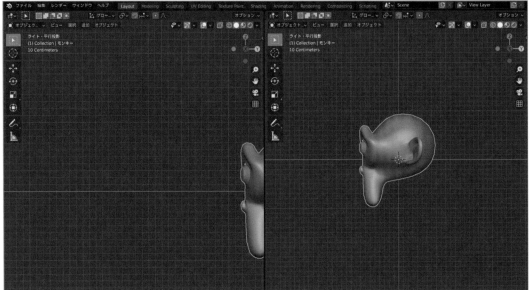

3 右側の3Dビューポートと同様に、左側もモンキーが画面の中心になるように調整します。
モンキーを左クリックで選択し、3Dビューポートのヘッダーにある[ビュー]から[視点を揃える]➡[アク

ティブに注視]を選択すると、選択しているオブジェクトが画面の中心に表示されます。

基点となる画面の中心にモンキーが表示されているため、視点の回転を行うと、左側の3Dビューポートと右側の3Dビューポートが同じような動きをするようになるはずです。

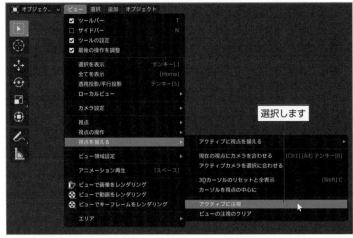

選択します

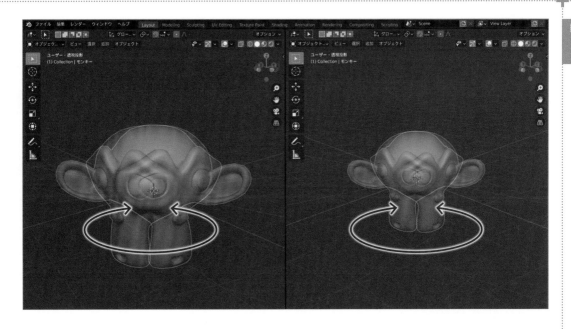

モデリングを想定した視点変更の練習

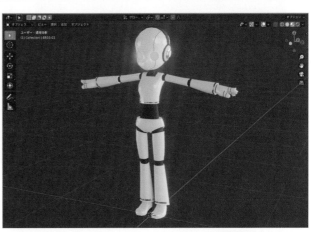

🔵 **SECTION1-4-2.blend**

　ここでは、人型キャラクターが配置された
Blenderファイル "**SECTION1-4-2.blend**"
を用意しました。

　オブジェクト単位での視点変更をマスター
したところで、続いては部分的に視点変更が
行えるように練習しましょう。

　モデリングの際などモデルの部位を注視し
ながら編集作業を行います。視点変更が思い
通りに操作できるかは、編集作業がスムーズ
に行えるかに大きく影響します。

SECTION1-4-2.blend

⚠ 解説では、メニュー選択での操作を記載していま
　すが、よりスムーズな編集作業が行えるように、で
　きる限りショートカットキーでの操作をおすすめ
　します。

1 ここでは頭部のモデリングを想定して、
頭部を中心に視点変更が行えるように調
整します。そのためには、頭部を3D
ビューポートの中心に表示させる必要が
あります。

　3Dビューポートのヘッダーにある
[**ビュー**] から [**視点**] ➡ [**前**] (テン
キー[1]）を選択して視点をフロント
ビューに切り替えます。

Shift キーを押しながらマウス中央ボタンでドラッグして、頭部が3Dビューポートの中心に表示されるように平行移動します。
さらにマウスホイールの回転でズームインして、頭部が拡大表示されるように調整します。

頭部を画面の中心に表示させます

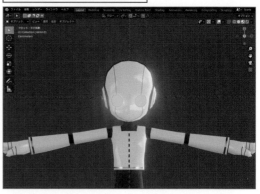

2 3Dビューポートのヘッダーにある［ビュー］から［視点］➡［右］（テンキー 3 ）を選択して、視点をライトビューに切り替えます。
同様に、頭部が3Dビューポートの中心に表示されるように、Shift キーを押しながらマウス中央ボタンのドラッグで平行移動します。

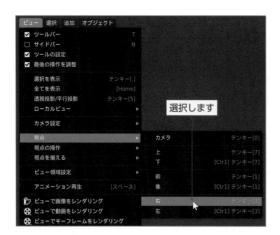

選択します

頭部を画面の中心に表示させます

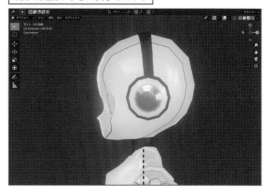

3 マウス中央ボタンのドラッグで視点の回転を行うと、頭部を中心に回転します。これで、あらゆる角度からでも頭部の形状が確認でき、編集作業をスムーズに行うことができます。

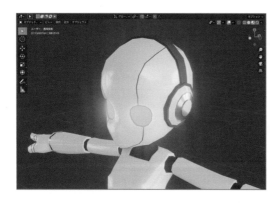

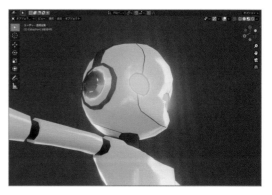

頭部だけでなく、手足など各部位で視点変更が思い通りにできるように試し、モデリングを行う前に、一連の操作をしっかりマスターしましょう。

PART 2

モデリング入門編

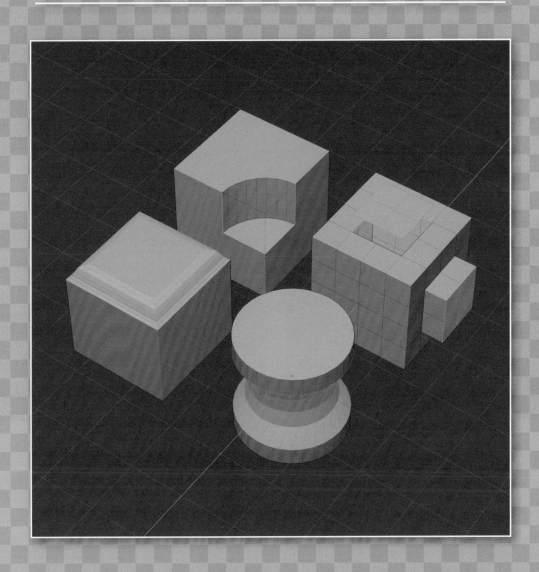

SECTION 2.1 **モデリングの基礎知識**

モデリングのベースとなるオブジェクトの種類やモデリングを行うための下準備、オブジェクトの各頂点や面の
選択方法など、モデリングをスムーズに行うための基礎知識を紹介します。

編集モードについて

オブジェクトモードと編集モードの切り替え

Blenderの3DCG制作は、オブジェクトモードと編集モードの2つのモードが
要となり、頻繁にモードの切り替えを行うことになります。

オブジェクトモードと編集モードの切り替えは、まず編集を行うオブジェクト
を左クリックで選択します。オブジェクトが選択された状態で、3Dビューポート
のヘッダーにあるモード切り替えメニューから[編集モード]を選択するか、マウ
スポインターを3Dビューポートに合わせてTabキーを押すと、編集モードに切
り替わります。再度Tabキーを押すとオブジェクトモードに戻ります。

形状の編集を行うことのできないカメラやライトオブジェクトでは、編集モー
ドに切り替えることはできません。

また、Shiftキー＋左クリックで複数のオブジェクトを選択した状態で編集モー
ドに切り替えると、複数のオブジェクトを同時に編集することが可能です。

1 左クリックでモード切り
替えメニューを開きます

2 編集モードを選択します

オブジェクトモード

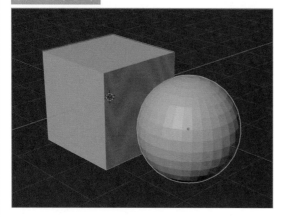

編集モード

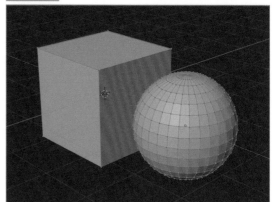

オブジェクトモードと編集モードの違い

オブジェクトモードは、カメラやライトも含めて、シーン内に配置されているすべてのオブジェクトの位置や角度、サイズ、そしてプロパティなどを調整することができます。

オブジェクトモードでは、オブジェクトがひと固まりとして扱われるため、部分的に1つの面だけを回転したり、拡大縮小したりすることはできません。

対して編集モードは、特定のオブジェクトの頂点や辺、面を個々に取り扱うことが可能で、部分的な編集ができるため、オブジェクトの形状を自由に変更することができます。

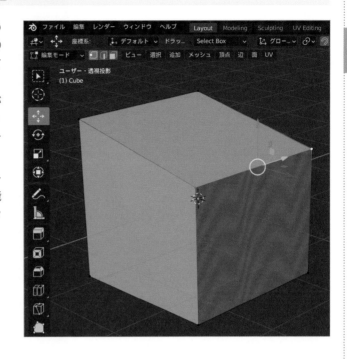

オブジェクトの種類

Blenderでは、モデリングで使用するオブジェクトとして [**メッシュ**] [**カーブ**] [**サーフェス**] [**メタボール**] [**テキスト**] の5種類が用意されています。モデリングで制作するモノの形状や用途によって使い分けます。

本書では、一般的に最も多く用いられているメッシュ（ポリゴンメッシュ）での解説を中心に行います。

オブジェクトを配置するには、オブジェクトモードで3Dビューポートのヘッダーにある [**追加**] から該当するオブジェクトを選択するか、Shift + A キーを押し、表示されたメニューから配置したいものを選びます。

編集モードで追加できるオブジェクトは、編集モードに切り替える際に選択したものと同じ種類のオブジェクトだけです。そのため、メッシュの場合は追加できるオブジェクトはメッシュのみで、カーブやメタボールは追加できません。他の種類のオブジェクトも同様です。

また、編集モードで追加したオブジェクトは、既存のオブジェクトと同一オブジェクトとして扱われます。

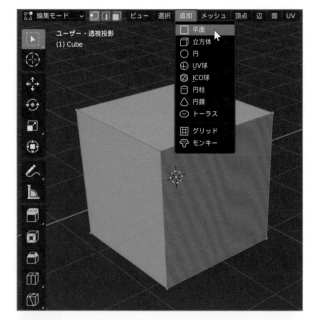

メッシュ

頂点（ポイント）、辺（ライン）、面（ポリゴン）の3つの要素で構成されているメッシュは、扱いやすく一般的にモデリングで最も多く用いられているオブジェクトです。

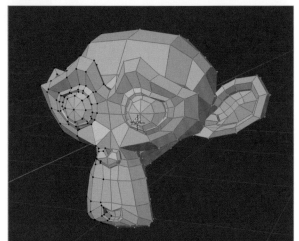

カーブ

曲面が滑らかで正確な形状を作成できるため、工業製品のモデリングによく用いられます。

カーブにはベジェとNURBSカーブの2種類があり、それぞれ制御する方法が異なります。

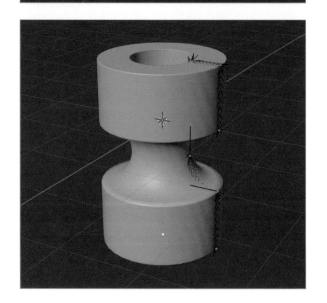

サーフェス

　カーブオブジェクトのNURBSカーブによる面形状を作成することができます。

　小さいデータ容量できれいな曲面を扱うことができます。

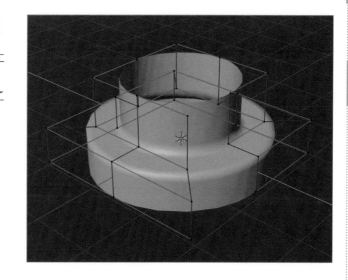

メタボール

　隣接するオブジェクトが互いに引き合って融合します。融合箇所が滑らかなので、液体の表現などによく用いられます。

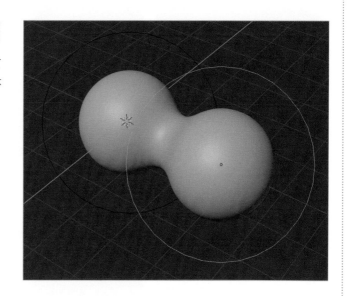

テキスト

　入力した文字に対して、書体の変更以外にも厚さや面取りなどの設定を行うことができます。

メッシュの選択

選択モード

オブジェクトモードではオブジェクトごとの選択となりますが、編集モードでは頂点や辺、面といった部分的な選択が可能となります。

3Dビューポートのヘッダーにある[選択モード切り替え]を左クリックで有効にすると、（左から）頂点、辺、面それぞれの選択モードに切り替わります。

[選択モード切り替え]をShiftキー＋左クリックで複数選択すると、すべての要素を同時に選択することができます。

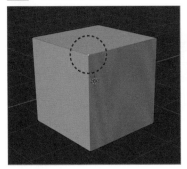

「頂点選択」モード

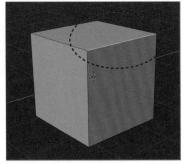

「辺選択」モード

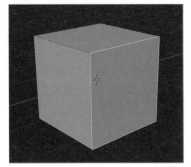

「面選択」モード

「透過表示」切り替え

「透過表示」を有効にすると、裏側で隠れていた頂点などが表示されて、選択できるようになります。

シェーディングを「ワイヤーフレーム」に切り替えると、自動的に「透過表示」が有効になります。

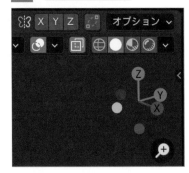

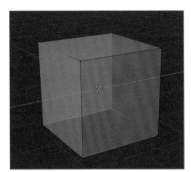

全選択および選択解除

3Dビューポートのヘッダーにある[選択]から[すべて]（Aキー）を選択すると、すべてのメッシュが選択されます。

すべての選択を解除する場合は、3Dビューポートのヘッダーにある[選択]から[なし]（Alt＋Aキー）を選択します。または、Aキーを素早く2回押すか3Dビューポートの何もない部分を左クリックして、すべての選択を解除することも可能です。

反転

3Dビューポートのヘッダーにある**[選択]**から**[反転]**（Ctrl＋Iキー）を選択すると選択状態が反転され、選択されていた箇所が選択解除になり、選択されていなかった箇所が選択した状態になります。

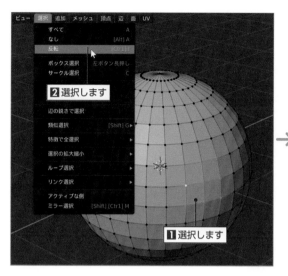
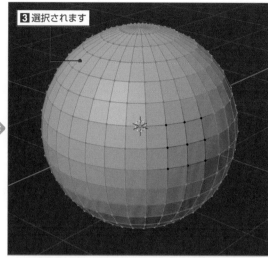

ボックス選択

3Dビューポートのヘッダーにある**[選択]**から**[ボックス選択]**（Bキー）を選択すると、マウスポインターが十字に変わります。その状態でマウス左ボタンでドラッグすると、矩形で囲んだ箇所を選択することができます。

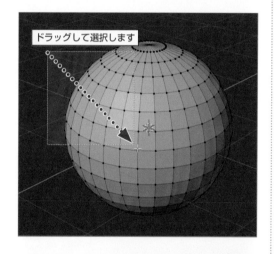

サークル選択

3Dビューポートのヘッダーにある**[選択]**から**[サークル選択]**（Cキー）を選択すると、マウスポインターが白い円に変わります。

その状態でマウス左ボタンでドラッグすると、なぞった箇所を選択することができます。選択範囲の白い円は、マウスホイールの回転で大きさを変更できます。右クリックでサークル選択を完了することができます。

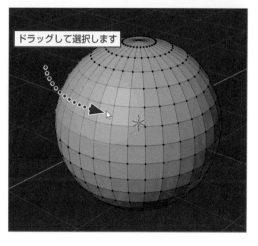

リンク選択

メッシュのいずれかを選択した状態で3Dビューポートのヘッダーにある **[選択]** から **[リンク選択]** ➡ **[リンク]**（ Ctrl ＋ L キー）を選択すると、つながったメッシュのみが選択されます。重なっているメッシュを選択するときに便利です。

また、マウスポインターを合わせて L キーを押すと、同様の選択が可能です。

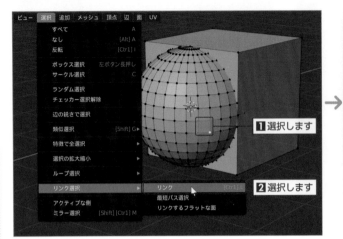

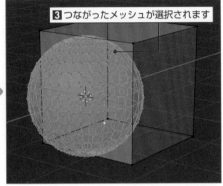

※図は裏側のメッシュを表示するため、透過表示になっています。

ループ選択

一列につながった二つ以上の頂点またはいずれか一辺を選択した状態で3Dビューポートのヘッダーにある **[選択]** から **[ループ選択]** ➡ **[辺ループ]** を選択すると、縦または横一列のループ状に選択されます。

また、 Alt キーを押しながら左クリックすると、同様の選択が可能です。

Shift ＋ Alt キーを押しながら左クリックすると、複数の列を同時に選択できます。

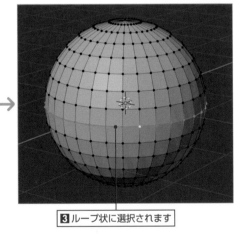

SECTION 2.2 メッシュモデリング

頂点や辺、面で構成されているメッシュオブジェクトのモデリングは、それらの要素を移動や変形といった編集を行うことで、新たな形状を造り上げていきます。Blenderには数多くの優れた編集機能が搭載されています。ここでは、基本的な操作方法と併せて、搭載されている各種機能を紹介します。

メッシュの編集

移動／回転／拡大縮小

　メッシュの移動、回転、拡大縮小は、基本的にオブジェクトの編集と同様の操作となります。ツールバーの**「移動」「回転」「スケール」**をそれぞれ左クリックで有効にすると、個別に操作が可能なギズモが表示されます。

　[トランスフォーム] ツールを有効にすると、その都度ツールを切り替えずに、移動、回転、拡大縮小を行うことができます。

[移動] ツール
[回転] ツール
[スケール] ツール
[トランスフォーム] ツール

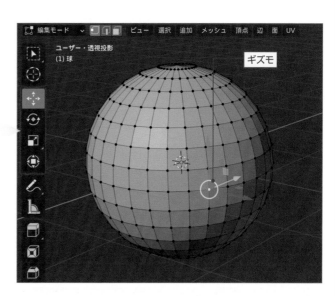

　3Dビューポートのヘッダーにある **[メッシュ]** ➡ **[トランスフォーム]** から **[移動]**（Gキー）、**[回転]**（Rキー）、**[スケール]**（Sキー）でも同様の操作が可能です。

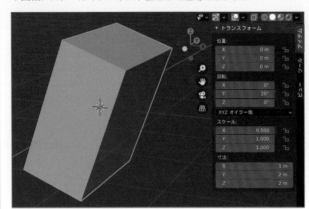

TIPS オブジェクトモードでの編集と、編集モードでの編集の違い

オブジェクトモードで変形などの編集を行った場合、その情報は記録されており、元に戻すことが可能です。サイドバー（Nキー）の「アイテム」タブにある「トランスフォーム」パネルで編集後の情報を確認できます。

編集された値は、3Dビューポートのヘッダーにある［オブジェクト］から［適用］（Ctrl＋Aキー）を選択すると、位置や回転、スケールのデフォルト値として適用できます。

それに対して、編集モードで変形などの編集を行った場合は、デフォルト値を直接編集していることになるため、「トランスフォーム」パネルの情報（位置、回転、スケール）に変化はありません。

サイドバーの「トランスフォーム」パネル（位置、回転、スケール）の値がデフォルト値になっていない状態で、モディファイアー（101ページ参照）の設定などを行うと、設定内容によっては意図しない結果になったり不具合が発生することがあります。基本的にオブジェクトモードで編集を行った場合は、最終的にデフォルト値として適用するようにしましょう。

削除

　頂点や辺、面を選択して、3Dビューポートのヘッダーにある**［メッシュ］**➡**［削除］**（Xキー）から頂点や辺などの該当する項目を選択すると、メッシュが削除されます。

　［頂点］は、選択した頂点と併せてつながっている辺や面も削除します。**［辺］**は、選択した辺と併せてつながっている面も削除します。**［面］**は、選択した面を削除します。

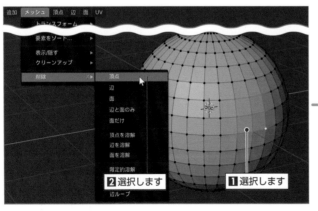
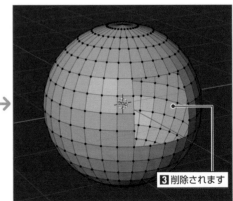

その他、辺は残して面のみを削除する**[面だけ]**や、つながっている面は残して選択した辺のみを削除する**[辺を溶解]**などがあります。

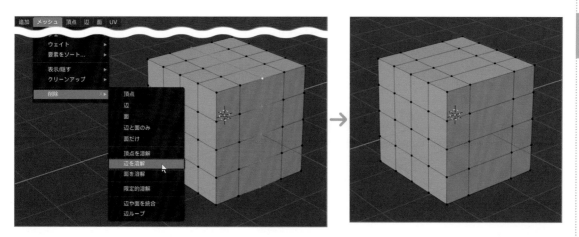

複製

頂点や辺、面を選択して、3Dビューポートのヘッダーにある**[メッシュ]**から**[複製]**(Shift + D キー)を選択すると、メッシュが複製されます。マウスポインターに合わせて複製されたメッシュが移動するので、左クリックで複製位置を決定します。

右クリックするとマウスポインターの位置に関係なく複製元と同じ位置に複製されます。同じ位置に複製されるため、完全に重なっていてわかりづらいので注意しましょう。

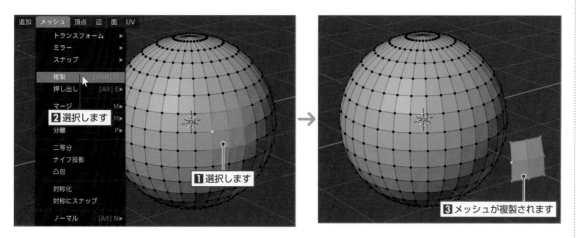

表示/隠す

頂点や辺、面を選択して、3Dビューポートのヘッダーにある**[メッシュ]**から**[表示/隠す]** ➡ **[選択物を隠す]**（Ｈキー）を選択すると、メッシュが非表示になります。

削除と同様に頂点の非表示は、選択した頂点と併せてつながっている辺や面も非表示となります。辺の場合は、選択した辺と併せてつながっている面も非表示となります。面の場合は、選択した面が非表示となります。

再度表示させる場合は、**[隠したものを表示]**（Ａｌｔ＋Ｈキー）を選択します。

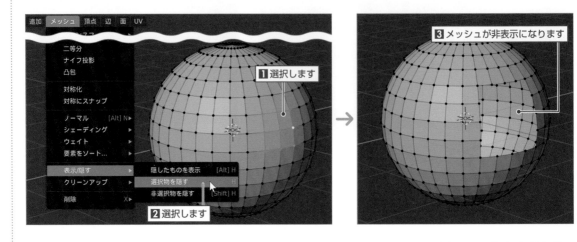

細分化

辺または面を選択して、3Dビューポートのヘッダーにある**[辺]**から**[細分化]**を選択すると、メッシュが均等に分割されます。

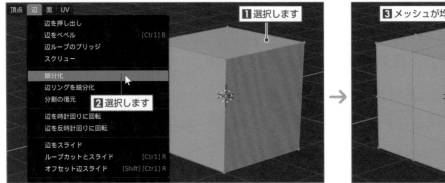

細分化の直後、3Dビューポートの左下にパネルが表示されます。▶を左クリックすると、「**細分化**」パネルの開閉を行うことができます。

このパネルでは、「**分割数**」や「**スムーズ**」などの調整を行うことができます。このパネルが表示されるのは、細分化を行った直後のみとなります。別の操作を行うと、パネルが消えてしまいます。

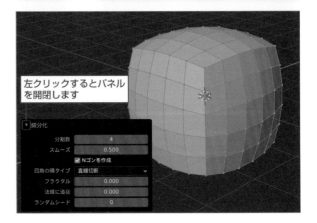

頂点の連結

2つの頂点を選択し、3Dビューポートのヘッダーにある **[頂点]** から **[頂点の経路を連結]**（J キー）を選択すると、2つの頂点を辺でつなぎ、面を分割します。2つの頂点の間に面がない場合は、**[頂点から新規辺/面作成]**（F キー）（詳しくは71ページ参照）を選択します。

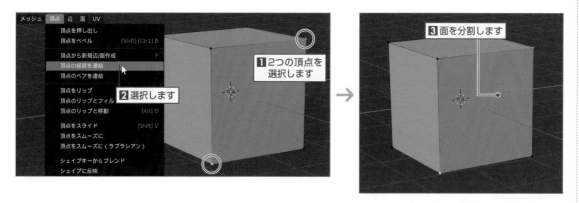

分離

頂点や辺、面を選択し、3Dビューポートのヘッダーにある **[メッシュ]** から **[分離]**（P キー）➡ **[選択]** を選択すると、現在のオブジェクトから分離され、別オブジェクトとして扱われるようになります。

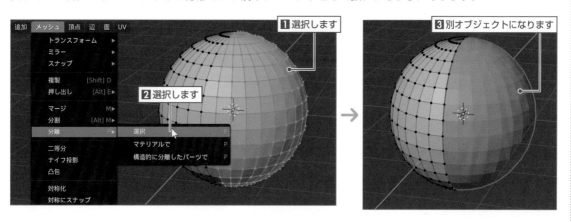

一旦、別オブジェクトになったメッシュは、編集ができなくなります。編集するには、オブジェクトモードに切り替え、分離で別オブジェクトになったメッシュを選択して編集モードに切り替える必要があります。

分割

頂点や辺、面を選択し、3Dビューポートのヘッダーにある[メッシュ]から[分割]➡[選択]（Yキー）を選択すると、元の形状から切り離されます。[分離]とは異なり、同一オブジェクトとして扱われています。

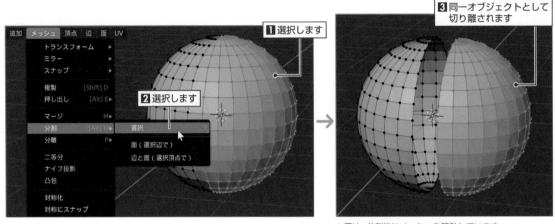

※図は、分割後にメッシュを移動しています。

頂点の結合

頂点や辺、面を選択し、3Dビューポートのヘッダーにある[メッシュ]から[マージ]（Mキー）を選択すると、「結合」メニューが表示されるので、該当する項目を選択すると、頂点が結合されます。

[最初に選択した頂点に]や[最後に選択した頂点に]は、それぞれ最初に選択した頂点の位置、最後に選択した頂点の位置で結合されます。こちらは、頂点を選択した場合のみ表示されます。

[中心に]は、複数選択したメッシュの中心で結合されます。[カーソル位置に]は、3Dカーソルの位置で結合されます。[束ねる]は、隣接している箇所のみがその中心で結合されます。

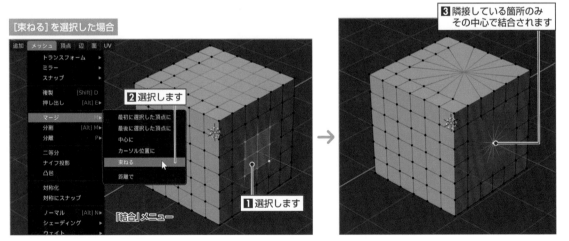

[距離で]は、複数選択したメッシュの中で「距離でマージ」パネルで指定した距離より近い頂点が結合されます。

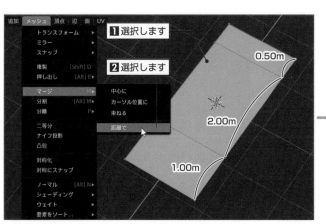

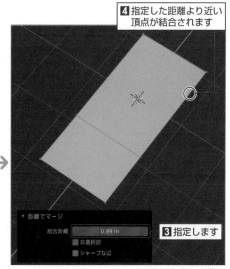

> ※ここでは0.99と指定

辺・面の作成

2点の頂点を選択し、3Dビューポートのヘッダーにある[頂点]から[頂点から新規辺/面作成]（Fキー）を選択すると、辺が作成されつながった状態になります。3点以上の頂点または複数の辺を選択し、同様の操作を行うと面が張られます。

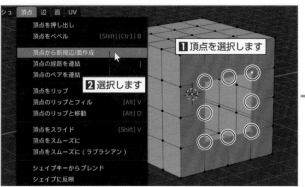

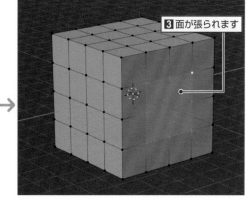

図のように、規則正しく並んだメッシュの間に面を作成する場合、端の辺を選択して[頂点から新規辺/面作成]（Fキー）を選択すると、面が作成されます。連続して設定することが可能です。

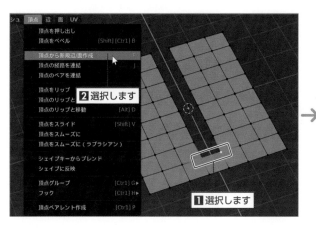

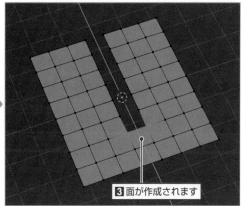

　画像のように、規則正しく並んだメッシュの間に面を作成する場合、両端の辺を選択して3Dビューポートの
ヘッダーにある [面] から [グリッドフィル] を選択すると、グリッド状に面が張られます。

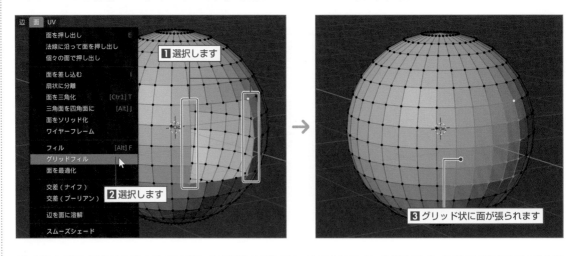

面の編集

　隣接する2つ以上の面を選択し、3Dビューポートのヘッダーにある [頂点] から [頂点から新規辺/面作成]
([F]キー) を選択すると、面を結合することができます。

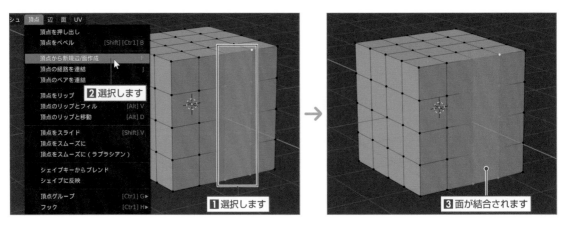

　多角形の面を選択し、3Dビューポートのヘッダーにある [面] から [扇状に分離] を選択すると、扇状に面が
分割されます。

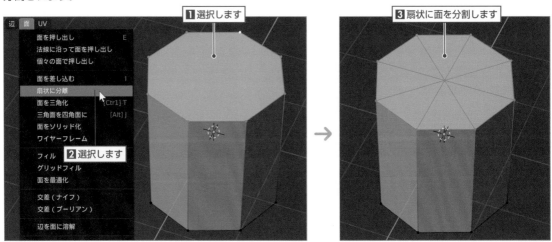

四角形の面を選択して、3Dビューポートのヘッダーにある [面] から [面を三角化]（ Ctrl + T キー）を選択すると、三角形の面に分割されます。

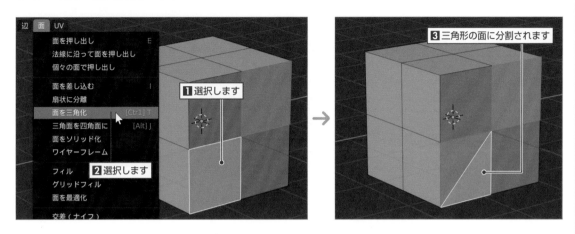

隣接する2つ以上の三角形の面を選択し、3Dビューポートのヘッダーにある [面] から [三角面を四角面に]（ Alt + J キー）を選択すると、四角形の面に変換されます。

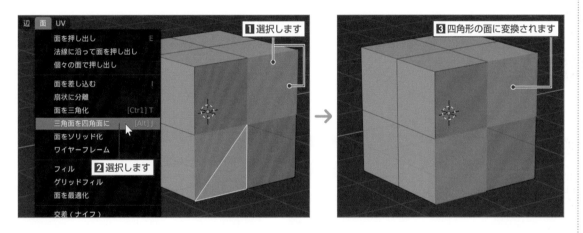

モデリングツール

3Dビューポートの左側のツールバーには、各種ツールが格納されています。編集モードに切り替えると、モデリングでよく使用するツールが表示されます。

ツールバーの表示／非表示の切り替えは、3Dビューポートのヘッダーにある [ビュー] ➡ [ツールバー]（ T キー）で行います。

いくつかのツールは、3Dビューポートのヘッダーからでも同様の機能を選択することができますが、操作方法が若干異なる場合があります。

押し出し

頂点や辺、面を選択して、[押し出し（領域）] ツールを有効にすると、アクティブツールギズモが表示されます。ライン先端にある ➕ アイコンをマウス左ボタンでドラッグするとラインの方向にメッシュを押し出すことができます。

ドラッグ中に X Y Z キーを押すと、それぞれの座標軸方向に制限をかけて押し出すことが可能です。1度押すと「グローバル座標」、2度押すと「ローカル座標」、3度押すと制限の解除となります。

また、白色の円の内側でマウス左ボタンのドラッグを行うと、制限なくドラッグする方向にメッシュを押し出すことができます。

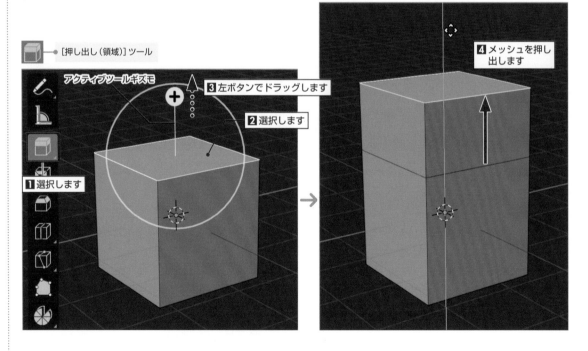

PART
2

押し出しの直後、3Dビューポートの左下に表示される**「領域を押し出して移動」**パネルでは、押し出した距離や方向を編集後でも調整することができます。

このパネルが表示されるのは、押し出しを行った直後のみとなります。別の操作を行うとパネルが消えてしまいます。

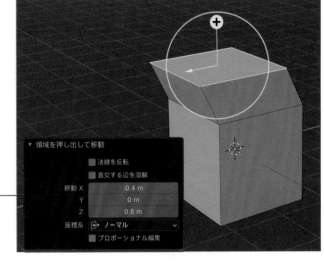

「領域を押し出して移動」パネル

[押し出し（領域）] ツールをマウス左ボタンで長押しすると、押し出す方式を変更できます。

1 左ボタンで長押しします

2 押し出す方式を選択します

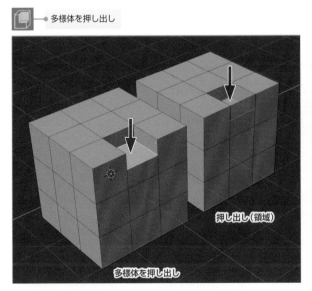

多様体を押し出し

押し出し（領域）

多様体を押し出し

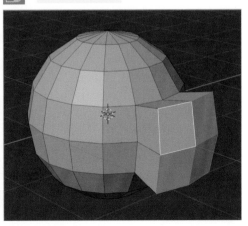

押し出し（法線方向）

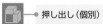 押し出し（個別）

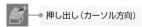 押し出し（カーソル方向）

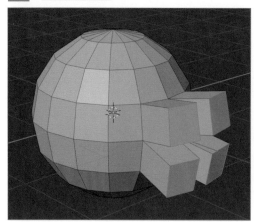

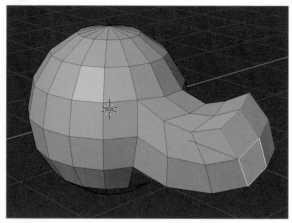

左クリックした位置に向かって押し出します。

　また、3Dビューポートのヘッダーにある**[頂点][辺][面]**からそれぞれ**[～を押し出し]**（**E**キー）を選択すると、同様にメッシュの押し出しを行うことができます。

　メニューからの押し出しの場合は、たとえ面を選択した状態でも頂点のみを押し出すなど、選択しているメッシュの要素に関係なく押し出すことが可能です。

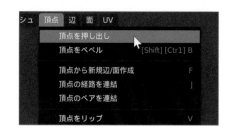

面を差し込む

　面を選択して**[面を差し込む]**ツールを有効にすると、アクティブツールギズモが表示されます。ライン先端にある●をマウス左ボタンでラインに沿って内側に向かってドラッグすると、面の内側に新たな面を差し込むことができます。複数の面を選択した状態でも面を差し込むことができます。

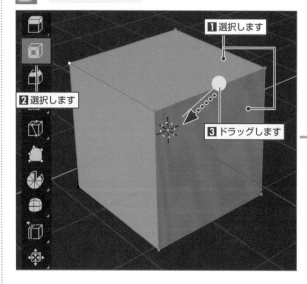 [面を差し込む]ツール

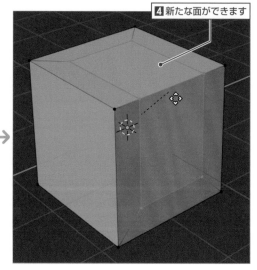

複数の面を選択している場合、ドラッグ中に [I] キーを押すと、個別に面を差し込むことができます。

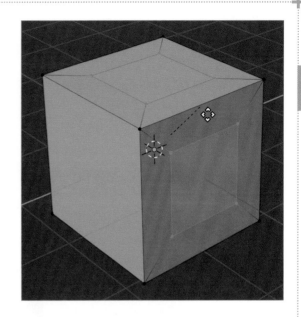

また、3Dビューポートのヘッダーにある [面] から [面を差し込む] ([I] キー) を選択しても、同様に面を差し込むことができます。

ベベル

辺を選択して [ベベル] ツールを有効にすると、アクティブツールギズモが表示されます。ライン先端にある ◯ をマウス左ボタンでドラッグすると、面取りや角に丸みを付けることができます。

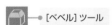
[ベベル] ツール

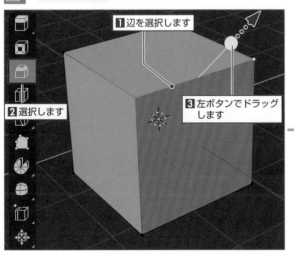

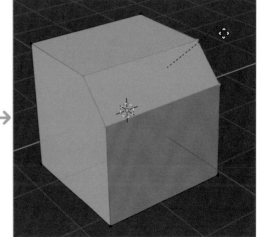

べベルを行った直後、3Dビューポートの
左下に表示される**「ベベル」**パネルでは、編
集後でもベベルの幅や分割数（セグメント）、
形状（シェイプ）などを調整できます。

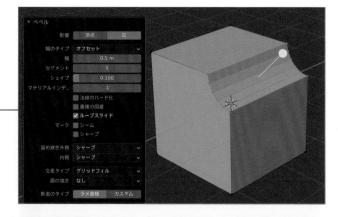

「ベベル」パネル

「断面のタイプ」の**[カスタム]**を選択す
ると、カーブを用いてベベルの断面を任意の
形状に変形できます。複雑な形状ほど**[セグ
メント]**の値を大きくする必要があります。

🮂1 選択します

🮂2 調整します

また、3Dビューポートのヘッダーにある
[辺]から**[辺をベベル]**（ Ctrl ＋ B キー）を
選択すると、同様に面取りや角に丸みを付け
ることができます。

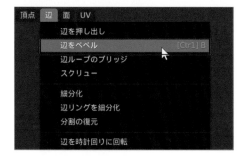

ループカット

[ループカット] ツールを有効にして、マウスポインターを辺に合わせると、カットする方向に黄色のラインで表示されます。

左クリックでループカットが実行されます。このとき、カットされるのは辺の中心となります。

● [ループカット] ツール

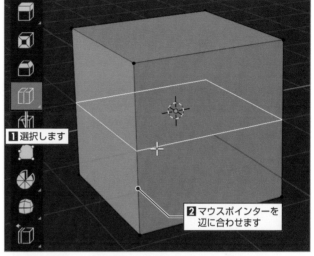

1 選択します

2 マウスポインターを辺に合わせます

左クリックではなく、マウス左ボタンのドラッグでスライドすることでカットする位置を調整することができます。

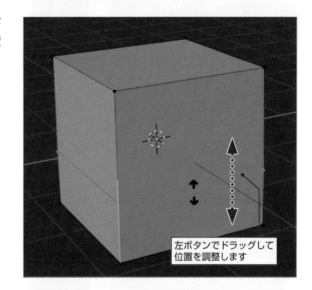

左ボタンでドラッグして位置を調整します

ループカットの直後、3Dビューポートの左下に表示される「**ループカットとスライド**」パネルでは、分割数や形状の変更（スムーズ）、カットされる位置の調整（係数）などを行うことができます。

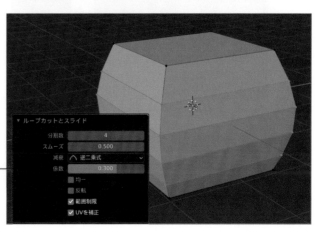

「ループカットとスライド」パネル ─

　また、3Dビューポートのヘッダーにある **[辺]** から **[ループカットとスライド]**（Ctrl + R キー）を選択してマウスポインターを辺に合わせると、同様にループカットを行うことができます。

　ツールによる編集とは異なり、黄色のラインが表示された状態でマウスホイールを回転すると分割数を変更できます。

　一度目の左クリックでカットする方向と分割数を決定し、続いてマウスポインターの移動でカットする位置の調整を行い、二度目の左クリックでループカットを実行します。二度目の左クリックを行わず右クリックすると、マウスポインターの位置に関わらず辺の中心でカットされます。

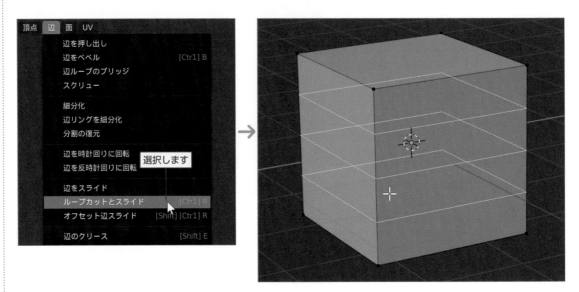

　[ループカット] ツールをマウス左ボタンで長押しすると、**[オフセット辺ループカット]** ツールに切り替えることができます。オフセット辺ループカットは、辺を選択してマウス左ボタンでドラッグすることで、選択した辺を中心として両側に辺を追加します。

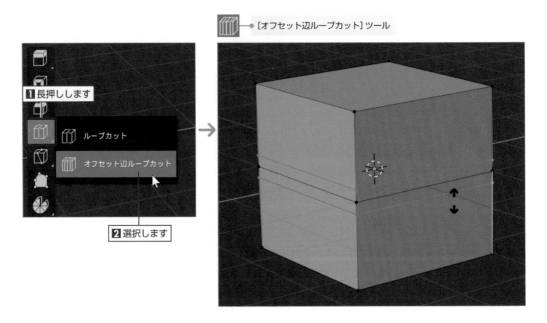

ナイフ

　[ナイフ] ツールを有効にして、左クリックでポイントを打ちながらラインを引くことで、そのラインと交差する辺、面をカットできます。Enter キーを押すと実行されます。右クリックでキャンセルとなります。

　また、K キーを押してラインを引くことで、同様にナイフによるカットを行うことができます。

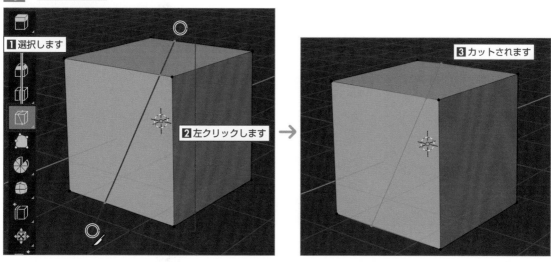

　ラインを引く際、Ctrl キーを押しながら左クリックすると、各辺の中心でカットできます。また、Z キーで裏側のメッシュも同時にカットするかの有効／無効の切り替えができます。C キーでカットするラインの角度に制限をかけるかの有効／無効の切り替えができます。

　これらの有効／無効（ON/OFF）などの情報は、画面の最下部に表示されます。

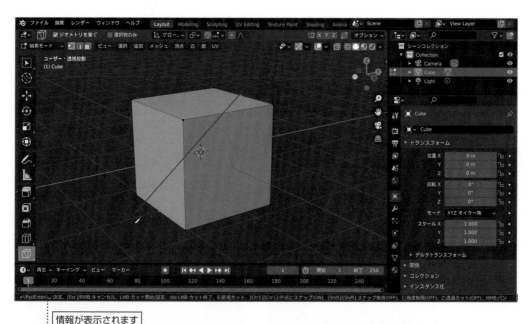

情報が表示されます

←/PadEnter/␣:決定、[Esc]/RMB:キャンセル、LMB:カット開始/設定、dbl-LMB:カット終了、E:新規カット、

[Ctrl]/[Ctrl]:中点にスナップ(ON)、[Shift]/[Shift]:スナップ無視(OFF)、C:角度制限(OFF)、Z:透過カット(OFF)、MMB:パン

　[**ナイフ**] ツールをマウス左ボタンで長押しすると、 [**二等分**] ツールに切り替えることができます。

　マウス左ボタンのドラッグでラインを引いて、辺や面をカットします。カットされるのは、選択されている部分のみとなります。ラインを引くと、円と矢印が表示されます。円をマウス左ボタンでドラッグして角度、矢印をマウス左ボタンでドラッグして位置を変更することができます。

　3Dビューポートの円と矢印以外の場所で左クリックすると、 [**二等分**] が実行されます。

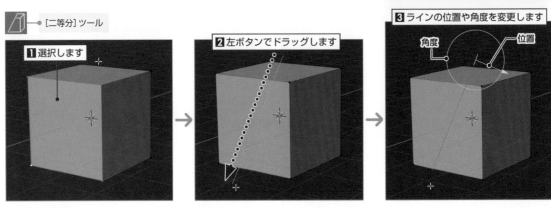

ポリビルド

　[**ポリビルド**] ツールを有効にして、マウスポインターを辺に近づけると辺が水色で表示されます。その状態でマウス左ボタンのドラッグを行うと、四角形の面を伸展することができます。

　マウスポインターを頂点に近づけてマウス左ボタンのドラッグを行うと、頂点を移動できます。

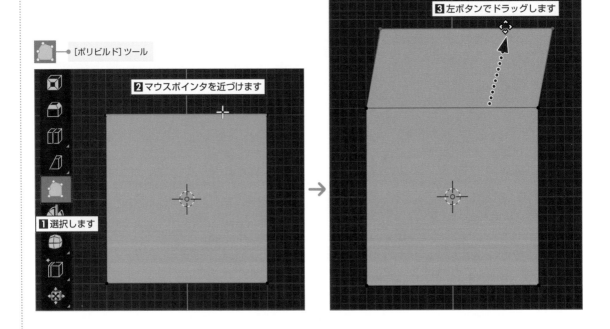

マウスポインターを辺に近づけて Ctrl キーを押しながらマウス左ボタンでドラッグすると、三角面が生成されます。

同様の操作を繰り返すと、2つの三角面が四角面に変換されます。

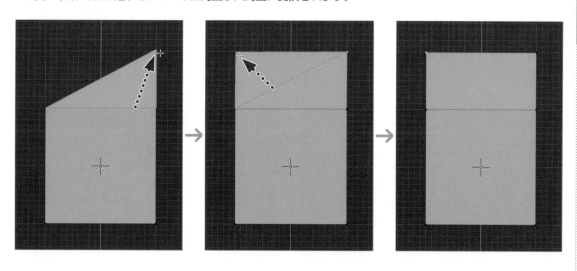

編集の際に［自動マージ］（94ページ参照）を有効にすると、重複点の発生を防ぐことができます。

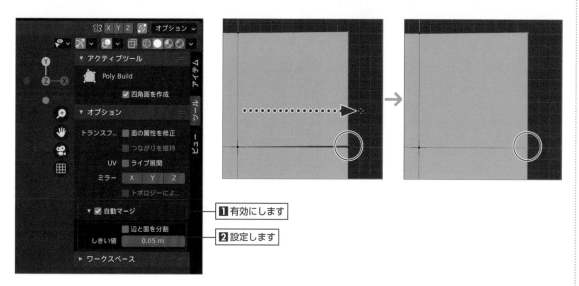

Shift キーを押しながらマウスポインターをメッシュに合わせると、赤色で表示されます。

その状態で左クリックすると、面または頂点を削除することができます。

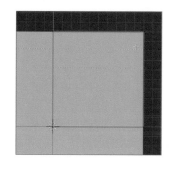

スピン

　メッシュを選択して **[スピン]** ツールを有効にすると、アクティブツールギズモが表示されます。ライン先端にある⊕をマウス左ボタンでドラッグすると、3Dカーソルを中心とした円に沿ってメッシュが連続して押し出されます。

　また、アクティブツールギズモ以外の場所でマウス左ボタンのドラッグを行うと、現在の視点と平行にスピンが行われます。

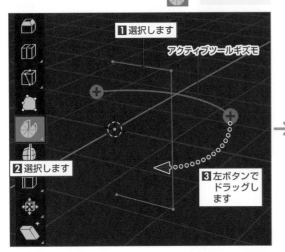

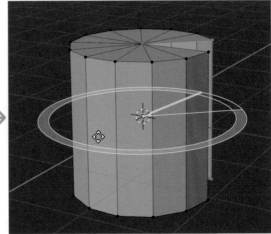

　スピンの直後、3Dビューポートの左下に表示される **「スピン」** パネルでは、連続して押し出される数（ステップ）やスピンする角度などの調整を行うことができます。

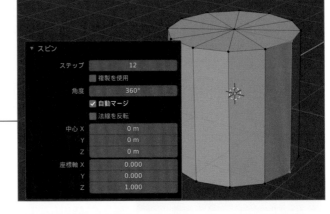

「スピン」パネル ──

　[複製を使用] を有効にするとメッシュがつながった状態ではなく、選択したメッシュのみ連続して複製されます。

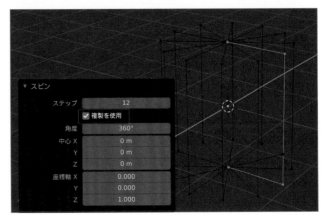

スムーズ

　メッシュを選択して [スムーズ] ツールを有効にすると、アクティブツールギズモが表示されます。ライン先端にある ● をマウス左ボタンでドラッグすると、メッシュが均等化され、滑らかな表面になります。

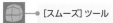 [スムーズ] ツール

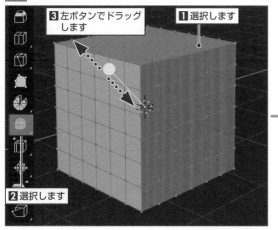
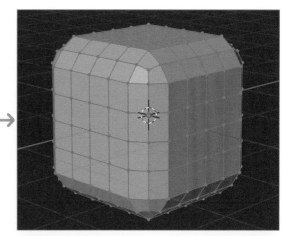

　スムーズの直後、3Dビューポートの左下に表示される「**頂点をスムーズに**」パネルでは、影響度合い（スムージング）と影響範囲（リピート）を調整することができます。

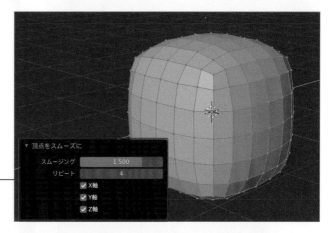

「頂点をスムーズに」パネル ——

　[**スムーズ**] ツールをマウス左ボタンで長押しすると、[**ランダム化**] ツールに切り替えることができます。ライン先端にある ● をマウス左ボタンでドラッグすると、ランダムに凹凸のある表面になります。

 [ランダム化] ツール

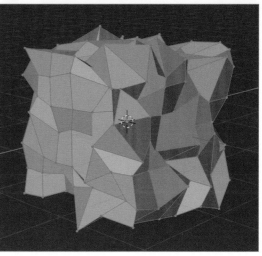

辺をスライド

辺を選択して **[辺をスライド]** ツールを有効にすると、アクティブツールギズモが表示されます。ライン先端にある ● をマウス左ボタンでドラッグすると、メッシュに沿って辺を移動することができます。

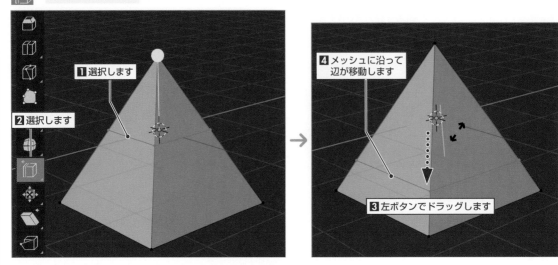

[辺をスライド] ツール

1 選択します
2 選択します
3 左ボタンでドラッグします
4 メッシュに沿って辺が移動します

[辺をスライド] ツールをマウス左ボタンで長押しすると、**[頂点スライド]** ツールに切り替えることができます。

頂点を選択して **[頂点スライド]** ツールを有効にすると、黄色の円が表示されます。黄色の円にマウスポインターを合わせてマウス左ボタンのドラッグを行うと、メッシュに沿って頂点を移動することができます。

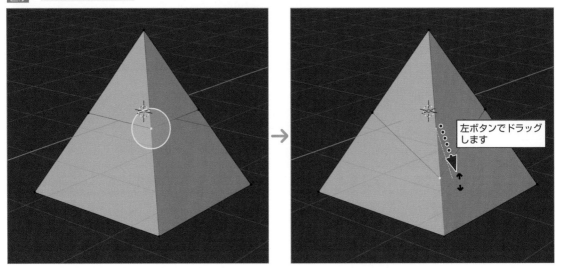

[頂点スライド] ツール

左ボタンでドラッグします

3Dビューポートのヘッダーにある **[頂点]** や **[辺]** からそれぞれ **[〜をスライド]**（ Shift + V キー）を選択すると、同様に従来のメッシュに沿って頂点または辺を移動できます。

また、 G キーを素早く2回押すことでも、同様の操作が可能です。

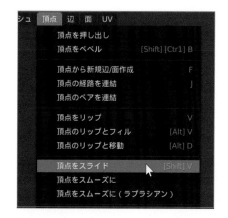

収縮／膨張

メッシュを選択して **[収縮/膨張]** ツールを有効にすると、アクティブツールギズモが表示されます。ライン先端にある ● をマウス左ボタンでドラッグすると、各メッシュの法線方向（99ページ参照）に向かって、拡大・縮小することができます。

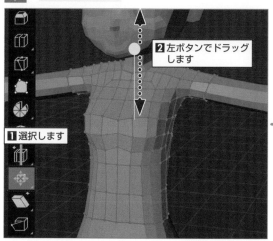

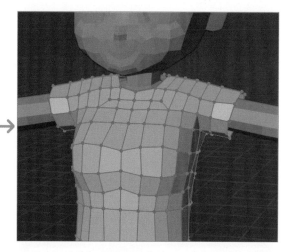

また、3Dビューポートのヘッダーにある **[メッシュ]** から **[トランスフォーム]** ➡ **[収縮/膨張]**（ Alt + S キー）を選択すると、同様に法線方向に向かって拡大または縮小することができます。

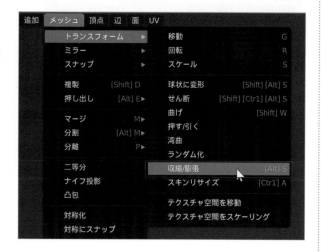

[収縮/膨張] ツールをマウス左ボタンで長押しすると、[押す/引く] ツールに切り替えることができます。ライン先端にある●をマウス左ボタンのドラッグで、現在選択しているメッシュの中心を基点に拡大または縮小することができます。

● [押す/引く] ツール

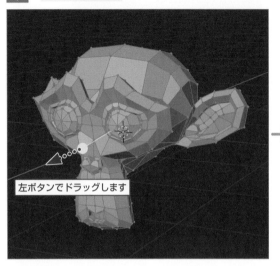

左ボタンでドラッグします

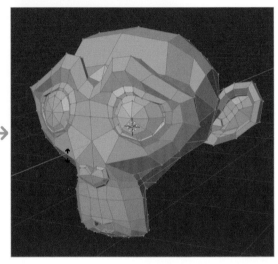

せん断

メッシュを選択して [せん断] ツールを有効にすると、アクティブツールギズモが表示されます。ライン先端にある矩形をマウス左ボタンでドラッグすると、各座標軸方向に沿ってメッシュを傾斜するように変形します。

また、白い四角の上下の辺、左右の辺をそれぞれマウス左ボタンでドラッグすると、現在の視点と平行に上下または左右に傾斜するように変形します。

● [せん断] ツール

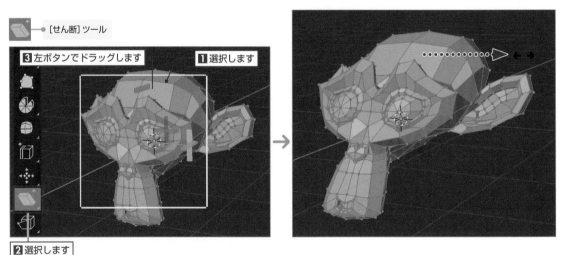

3 左ボタンでドラッグします　　1 選択します

2 選択します

[せん断] ツールをマウス左ボタンで長押しすると、[球状に変形] ツールに切り替えることができます。

メッシュを選択して3Dビューポートのいずれかの場所でマウス左ボタンのドラッグを行うと、球体になるように変形します。

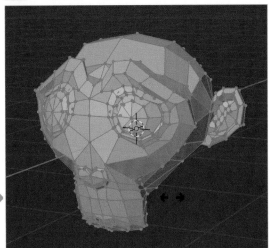

● [球状に変形] ツール

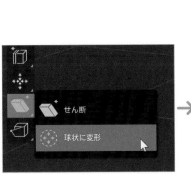

領域リップ

頂点や辺を選択して [領域リップ] ツールを有効にすると、黄色の円が表示されます。円の内側にマウスポインターを合わせてマウス左ボタンのドラッグを行うと、メッシュを切り裂くことができます。

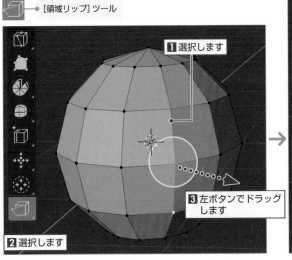

● [領域リップ] ツール

1 選択します

3 左ボタンでドラッグします

2 選択します

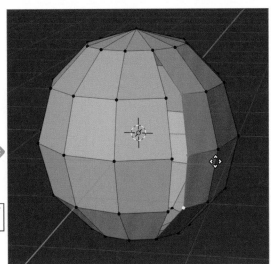

また、3Dビューポートのヘッダーにある [頂点] から [頂点をリップ]（Vキー）を選択すると、同様にメッシュを切り裂くことができます。

⚠ 実行する際のマウスポインターの位置によって、メッシュを切り裂く基準点が変化します。そのため、操作はメニュー選択ではなく、ツールまたはショートカットキーで行うことをおすすめします。

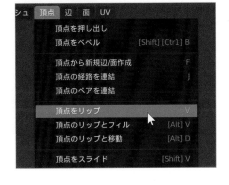

[**領域リップ**] ツールをマウス左ボタンで長押しすると、 [**辺リップ**] ツールに切り替えることができます。

頂点や辺を選択して円の内側にマウスポインターを合わせてマウス左ボタンのドラッグを行うと、頂点や辺を延長することができます。

[辺リップ] ツール

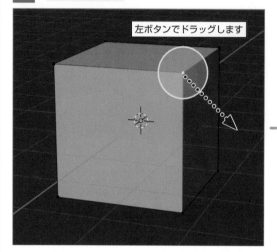

左ボタンでドラッグします

→

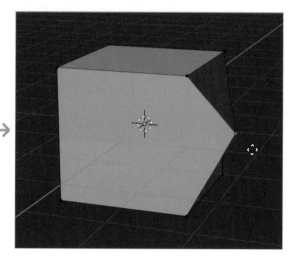

TIPS	多角形ポリゴンについて

Blenderは、三角形と四角形だけではなく、任意の辺数のポリゴン（Nゴン）に完全対応したメッシュシステムを採用しています。

そのため、ナイフやループカット、ベベルのようなツールによる編集でもきれいな形状を生成することができます。

ただし、多角形ポリゴンが含まれたメッシュでは、陰影が正常に表示されないなど処理に不具合が生じたり、ゲーム用モデルには対応していないなど不都合な場面が多々あります。

制作途中ではやむを得ない場合もありますが、トポロジー（ポリゴン構造）の流れを考慮して、モデリングが仕上がった時点では、三角形と四角形で構成されたモデルになるよう心がけましょう。

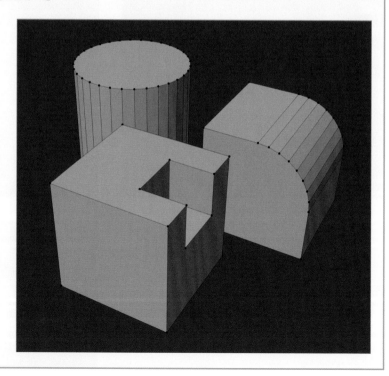

その他のモデリング機能

ブリッジ

2組以上の辺を選択して、3Dビューポートのヘッダーにある **[辺]** から **[辺ループのブリッジ]** を選択すると、辺の間を面でつなぎます。

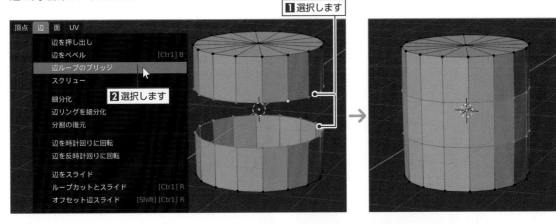

ブリッジの直後に3Dビューポートの左下に表示される **「辺ループのブリッジ」** パネルでは、ねじれ（ツイスト）や分割数などを調整することができます。

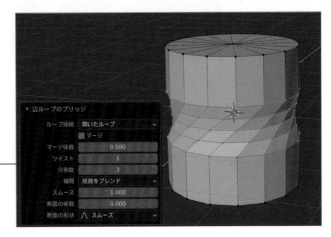

「辺ループのブリッジ」パネル

スナップ

スナップとは、メッシュを編集する際、他のメッシュに吸着する機能です。3Dビューポートのヘッダーにある「**磁石**」アイコンを左クリックすると、有効になります。スナップする対象物は、「**スナップ先**」メニューから指定できます。「**スナップ先**」メニューの [面] を選択することで、リトポロジー（342ページ参照）を行うことが可能です。

スナップ機能を用いたリトポロジーを行う際は、[**ポリビルド**] ツール（82ページ参照）での編集をおすすめします。

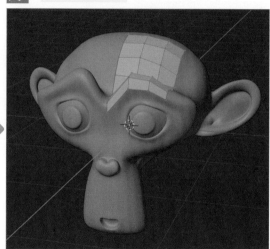

スナップ編集の際、メッシュが重なり合って編集しづらい場合があります。

プロパティの「**オブジェクトプロパティ**」を左クリックし、「**ビューポート表示**」パネルの [**最前面**] を有効にすると、編集中のメッシュが常に表示されるようになります。

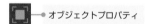

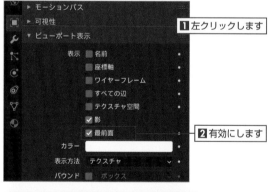

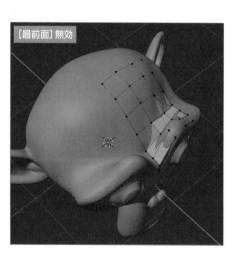

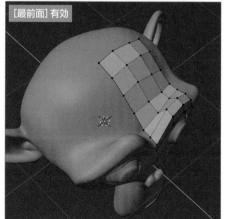

PART
2

プロポーショナル編集

　プロポーショナル編集は、頂点や辺、面の移動など編集する際の影響範囲、影響の与え方を変更できます。3D
ビューポートのヘッダーにある**「多重円」**アイコンを左クリックすると有効になります。
　「プロポーショナル編集の影響減衰タイプ」メニューでは、編集する際の影響の与え方が各種用意されており
ます。白い円の内側が影響範囲となり、マウスホイールの回転で影響範囲の大きさを変更できます。

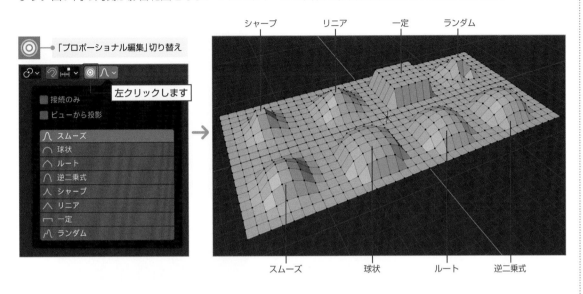

　[接続のみ]を有効にすると、選択したメッシュとつながっていない部分は影響範囲内でも影響を受けなくな
ります。

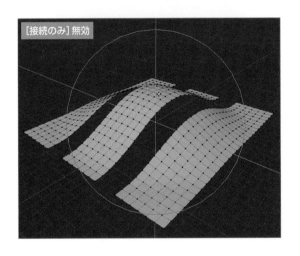

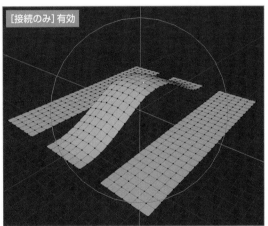

ミラー

3Dビューポートのヘッダーにある [X] [Y] [Z] アイコンをそれぞれ有効にすると、各座標軸を基点とした対称のメッシュの片側を編集することで、もう一方のメッシュも連動します。

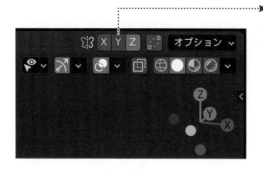

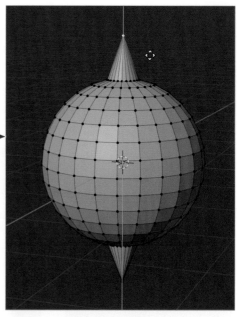

自動頂点マージ

3Dビューポートのヘッダーにある [自動頂点マージ] アイコンを有効にすると、[しきい値] で設定されている距離内に近づいた頂点が結合されるようになります。編集の際に誤ってできてしまう重複点の発生を防ぎます。

[しきい値] の設定は、「オプション」 メニューから行うことができます。

「自動頂点マージ」切り替え

クリーンアップ

3Dビューポートのヘッダーにある [メッシュ] ➡ [クリーンアップ] からは、編集によって誤って生じた不具合などを修正してくれる機能を選択できます。クリーンアップは、選択されているメッシュのみ反映されます。

❶ 孤立を削除
面積や体積のないメッシュは削除されます。

❷ 形状のポリゴン数削減
できるだけ形状を維持しつつ、[比率] で設定した割合によって、メッシュを結合して分割数を減らします。

❸ 大きさ0を溶解
設定した [統合距離] の範囲内の頂点は結合されます。辺や面でつながっていない頂点は結合されません。

❹ 限定的溶解
[最大角度] で設定した角度によって、辺や面が結合されます。

❺ 面を平坦化
平らでない面は、平均的に平らに変形されます。

❻ 非平面を分割
平らでない面は、分割されます。

❼ 凹面を分割
2次元的に凹みのある面は、分割されます。

❽ 距離でマージ
設定した [統合距離] の範囲内の頂点は結合されます。辺や面でつながっていなくても結合されます。

❾ 穴をフィル
設定した [辺数] の数値以下の辺の数でできている穴に面が生成されます。

それぞれ距離や角度などの設定は、メニュー選択後に3Dビューポートの左下に表示される各パネルで行います。

下絵の設定

既存の三面図を元にモデリングを行う場合や、事前に描いたラフスケッチを元にモデリングを行う場合など、下絵を元にモデリングを行うことで、スムーズでより正確な編集作業を行うことができます。

Blenderでは、3Dビューポートの背景にそれらの画像を表示させることが可能です。

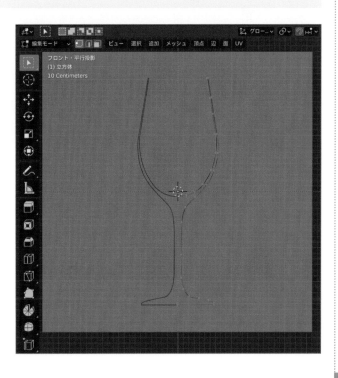

　下絵と3Dビューポートの視点を揃えます。下絵が正面から描かれている場合は、3Dビューポートのヘッダーにある **[ビュー]** から **[視点]** ➡ **[前]**（テンキー1）を選択し、フロントビューに切り替えます。下絵が側面から描かれている場合は、**[右]**（テンキー3）または **[左]**（Ctrl＋テンキー1）を選択し、ライトまたはレフトビューに切り替えます。

　続いて、3Dビューポートのヘッダーにある **[追加]** から **[画像]** ➡ **[参照]** を選択すると、Blenderファイルビューが開くので下絵となる画像を選択して **[参照画像を読込]** を左クリックします。

　プロパティの **「オブジェクトデータプロパティ」** を左クリックして表示される **「エンプティ」** パネルでは、各種設定の変更を行うことができます。

　[サイズ] は、表示サイズの拡大縮小を行うことができます。

　[オフセットX] [Y] は、上下左右に配置位置を移動することができます。

　[深度] は、通常のオブジェクトと同様に表示させる **[デフォルト]** の他に、 **[前]** と **[後]** で配置位置に関係なくその他のオブジェクトよりも手前に表示するか、後ろに表示するかを選択することができます。

　[サイド] は、デフォルトの **[両方]** では前面、背面どちらから見ても表示され、 **[前]** と **[後]** では、それぞれ片面のみの表示となります。

　「Show in」 の **[平行投影]** と **[透視投影]** は、それぞれの投影方法時に表示/非表示の設定を行います。一般的には、 **[平行投影]** のみ下絵の表示が必要となるため、 **[透視投影]** を無効にすることをおすすめします。

　[軸に平行な時のみ] は、視点が座標軸に平行でない場合は画像が表示されず、アウトラインのみ表示されます。

「オブジェクトデータプロパティ」

「エンプティ」パネル

焦点距離の変更

　Blenderの3Dビューポートの焦点距離は、デフォルトで "50mm" に設定されています。

　3Dビューポートのヘッダーにある **[ビュー]** から **[サイドバー]** (**N**キー) を選択し、サイドバーの **[ビュー]** タブを左クリックすると表示される **「ビュー」** パネルでは、焦点距離を確認/変更することができます。

焦点距離の数値が小さいと、拡大表示ではカメラの広角レンズのように歪んでしまいます。このような場合は、モデリングを行う際に形状を把握しづらいので、"100mm"前後に設定することをおすすめします。

焦点距離50mm

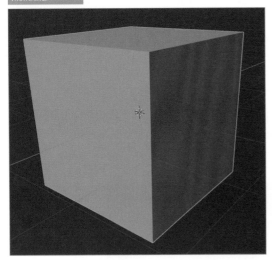

焦点距離100mm

スムーズシェード

デフォルトでは、「フラットシェード」に設定されており、それぞれの面がフラットに表示された状態になっています。

オブジェクトモードで3Dビューポートのヘッダーにある[オブジェクト]から[スムーズシェード]を選択すると、表面が滑らかに表示されます。

フラットシェード

スムーズシェード

　また、編集モードで特定の面を選択して3Dビューポートのヘッダーにある[**メッシュ**]から[**シェーディン
グ**] ➡ [**面をスムーズに**]を選択すると、部分的に表面を滑らかに表示することができます。

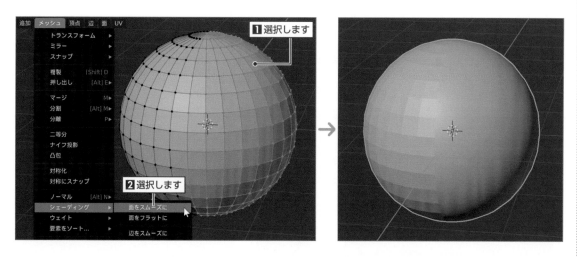

法線方向の確認／変更

　法線方向（面の表裏）が揃っていないと、メッシュの陰影が
正常に表示しないなどさまざまな不具合が生じてきます。

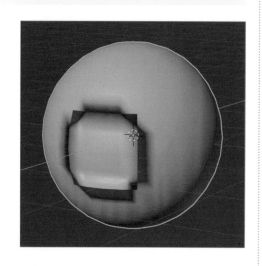

　法線方向の確認は、編集モード（[Tab]キー）に切り替え、3D
ビューポートのヘッダーにある[**ビューポートオーバーレ
イ**]メニューの[**ノーマル**]の「**法線を表示**」アイコンを左ク
リックで有効にします。
　水色のラインが表示されている方向が面の表となります。
[**サイズ**]の数値で水色のラインの表示サイズを変更できま
す。

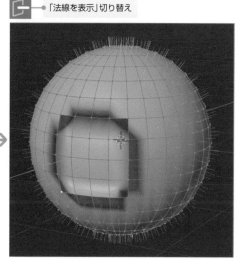

　法線方向が揃っていない場合は、すべてのメッシュを選択（[A]キー）します。続いて3Dビューポートのヘッダーにある[メッシュ]から[ノーマル]➡[面の向きを外側に揃える]（[Shift]＋[N]キー）を選択すると、法線方向が揃った状態になります。

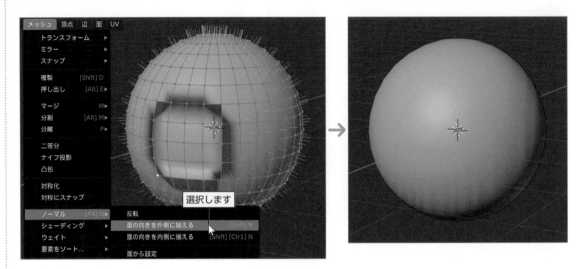

　個別に法線方向を変更する場合は、該当する面のみを選択して、3Dビューポートのヘッダーにある[メッシュ]から[ノーマル]➡[反転]を選択します。

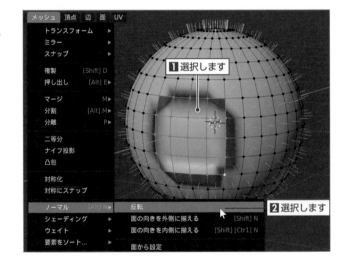

SECTION 2.3　モディファイアー

オブジェクトの形状を変形させたり、新たな構造を付加したりすることができるモディファイアーは、モデリングでも非常に活躍してくれます。ここでは、設定方法やモデリングで使用する主なモディファイアーを紹介します。

モディファイアーの基礎知識

　左右対称にメッシュを自動的に生成させたり、メッシュの分割数を増やして面を滑らかに表示させたりと、各種モディファイアーを設定することで、オブジェクトの形状を変形させたり、新たな構造を付加したりすることができます。しかもオブジェクト元々の形状は保持されており、いつでも有効／無効の切り替えが可能です。

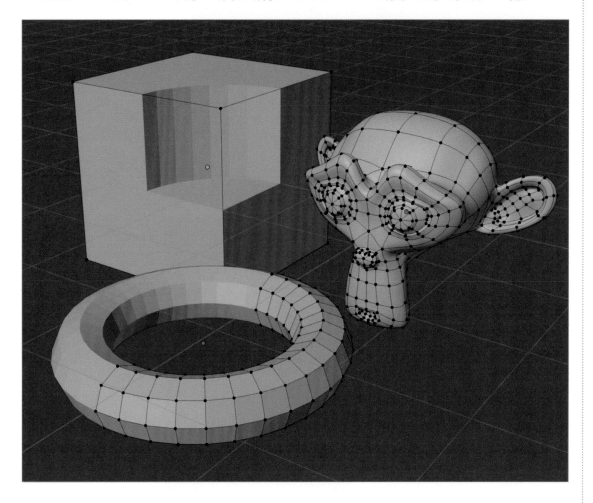

設定方法

　設定するオブジェクトを選択してプロパティの「**モディファイアープロパティ**」を左クリックし、「**モディファイアー**」の設定画面に切り替えます。「**モディファイアーを追加**」メニューからモディファイアーを選択します。

　1つのオブジェクトに対して複数のモディファイアーを設定することも可能です。複数のモディファイアーを設定した場合、モディファイアーの順番によって効果が異なることがあるので注意が必要です（詳しくは104ページを参照）。

　順番の変更は、「**モディファイアー**」パネルの右上にマウスポインターを重ねて、マウス左ボタンのドラッグで「**モディファイアー**」パネルを移動します。

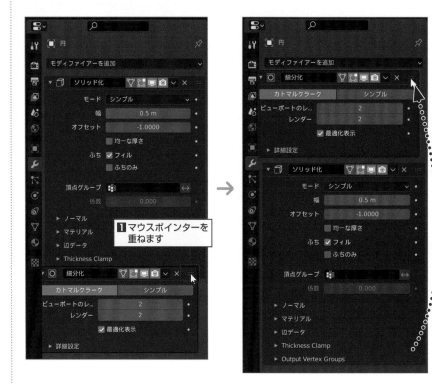

また、「**モディファイアー**」パネル上部のアイコンを左クリックして、各モードごとに表示/非表示の切り替えが可能です。

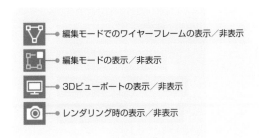

- 編集モードでのワイヤーフレームの表示/非表示
- 編集モードの表示/非表示
- 3Dビューポートの表示/非表示
- レンダリング時の表示/非表示

左クリックすると削除します

「**モディファイアー**」パネル上部の右側にある✕を左クリックすると、モディファイアーを削除できます。

モディファイアーの適用

モディファイアーを設定した時点では、その状態は擬似的に表示されているため、メッシュ構造が維持されており、いつでも元の形状に戻すことが可能です。

その後の編集内容によっては、モディファイアーが設定された状態のメッシュ構造が必要になる場合があります。そのような場合は、モディファイアーの「**適用**」を行います。

オブジェクトモードで「**モディファイアー**」パネル上部の✕を左クリックして [**適用**] を選択すると、モディファイアーによる効果が擬似的ではなく実体化され、メッシュ構造も変更されます。編集モードで [**適用**] を選択することはできません。

[**適用**] を実行すると元の形状に戻すことができなくなります。

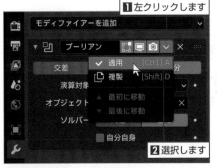

■1 左クリックします

■2 選択します

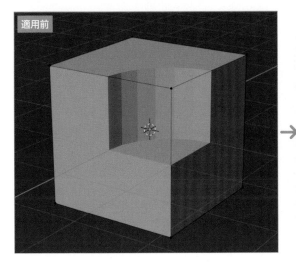

適用前

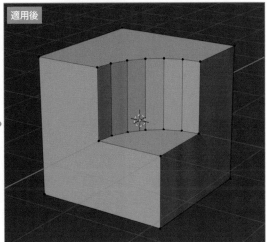

適用後

TIPS 設定順による効果の変化

1つのオブジェクトに対して、複数のモディファイアーを設定することは可能ですが、モディファイアーによっては設定する順番で効果が異なる場合があるので注意が必要です。

例えば、「サブディビジョンサーフェス（細分化）」と「ソリッド化」を設定したとします。

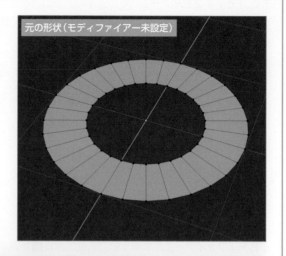

元の形状（モディファイアー未設定）

このような場合、上から順に各効果を与えていきます。「サブディビジョンサーフェス」が上の場合は、細分化の効果を与えてから厚み付けの効果を与えるため、エッジがシャープになります。

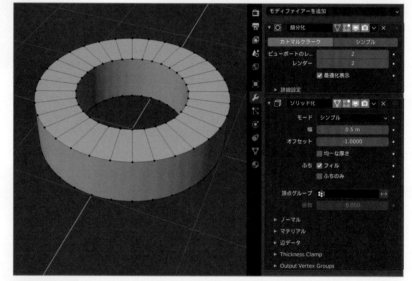

逆に「ソリッド化」が上の場合は、厚み付けの効果を与えてから細分化の効果を与えるため、エッジが滑らかになります。

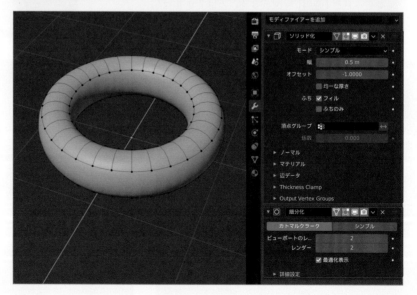

モデリングで使用する主なモディファイアー

配列

使用例 ▶ 141ページ、202ページ、230ページ

元になるオブジェクトの複製を、数や距離を指定して配列させます。元のオブジェクトの形状を変形すると、配列したオブジェクトも同様に変形します。

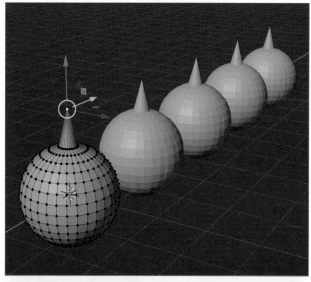

配列の先頭と後尾を、指定した別オブジェクトに変更することも可能です。

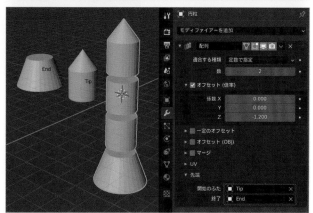

ブーリアン

使用例 ▶ 141ページ

指定した別オブジェクトの重なった部分の交差や合成などを行い、1つの複合オブジェクトを生成します。
「演算方法」では、重なった部分の処理方法を選択します。

演算方法

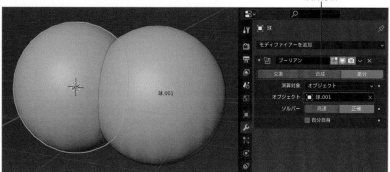

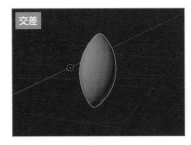
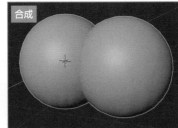
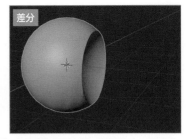

⚠ 指定したオブジェクト "球.001" は、非表示にしています。

ミラー

使用例 ▶ 157ページ、189ページ、248ページ

オブジェクトの原点を基点として、指定した座標軸に沿って自動的に鏡像を生成します。左右対称のモデルを制作する際に便利です。

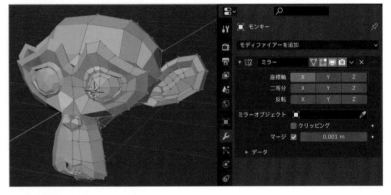

併せて「**二等分**」を有効にすると、鏡像側にはみ出したメッシュが強制的に削除されます。

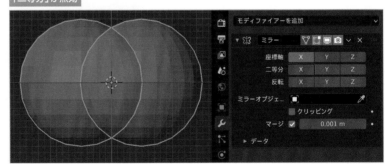

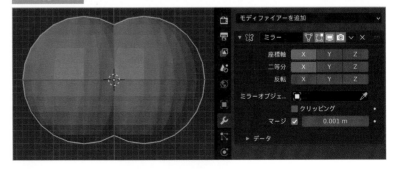

[**クリッピング**]を有効にすると、編集の際、鏡像の境界からメッシュがはみ出さないようになります。

スクリュー

使用例 ▶ 216ページ

　断面となるオブジェクトから回転体を生成します。**[スクリュー]** の値を変更することで、螺旋状の形状も生成できます。

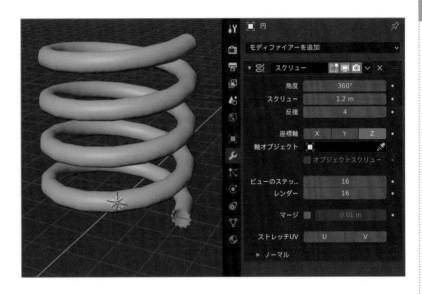

スキン

使用例 ▶ 157ページ

　頂点と辺で構成されたメッシュに対して、新規に厚みや太さのあるメッシュを生成します。

　編集モードで任意の頂点を選択して、Ctrl + A キーを押してマウス左ボタンのドラッグで個別に生成されるメッシュのサイズを変更できます。

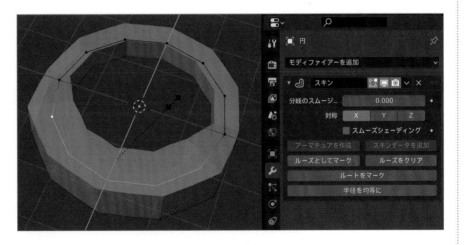

ソリッド化

使用例 ▶ 148ページ

　厚みのないメッシュに対して、極力メッシュ構造の崩壊を抑えて立体的に厚みを付けます。**[オフセット]** で、元となるメッシュの内側に向かって厚みを生成するか、外側に向かって厚みを生成するか設定できます。

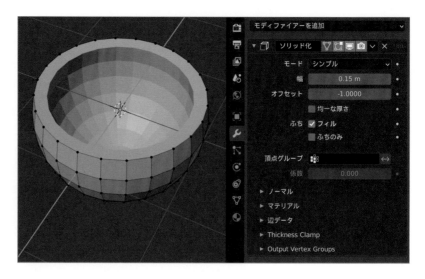

サブディビジョンサーフェス（細分化）

使用例 ▶ 248ページ

　メッシュを細分割して表面を滑らかにします。一般的には、**[スムーズシェード]**（98ページ参照）と併用します。

　[ビューポートのレベル数] と **[レンダー]** では、それぞれ3Dビューポート表示、レンダリング時の細分化レベルを設定します。

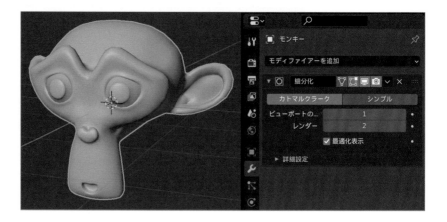

カーブ

使用例 ▶ 166ページ

　指定したカーブオブジェクトに沿ってオブジェクトを変形します。変形はメッシュの分割数に依存するため、ある程度の細分化が必要となります。

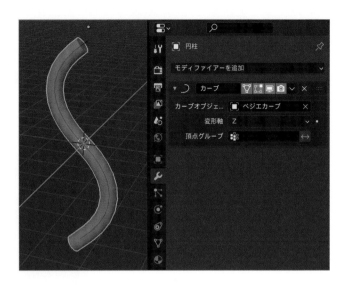

ラティス

使用例 ▶ 248ページ

　指定したラティスオブジェクトの変形に合わせて、オブジェクトを変形します。

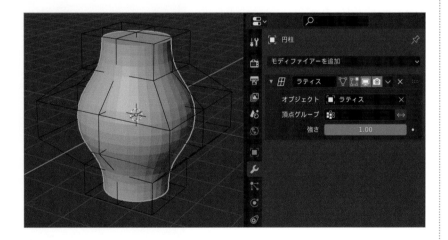

SECTION 2.4　カーブ＆テキスト

配管のような筒状のものやロゴに使用する立体文字など、モデリングする形状によっては、メッシュ以外のオブジェクトを用いた方が良い場合があります。ここでは、メッシュに続いて比較的使用頻度の高いカーブとテキストを紹介します。この2つのオブジェクトは、メッシュに変換することもできます。

カーブオブジェクト

オブジェクトモードで3Dビューポートのヘッダーにある [追加]（Shift + A キー）➡ [カーブ] から該当するカーブオブジェクトの種類を選択すると、シーンにカーブオブジェクトが追加されます。

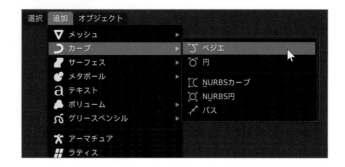

カーブの編集

滑らかな曲面を生成できるカーブには、「ベジェ」と「NURBS カーブ」の2種類があり、それぞれ制御する方法が異なります。編集は、メッシュオブジェクトと同様に、編集モード（Tab キー）で行います。

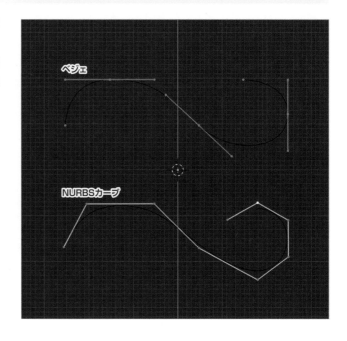

「ベジェ」は、アンカーポイントとハンドルで制御を行います。アンカーポイントはカーブが通過する制御点となり、その点から伸びるハンドルを使ってカーブの曲がり具合を制御します。

それに対して、「NURBSカーブ」はハンドルのようなものはなく、コントロールポイントの位置と距離でカーブの曲がり具合を制御します。

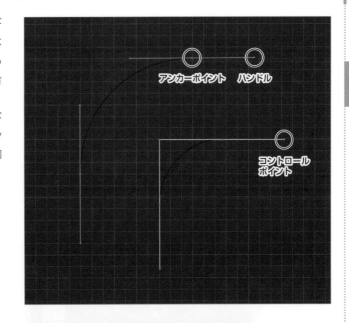

ポイントやハンドルは、左クリックで個別に選択することができます。

編集はメッシュと同様、ツールバーの**[移動][回転][スケール]**ツールをそれぞれ左クリックで有効にすると、それらを個別に操作できるギズモが表示されます。

また、3Dビューポートのヘッダーにある**[カーブ]** ➡ **[トランスフォーム]**から**[移動]**（Gキー）・**[回転]**（Rキー）・**[スケール]**（Sキー）でも同様の操作が可能です。

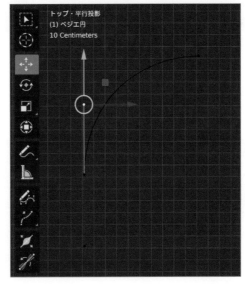

[ドロー]ツールを有効にして、マウス左ボタンのドラッグで**「ベジェ」**を描くことができます。

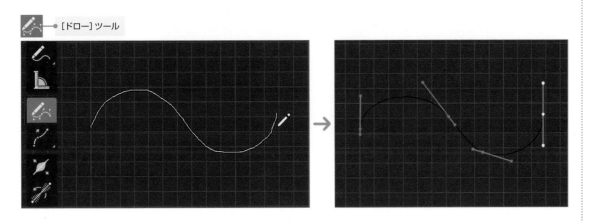

「ベジェ」または「NURBSカーブ」のポイントを選択して [押し出し] ツールを有効にすると、アクティブツールギズモが表示されます。ライン先端にある ✛ をマウス左ボタンでドラッグするとラインの方向にカーブを伸展することができます。

また、白色の円の内側でマウス左ボタンのドラッグを行うと、制限なくドラッグする方向にカーブを伸展することができます。

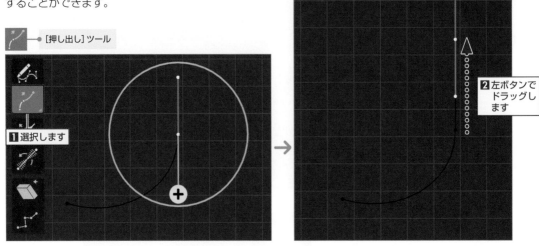

隣接する2つのポイントを選択し、3Dビューポートのヘッダーにある [セグメント] から [細分化] を選択すると、カーブが分割されポイントが追加されます。

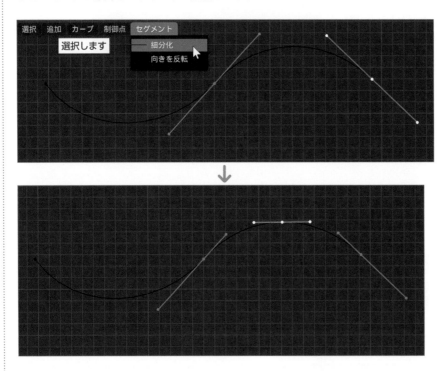

カーブの各種設定

プロパティの [**オブジェクトデータプロパティ**] を左クリックして表示される各パネルでは、カーブに対してさまざまな設定を行うことができます。

オブジェクトデータプロパティ

❖「シェイプ」パネル

[2D] では、X、Y軸のみの二次元での取り扱いとなります。[3D] では、Z軸方向も加わり、3次元で取り扱えるようになります。

「フィルモード」は [3D] の場合、[フル] [後] [前] [ハーフ] から面の生成される位置を設定します。面の生成については、後述の「ジオメトリ」パネルでの設定も併せて必要となります。

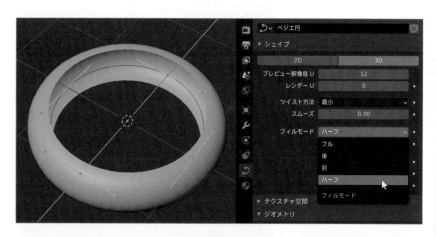

[2D] の場合、サークルなどループ状につながったカーブで [なし] 以外を選択すると、カーブの内側に面が生成されます。

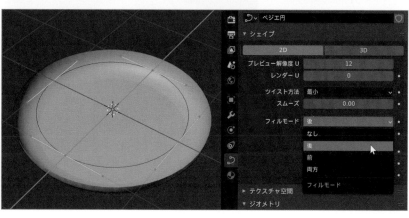

[プレビュー解像度
U] と [レンダーU] は、
それぞれプレビュー時
とレンダリング時の表
示解像度となります。数
値が大きいほど、滑らか
に表示されます。

　[レンダーU] を "0"
に設定すると、[プレ
ビュー解像度U] の数値
が反映されます。

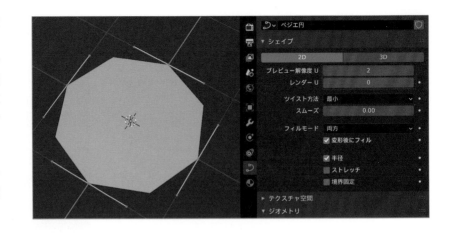

❖「ジオメトリ」パネル

　[オフセット] は、生成される面とカーブの距離を設定します。[押し出し] は、ローカル座標Z軸方向の押し
出す量を設定します。

　「ベベル」の [深度]
は、ベベル断面の幅を設
定します。[解像度] は、
[深度] によって生成さ
れたベベル断面の分割数
を設定します。

　数値が大きいほど、滑
らかになります。

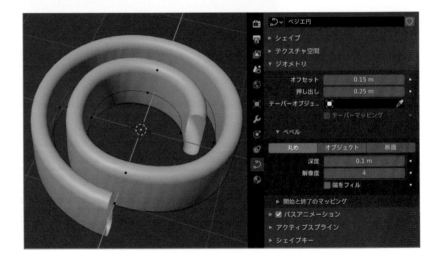

[オブジェクト] を
有効にすると、指定し
たカーブオブジェクト
の形状に断面の形状を
変化させることができ
ます。

[端をフィル] に
チェックを入れて有効
にすると、カーブの両
端に面が生成されま
す。

❖「アクティブスプライン」パネル

[繰り返し] にチェックを入れて有効にすると、ループ状にカーブがつながります。

カーブオブジェクトを追加 (Shift + A キー) する際に「円」や「NURBS円」を選択すると、デフォルトで有効
になっています。追加後に [繰り返し] を無効にすることも可能です。

生成される面には、デフォルトでスムーズシェードが設定されていますが、フラットシェードで表示させたい
場合は、[スムーズ] のチェックを外して無効にします。

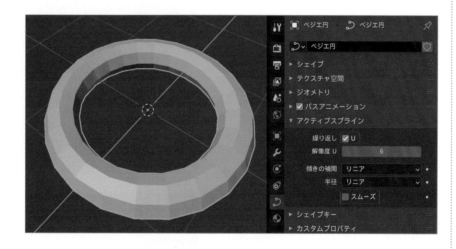

❖メッシュに変換

作成したカーブは、オブジェクトモードで
3Dビューポートのヘッダーにある [オブ
ジェクト] から [変換] ➡ [メッシュ] を選択
するとメッシュに変換できます。

また、メッシュをカーブに変換する場合は
[変換] ➡ [カーブ] を選択します。

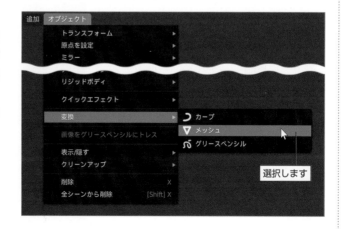

テキストオブジェクト

入力した文字に対して、書体の変更以外にも厚さや面取りなどの設定を行うことができます。

オブジェクトモードで3Dビューポートのヘッダーにある【追加】（[Shift]+[A]キー）から【テキスト】を選択すると、シーンに"Text"と書かれたテキストオブジェクトが追加されます。

2 テキストオブジェクトが追加されます

テキストの編集

編集モード（[Tab]キー）に切り替えてキー入力することで、文字を変更することができます。文字を消去する場合は、[Delete]キーを押します。

1 編集モードに切り替えます

2 文字を入力します

テキストの各種設定

プロパティの【オブジェクトデータプロパティ】を左クリックして表示される各パネルでは、テキストに対してさまざまな設定を行うことができます。

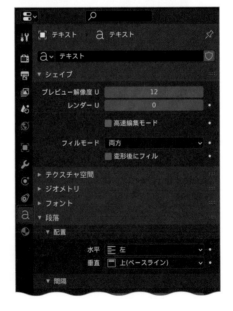

━ オブジェクトデータプロパティ

❖「ジオメトリ」パネル

[**オフセット**]は、文字の太さを設定します。[**押し出し**]は、文字の厚みを設定します。

⚠ [オフセット] で文字を太くするとメッシュ構造が崩壊する場合があります。
　　なるべく [オフセット] は使用せず、元々太いフォントに変更することをおすすめします。

「**ベベル**」の[**深度**]は、ベベル断面の幅を設定します。

[**解像度**]は、[**深度**]によって生成されたベベル断面の分割数を設定します。数値が大きいほど、滑らかになります。

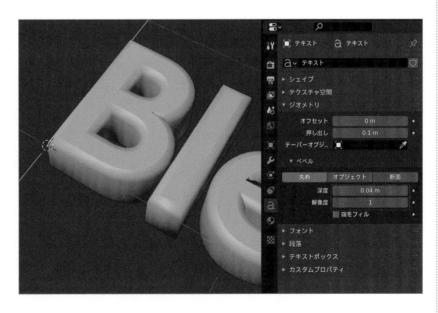

❖「フォント」パネル

　「フォルダ」アイコンを左クリックするとBlenderファイルビューが開くので、フォントを指定すると書体を変更できます。

　Windows10の場合は、「C：¥Windows¥Fonts¥」フォルダーに格納されています（OSのバージョンによって、格納場所が異なる場合があります）。

　[サイズ] で文字の大きさを変更することができます。

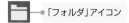「フォルダ」アイコン

　[カーブ上に配置] で指定したカーブの形状に沿って文字を並べることができます。

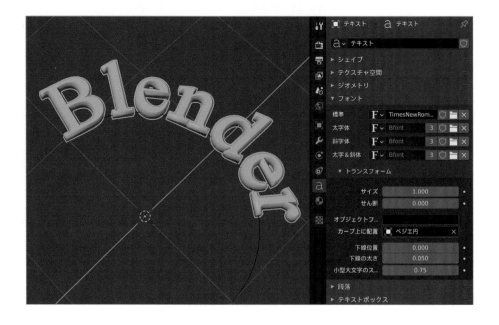

TIPS 日本語の入力

通常の編集方法では、日本語を入力することができません。以下の手順を踏むことで、日本語を入力することができます。

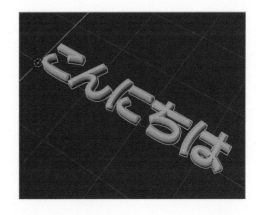

1 「フォント」パネルで日本語対応の書体を指定します。

書体を指定します

2 メモ帳などのテキストエディターで入力した文字をコピー（ Ctrl + C キー）します。

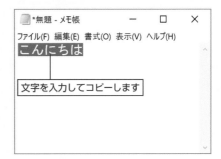

文字を入力してコピーします

3 編集モード（ Tab キー）に切り替えて Delete キーでデフォルトの文字を消去し、コピーした文字をペースト（ Ctrl + V キー）します。

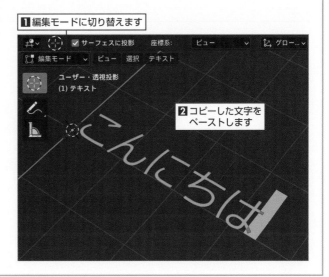

1 編集モードに切り替えます

2 コピーした文字をペーストします

PART 3

モデリング初級編

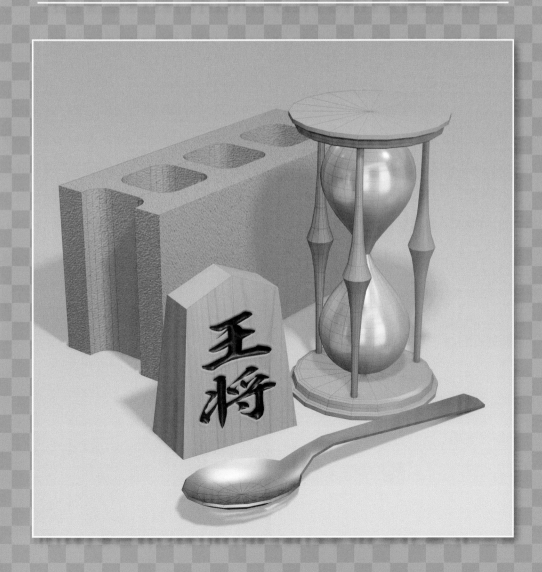

SECTION 3.1　将棋の駒

デフォルトで配置されている立方体オブジェクトを編集して将棋の駒を作成します。ギズモを使用してサイズ変更を行います。
さらにメッシュを分割して形状の編集を行い、将棋の駒を仕上げます。

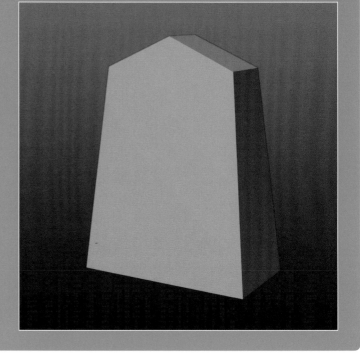

POINT

ギズモによる編集

メッシュの細分化

制限をかけたメッシュの編集

オブジェクトの変形

STEP 01　ギズモを使用してサイズ変更   オブジェクトモード

　デフォルトでシーンに配置されている立方体オブジェクトをモデリングのベースとして使用します。おおよその変形にはギズモを使用します。

A デフォルトでは、立方体オブジェクト "Cube" は選択された状態でオレンジ色のアウトラインが表示されています。もし、選択されていなければ左クリックでオブジェクトを選択します。
3Dビューポート左側のツールバーから **[スケール]** ツールを有効にすると、拡大縮小用のギズモが表示されます。

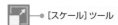
[スケール] ツール

拡大縮小用のギズモ

B 緑色の四角をマウス左ボタンでドラッグして、オブジェクトの奥行きを縮小します。
3Dビューポートの左上にスケールの値が表示されます。ここでは "**0.4**" 前後になるように縮小します。

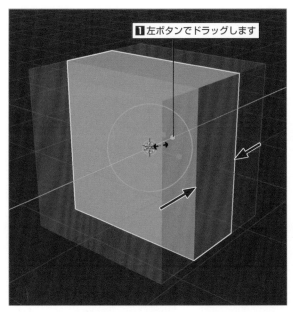

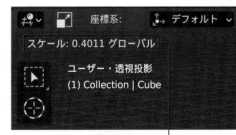

2 "0.4" 前後になるようにします

C 青色の四角をマウス左ボタンでドラッグして、オブジェクトを上下に拡大します。
ここでは、スケールが "**1.3**" 前後になるように拡大します。

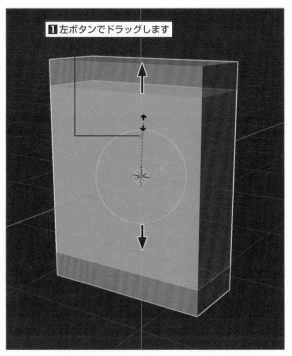

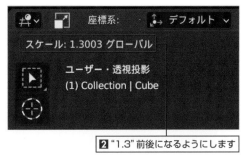

2 "1.3" 前後になるようにします

⚠ ツールによる編集が完了したら、デフォルトの
[ボックス選択]ツール（Wキー）に戻します。

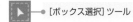 ── [ボックス選択] ツール

STEP 02 変形した情報の確認と適用 オブジェクトモード

オブジェクトモードで変形などの編集を行った場合、その情報は記録されており、元に戻すことが可能です。

A 3Dビューポートヘッダーの [ビュー] から [サイドバー]（N キー）を選択すると、3Dビューポートの右側に「サイドバー」が表示されます。
「アイテム」タブを左クリックすると表示される「トランスフォーム」パネルでは、編集を行った情報を確認できます。

B 変形などの情報が記録されている状態だとモディファイアーなど機能によっては不具合が発生する場合があります。オブジェクトモードでの編集が完了したら、基本的にはデフォルト値として適用するようにしましょう。
3Dビューポートヘッダーの [オブジェクト] から [適用]（Ctrl + A キー）➡ [スケール] を選択します。
変形した状態がデフォルト値として適用されたことで、「トランスフォーム」パネルの [スケール] の値が"1.000"になったことが確認できます。

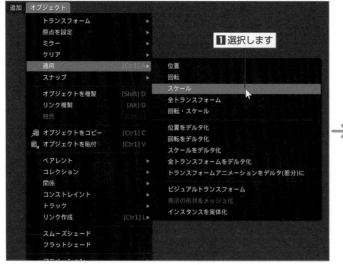

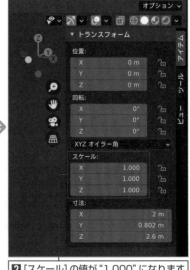

メッシュの編集

STEP 03 メッシュの細分化

ここからは、編集モードに切り替え、メッシュを編集して詳細なモデリングを行います。

A 編集するオブジェクトが選択された状態で、3Dビューポートのヘッダーにあるモード切り替えメニューから **[編集モード]**（ Tab キー）を選択して編集モードに切り替えます。編集モードでは、頂点などのメッシュが選択できるようになります。

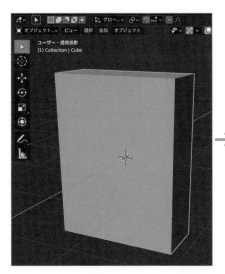
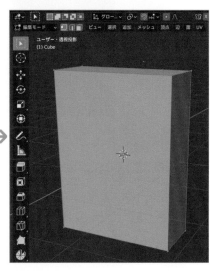

B 3Dビューポートのヘッダーにある**「選択モード切り替え」**から **[辺選択]** を左クリックで有効にすると、辺が選択できるようになります。

さらに3Dビューポートのヘッダーにある **[透過表示]** を左クリックで有効にすると、裏側に隠れていたメッシュが表示されて選択できるようになります。

Shift キーを押しながら左クリックで水平方向の辺4本を選択します。

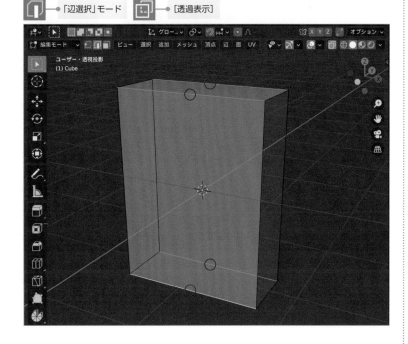

C 3Dビューポートのヘッダーにある[**辺**]から[**細分化**]を選択すると、垂直方向に辺が追加されます。

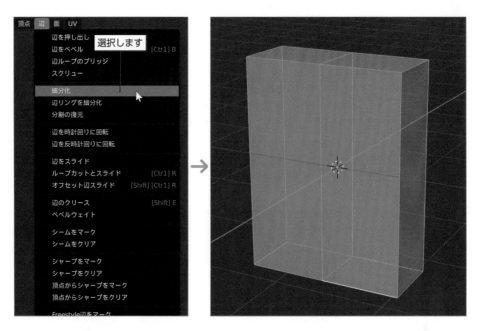

STEP **04**　**制限をかけたメッシュの編集**

A 図のように、上面のうち左右の短辺を選択します。
3Dビューポートのヘッダーにある[**メッシュ**]➡[**トランスフォーム**]から[**移動**]（**G**キー）を選択します。
続けて**Z**キーを押し、Z軸方向に制限をかけて下方向に移動します。

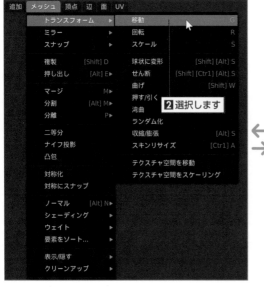

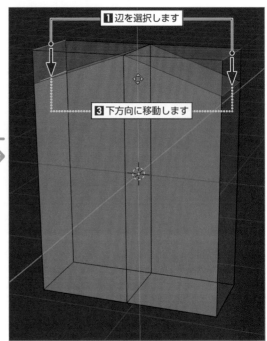

B 移動した辺が選択された状態で、3Dビューポートのヘッダーにある **[メッシュ]** ➡ **[トランスフォーム]** から **[スケール]**（⑤キー）を選択します。

続けて⑤キーを押して、X軸方向に制限をかけて中央に向かって縮小します。

⚠ 制限をかけずに縮小すると、Y軸方向も縮小されてオブジェクトの奥行きの幅が変わってしまうので、注意しましょう。

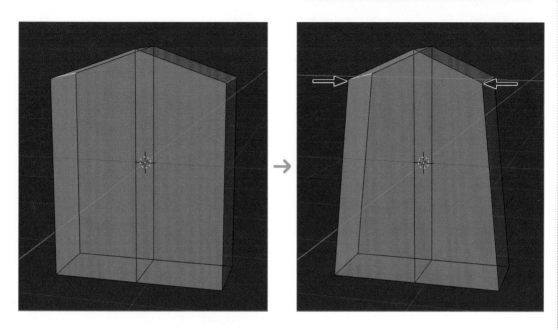

C 3Dビューポートのヘッダーにある **[ビュー]** ➡ **[視点]** から **[右]**（テンキー③）を選択し、ライトビューに切り替えます。ライトビューに切り替えると、自動的に「**透視投影**」から「**平行投影**」に切り替わります。

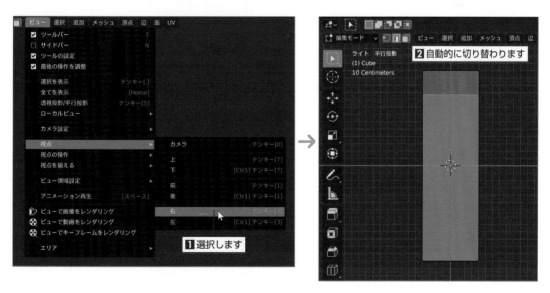

PART
3

D 図のように、向かって左側の前面を選択します。
3Dビューポートのヘッダーにある**［メッシュ］**
➡**［トランスフォーム］**から**［回転］**（Rキー）を
選択します。Ctrlキーを押しながら操作すると、
単位に制限をかけ5度刻みで回転することができ
ます。ここでは、時計回りに5度回転します。

⚠ 現在の視点が回転の基点となるため、Xキーを押して、
X軸方向に制限をかけた場合とライトビューでは同様の
挙動となります。

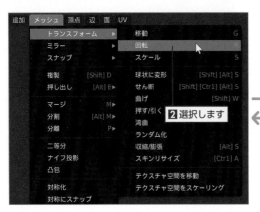

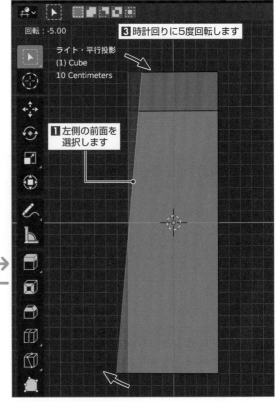

E 図のように、向かって右側の背面を選択します。
3Dビューポートのヘッダーにある**［メッシュ］**
➡**［トランスフォーム］**から**［回転］**（Rキー）を
選択します。
続けて、テンキー5を押すと反時計回りに5度回
転します。このように、数値を入力して編集する
ことも可能です。

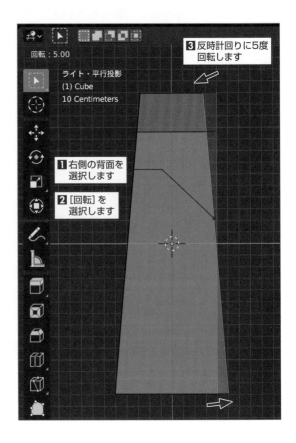

仕上がりsample ▶ SECTION3-1a.blend

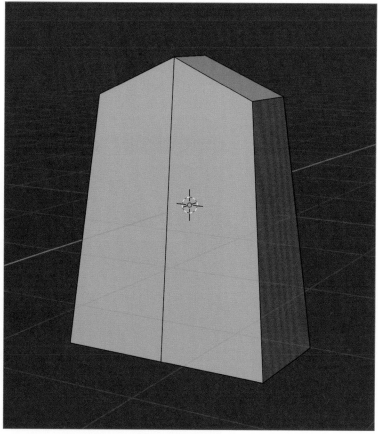

> ## TIPS　オブジェクト名を変更する
>
> より高度で複雑な作品を作成していくと、1つのシーンに複数のオブジェクトが混在するようになります。
> アウトライナーで表示、非表示など各オブジェクトの管理を行う場合や、別ファイルからオブジェクトを読み込んで（アペンド※）使用する場合など、オブジェクト名がわかりやすい名前になっているとスムーズに作業を行うことができます。
> モデリングが完了したら、今後の管理がしやすくなるようにオブジェクト名（およびメッシュ名）を変更するようにしましょう。
>
> ※アペンドについての詳細は、51ページを参照してください。
>
> プリミティブ・オブジェクトをベースにモデリングを行った場合は、オブジェクト名がプリミティブ・オブジェクトの名称になっています。
> 将棋の駒のモデリングのようにプリミティブ・オブジェクトの「立方体」をベースにした場合は、"Cube" になっているはずです。
>
>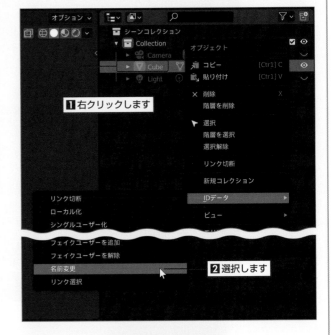
>
> アウトライナーに表示されているオブジェクト名を右クリックし、表示されたメニューから [IDデータ] → [名前変更] を選択すると、任意の名前に変更できます。
> また、オブジェクト名をマウス左ボタンでダブルクリックすることで同様の操作が可能です。
>
> オブジェクト名の左側にある ▶ を左クリックすると、メッシュ名が表示されます。
> こちらも同様に名前を変更できます。
>
>

SECTION 3.2　風になびく旗

風になびいて波打ったような旗を作成します。板状のオブジェクトをベースにモデリングすることもできますが、ここでは新たにメッシュを用意して旗を作成します。

デフォルトでは、表面にメッシュのエッジによる陰影がはっきり表示されていますが、布のように柔らかい素材を表現するため、表面が滑らかに表示されるように変更します。

POINT

- メッシュの新規作成
- 複製
- 反転
- ブリッジ
- スムーズシェード（部分的）

旗の作成

STEP 01　新たにメッシュを作成　　　　　　　　編集モード

A デフォルトで配置されている立方体オブジェクト "Cube" が選択された状態で、3Dビューポートのヘッダーにあるモード切り替えメニューから **[編集モード]**（Tab キー）を選択して編集モードに切り替えます。

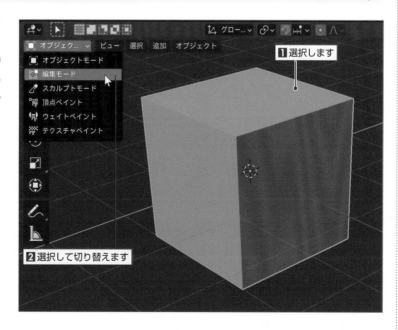

1 選択します

2 選択して切り替えます

B デフォルトでは、すべてのメッシュが選択された状態になっています。
もし、選択されていなければ、3Dビューポートのヘッダーにある [**選択**] から [**すべて**] (Ａキー) を選択します。

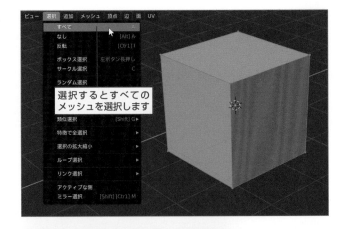

C 立方体のメッシュは不要なので、削除します。3Dビューポートのヘッダーにある [**メッシュ**] ➡ [**削除**] (Ｘキー) から [**頂点**] を選択します。

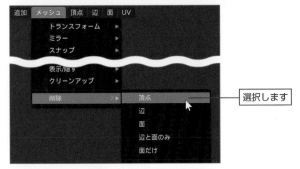

D 3Dビューポートのヘッダーにある [**ビュー**] ➡ [**視点**] から [**上**] (テンキー⑦) を選択し、トップビューに切り替えます。

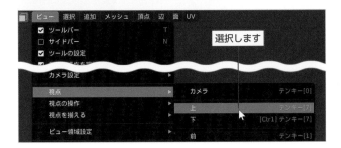

E デフォルトでは、3Dビューポートの中央に「**3Dカーソル (赤と白の円)**」と「**オブジェクトの原点 (オレンジ色の点)**」が表示されていますが、編集の邪魔になるので、一旦非表示にします。
3Dビューポート右上の「**ビューポートオーバーレイ**」メニューを開き、[**3Dカーソル**] と [**原点**] のチェックを外して無効にします。

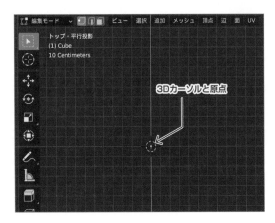

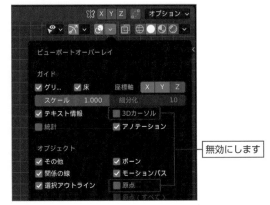

F シーンの中央にマウスポインターを合わせて [Ctrl] キーを押しながら右クリックすると、メッシュ (頂点のみ) が作成されます。

⚠ メッシュを作成する位置は、おおよそ中央であればかまいません。

G 続けて [Ctrl] キーを押しながら右クリックすると、連結したメッシュ (頂点と辺) が作成されます。
ここでは、図のように波型に全部で9つの頂点を作成します。

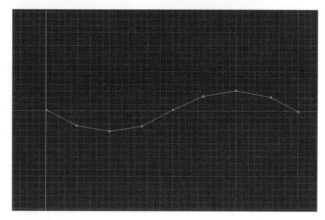

STEP 02 **メッシュの複製と反転**　　　　　　　　**編集モード** 🧊

A 3Dビューポートのヘッダーにある [ビュー] ➡ [視点] から [前] (テンキー[1]) を選択し、フロントビューに切り替えます。

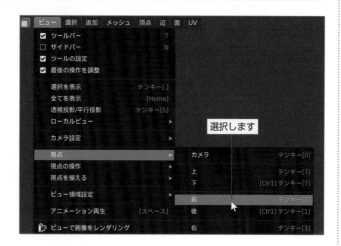

B 3Dビューポートのヘッダーにある **[選択]** から **[すべて]**（ A キー）を選択して、すべてのメッシュを選択します。
3Dビューポートのヘッダーにある **[メッシュ]** から **[複製]**（ Shift + D キー）を選択し、続けて Z キーを押して複製したメッシュを上方向に移動して左クリックで実行します。

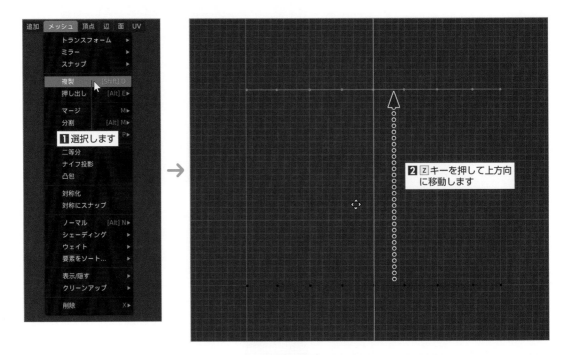

C 複製したメッシュが選択された状態で、3Dビューポートのヘッダーにある **[ビュー]** ➡ **[視点]** から **[上]**（テンキー 7 ）を選択し、トップビューに切り替えます。

D 3Dビューポートのヘッダーにある **[メッシュ]** から **[ミラー]** ➡ **[Y Global]** を選択し、Y軸を基点にメッシュを反転します。

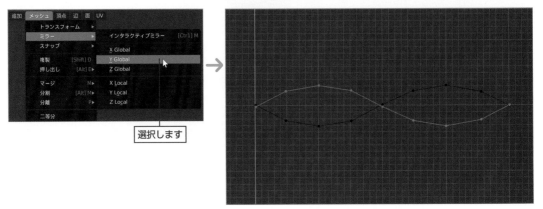

E メッシュの左端が中央から大きくズレている場合は、3Dビューポートのヘッダーにある **[メッシュ]** ➡ **[トランスフォーム]** から **[移動]**（G キー）を選択し、位置を調整します。

メッシュにマウスポインターを合わせて L キーを押すと、繋がったメッシュをワンクリックで選択することができます。

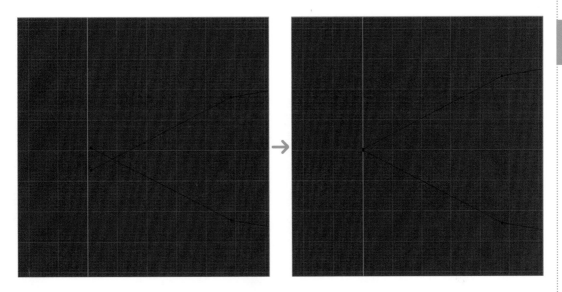

STEP 03 ブリッジでメッシュの連結　　　編集モード 🔲　　sample ▶ 🔵 SECTION3-2a.blend

A 3Dビューポートのヘッダーにある **[選択]** から **[すべて]**（A キー）を選択して、すべてのメッシュを選択します。

3Dビューポートのヘッダーにある **[辺]** から **[辺ループのブリッジ]** を選択して、上下のメッシュを繋ぎます。

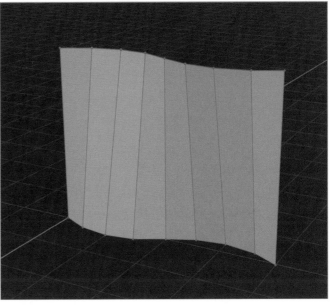

B [**辺ループのブリッジ**] を選択した直後、3Dビューポートの左下にパネルが表示されます。▶ を左クリックすると、パネルの開閉を行うことができます。

「**辺ループのブリッジ**」パネルでは、生成されるメッシュの分割数や形状などをメニュー選択後でも調整することができます。このパネルが表示されるのは、[**辺ループのブリッジ**] を選択した直後のみとなります。別の操作を行うと、パネルが消えてしまいます。

ここでは、「**分割数**」を "**5**" に設定します。さらに「**断面の係数**」を "**-0.070**"、「**断面の形状**」を [**球状**] に設定して生成されるメッシュの形状を変更します。

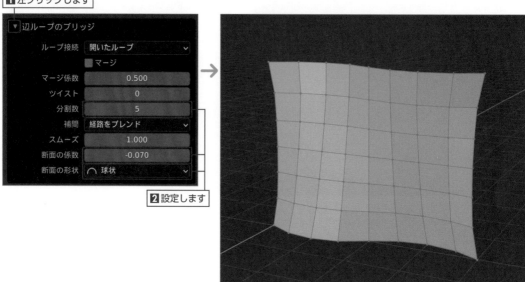

ポールの作成

STEP 04　プリミティブ・オブジェクト（円柱）の追加

編集モード 🔳

Blenderには、立方体以外にもプリミティブ・オブジェクトとして数種類の形状が用意されています。
ここでは、旗のポールとして円柱を追加します。

A シーンにオブジェクトを追加する際、配置される場所は3Dカーソルが基準となります。そのため、オブジェクトを追加する際は、基本的に3Dカーソルをシーンの原点に移動するようにしましょう。

まず、非表示にしていた3Dカーソルを表示させます。3Dビューポート右上の「ビューポートオーバーレイ」メニューを開き、[**3Dカーソル**] にチェックを入れて有効にします。

B 3Dカーソルがシーンの原点から外れている場合は、3Dビューポートのヘッダーにある**[メッシュ]**から**[スナップ]**（Shift + S キー）➡**[カーソル→ワールド原点]**を選択し、3Dカーソルを原点に移動します。

⚠ シーンの原点は、X軸の赤色のラインとY軸の緑色のラインが交わる箇所です。

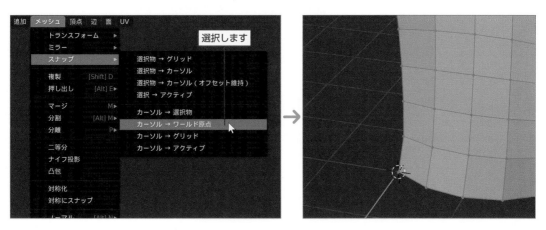

C 3Dビューポートのヘッダーにある**[追加]**（Shift + A キー）から**[円柱]**を選択します。

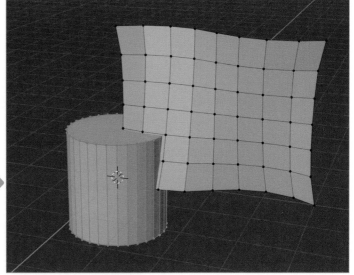

D 追加した直後、3Dビューポートの左下に**「円柱を追加」**パネルが表示されるので、▶を左クリックして開きます。
「頂点」を"**12**"に変更して分割数を減らします。
続けて**「半径」**の値を変更し、旗の大きさに合わせてポールの太さを調整します。

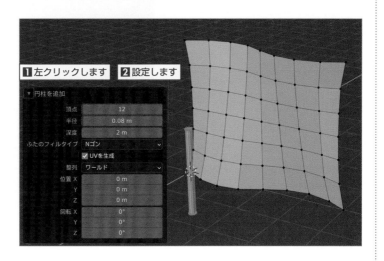

E さらに**「深度」**の値を変更し、旗の大きさに合わせてポールの長さを調整します。

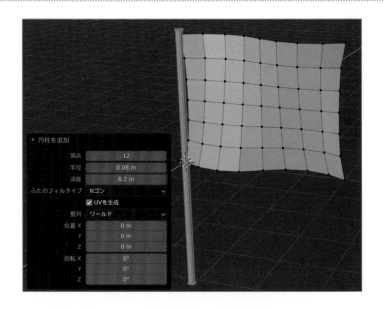

F **「ふたのフィルタイプ」**から**[三角の扇形]**を選択して、先端の面を多角形から三角形に変更します。

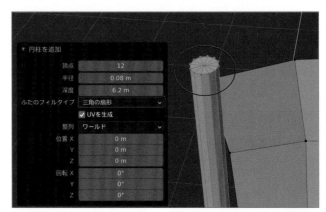

G オブジェクトモード（ Tab キー）に切り替えるとわかるように、編集モードで追加したメッシュは、同一のオブジェクトとして扱われます（対して、オブジェクトモードで追加した場合は、別のオブジェクトとして扱われます）。

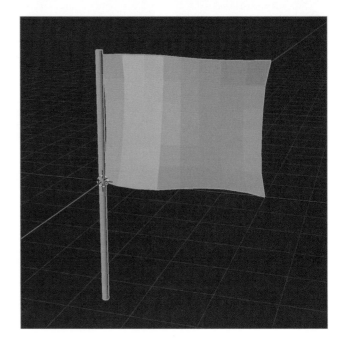

表面を滑らかに表示

STEP 05 スムーズシェードの設定　　　　オブジェクトモード ⬡ ／ 編集モード ⬡

デフォルトでは、表面にメッシュのエッジによる陰影がはっきり表示されています。
スムーズシェードを設定することで、表面を滑らかに表示させて布のように柔らかい素材を表現します。

PART
3

A オブジェクトモードでオブジェクトを選択し、3Dビューポートのヘッダーにある **[オブジェクト]** から **[スムーズシェード]** を選択すると、表面が滑らかに表示されます。

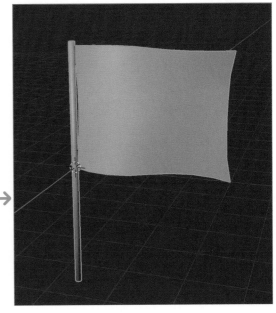

B ポール先端の面は、フラットシェード時と同じようにエッジを鋭角に表示させたいので、部分的にフラットシェードを設定します。
編集モード（ Tab キー）に切り替え、3Dビューポートのヘッダーにある **[選択モード切り替え]** から **[面選択]** を左クリックします。

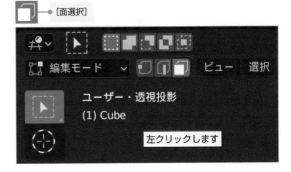

C [Shift]キーを押しながら左クリックでポール先端の上面と底面をすべて選択します。
3Dビューポートのヘッダーにある [メッシュ] から [シェーディング] ➡ [面をフラットに] を選択します。

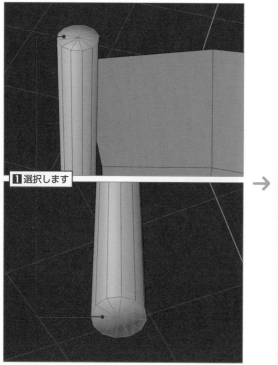

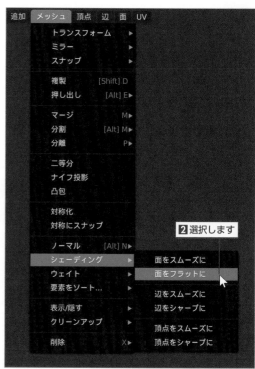

D オブジェクトモード ([Tab] キー) に切り替えるとわかるように、ポール先端の面がフラットになりエッジが鋭角に表示されるようになります。

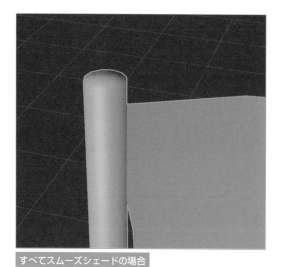

すべてスムーズシェードの場合

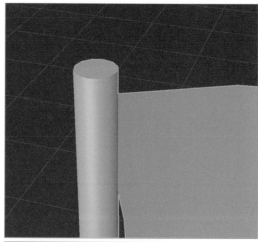

先端の面のみフラットシェードの場合

仕上がりsample ▶ 🔷 **SECTION3-2b.blend**

SECTION **3.3** コンクリートブロック

オブジェクトの形状を変形させた
り、新たな構造を付加したりできる
モディファイアーは、モデリングで
も非常に活躍します。コンクリート
ブロックの特徴的な空洞は、配列モ
ディファイアーとブーリアンモディ
ファイアーを活用して作成します。

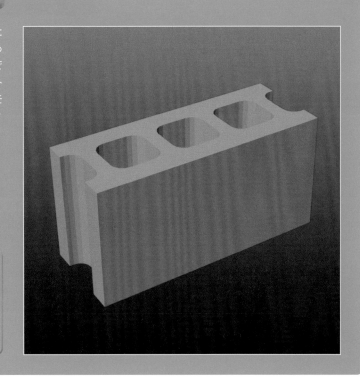

POINT

配列モディファイアー

ベベル

ブーリアンモディファイアー

ベースの作成

STEP 01 数値によるサイズ変更 編集モード

A デフォルトで配置されている
立方体オブジェクト "Cube"
を変形してベースとなる直方
体を作成します。
オブジェクトが選択された状
態で、3Dビューポートの
ヘッダーにあるモード切り替
えメニューから [**編集モー
ド**]（ Tab キー）を選択して、
編集モードに切り替えます。

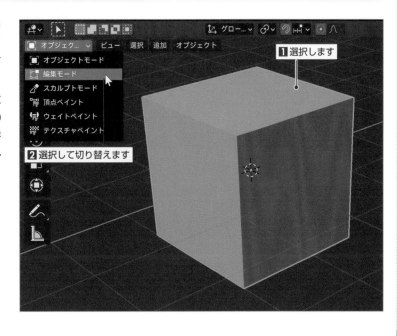

1 選択します

2 選択して切り替えます

オブジェクトモード
編集モード
スカルプトモード
頂点ペイント
ウェイトペイント
テクスチャペイント

B すべてのメッシュが選択された状態で、3D
ビューポートのヘッダーにある [メッシュ]
➡ [トランスフォーム] から [スケール] (S
キー) を選択します。

マウスポインターを移動して適当な位置で左
クリックし、拡大または縮小を実行します。
後述で改めてサイズ変更を行うので、ここで
はアバウトなサイズで大丈夫です。

C 拡大または縮小を行った直後、3Dビュー
ポートの左下に「**拡大縮小**」パネルが表示さ
れるので、▶を左クリックして開きます。
[スケールX] を"0.750"、[Y] を"1.950"、
[Z] を "0.950" と入力して、サイズ変更を
行います。

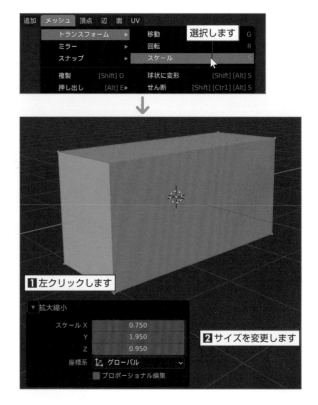

空洞部分の作成

STEP 02 配列モディファイアーの設定　　　　編集モード ⬜ / オブジェクトモード ⬜

A オブジェクトモード (Tab キー) に切り
替え、3Dビューポートのヘッダーにあ
る [追加] (Shift + A キー) ➡ [メッ
シュ] から [立方体] を選択します。

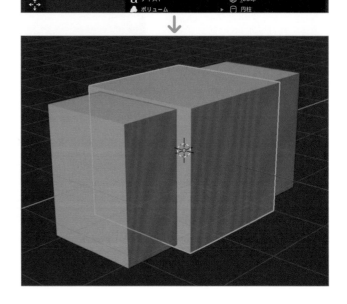

142

B オブジェクトが選択された状態で編集モード（Tab キー）に切り替え、すべてのメッシュが選択された状態で、3Dビューポートのヘッダーにある［メッシュ］➡［トランスフォーム］から［スケール］（S キー）を選択します。マウスポインターを移動し、適当な位置で左クリックして拡大または縮小を実行します。

C 3Dビューポート左下の「拡大縮小」パネルで［スケールX］を"0.400"、［Y］を"0.400"、［Z］を"1.000"と入力して、サイズ変更を行います。

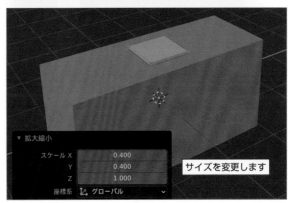

サイズを変更します

D 追加した直方体を一定の間隔で新たに4つ複製するため、配列モディファイアーを設定します。
オブジェクトモード（Tab キー）に切り替え、プロパティの「モディファイアープロパティ」を左クリックして「モディファイアーを追加」メニューから［配列］を選択します。

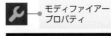

モディファイアー
プロパティ

2 左クリックします

1 左クリックします

3 選択します

E 「配列」パネルで配列の方向や複製される数を設定します。
デフォルトではX軸方向に配列されるため、［係数 X］を"0.000"、［Y］を"1.300"と入力してY軸方向に配列されるようにし、さらにオブジェクト同士の間隔が空くように変更します。

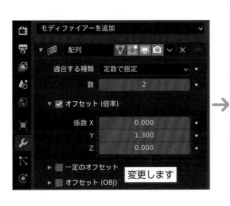

変更します

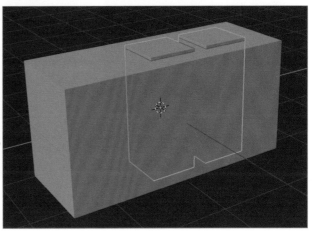

F 直方体を新たに4つ複製するため、[**数**] を "**5**" と入力します。（複製元の数も含みます）

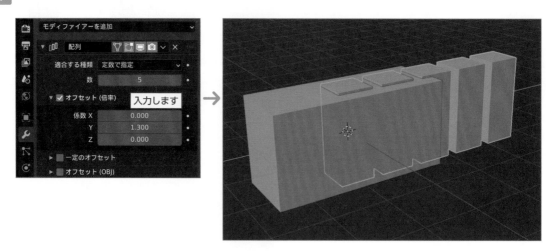

G 配列した直方体がベースの中心にくるように移動します。

3Dビューポートのヘッダーにある [**ビュー**] から [**サイドバー**]（[N]キー）を選択してサイドバーを開きます。「**アイテム**」タブを左クリックして表示される「**トランスフォーム**」パネルの [**寸法**] を見るとわかるようにY軸方向が "**4.96**" のため、直方体一辺の半分 "**0.4**" を差し引いた "**-2.08**" を [**位置：Y**] に入力します。（2.08＝4.96÷2－0.8÷2）

※単位がメートルになっており、実際のコンクリートブロックとは寸法が異なりますが、
　ここでは扱いやすさを優先しています。

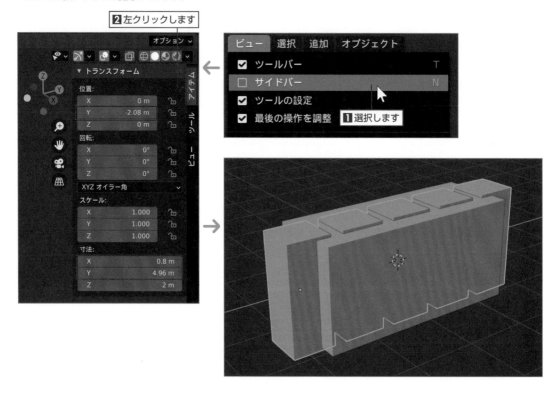

H 「トランスフォーム」パネルの値がデフォルト値になっていない状態で、モディファイアーの設定などを行うと、設定内容によっては意図しない結果になったり、不具合が発生することがあるので、現在の編集内容をデフォルト値として適用します。

3Dビューポートのヘッダーにある [オブジェクト] ➡ [適用]（[Ctrl]＋[A]キー）から [位置] を選択します。[サイドバー]（[N]キー）の「トランスフォーム」パネルを見るとわかるように、[位置：Y] の値が "-2.08" から "0" に変わります。

選択します

→

STEP 03　ベベルで面取り　　　　　編集モード 🔲　sample▶ 📄 SECTION3-3a.blend

A 空洞部分の角を面取りして丸くします。編集モード（[Tab]キー）に切り替え、3Dビューポートのヘッダーにある [選択モード切り替え] から [辺選択] を左クリックします。さらに、3Dビューポートのヘッダーにある [透過表示] を左クリックで有効にします。

[Shift]キーを押しながら左クリックで垂直方向の辺4本を選択します。

B [ベベル] ツールを有効にすると、ラインの先端に●が表示されます。●をマウス左ボタンでドラッグして、ベベルを実行します。

後述で改めて調整を行うので、ここではアバウトな幅で大丈夫です。

「辺選択」モード　　[透過表示]

① 切り替えます　② 左クリックします　③ 左クリックします

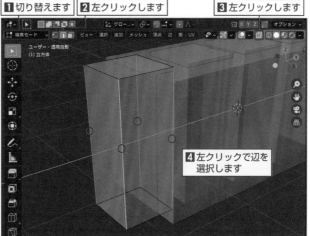

④ 左クリックで辺を選択します

[ベベル]ツール

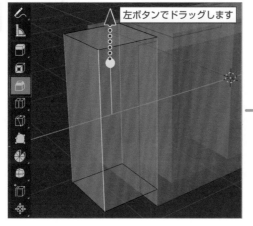
左ボタンでドラッグします

→

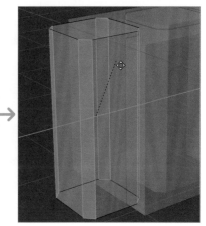

C 3Dビューポート左下の「**ベベ
ル**」パネルで[**幅**]を"**0.2**"、
[**セグメント**]を"**4**"と入力し
てベベルの幅と分割数を変更し
ます。

⚠ ベベルの編集が完了したら[透過
表示]を無効にしてかまいません。

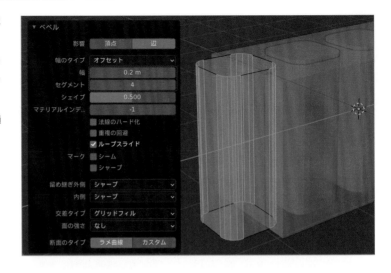

STEP 04 ブーリアンモディファイアーの設定 オブジェクトモード

A 配列した5つの直方体部分が空洞になるようにブーリアンモディ
ファイアーを設定します。
オブジェクトモード(Tab キー)に切り替えてベースとなる直方体を
選択し、プロパティの「**モディファイアープロパティ**」を左クリック
して「**モディファイアーを追加**」メニューから[**ブーリアン**]を選択
します。

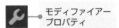
モディファイアー
プロパティ

B 「**ブーリアン**」パネルの[**交差**][**統合**][**差分**]のうち、[**差分**]が有効になっていることを確認します。
続いて「**オブジェクト**」の入力フォームを左クリックすると、空洞用として作成したオブジェクトの名前(こ
こでは"**立方体**")が表示されるので選択します。

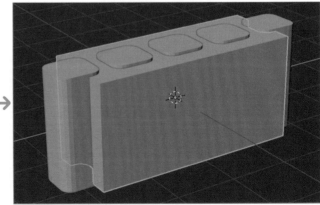

C ブーリアンモディファイアーの効果を確認するため、配列した5つの直方体を非表示にします。非表示にするオブジェクトを選択し、3Dビューポートのヘッダーにある [**オブジェクト**] から [**表示/隠す**] ➡ [**選択物を隠す**]（Ｈキー）を選択します。

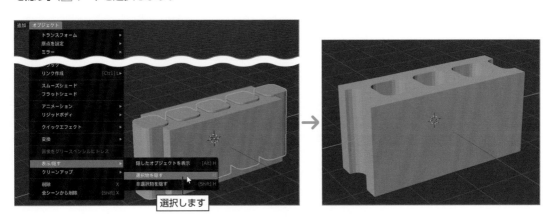

選択します

D ブーリアンモディファイアーの効果を確認するだけなら問題ありませんが、この設定で最終的にレンダリングすると、配列した5つの直方体も表示されてしまいます。

アウトライナー右上の「**Filter**」メニューから「**カメラ**」アイコン◉を左クリックして有効にし、[**制限の切替え**] 項目を追加します。

◉ レンダリング時の表示／非表示切り替え

1 左クリックします

2 左クリックします

制限の切替え：
☑アルファベット順にソート
☑選択を同期

3 [制限の切替え] 項目を追加します

アウトライナー右側に「**レンダリング時の表示／非表示**」切り替えの「**カメラ**」アイコン◉が追加されたので、非表示にするオブジェクト（ここでは "**立方体**"）のアイコンを左クリックして無効にします。これによって、レンダリング時でも非表示となります。

仕上がりsample▶ **SECTION3-3b.blend**

左クリックして無効にします

PART
3

147

SECTION 3.4 スプーン

球体のオブジェクトを部分的に使用してスプーンの先端を作成、メッシュの押し出しで柄を作成します。さらにソリッド化モディファイアーで厚み付けを行います。

仕上げとして表面を滑らかに設定しますが、「風になびく旗」の部分的な設定とは異なり、エッジの角度によってスムーズシェードの有無を設定します。

POINT

- 押し出し
- ミラー
- ループカット
- ソリッド化モディファイアー
- スムーズシェード（角度指定）

スプーン先端の作成

STEP 01 プリミティブ・オブジェクト（UV球）の追加　　　　オブジェクトモード

A ここでは、デフォルトでシーンに配置されている立方体オブジェクトは不要なので、左クリックで選択して3Dビューポートのヘッダにある［オブジェクト］から［削除］（Xキー）を選択します。

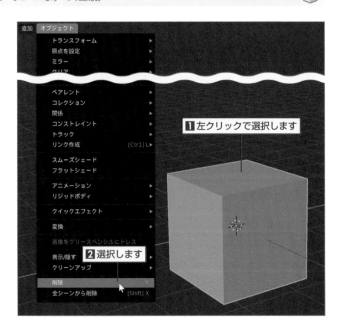

1 左クリックで選択します
2 選択します

B 3Dビューポートのヘッダーにある[**追加**]([Shift]+[A]キー) ➡ [**メッシュ**]から[**UV球**]を選択します。

C 追加した直後、3Dビューポートの左下に「UV球を追加」パネルが表示されるので、▶を左クリックして開きます。
「**セグメント**」を"**16**"、「**リング**」を"**8**"に設定して、メッシュの分割数を調整します。

STEP **02**　**球体オブジェクトの編集**　　　　編集モード

A オブジェクトが選択された状態で編集モード([Tab]キー)に切り替え、3Dビューポートのヘッダーにある[**透過表示**]を左クリックで有効にします。

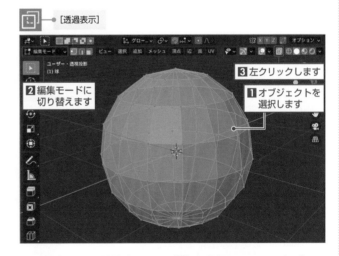

B 3Dビューポートのヘッダーにある[**ビュー**] ➡ [**視点**]から[**前**](テンキー1)を選択してフロントビューに切り替え、メッシュの上半分を選択します。

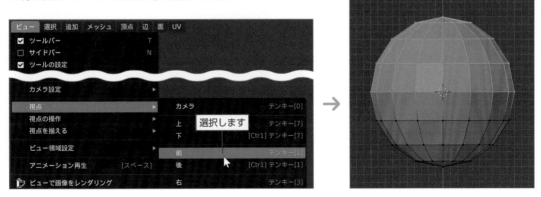

C 3Dビューポートのヘッダーにある[**メッシュ**]➡[**削除**]（Xキー）から[**頂点**]を選択して、メッシュを削除します。

⚠ メッシュの削除が完了したら、[透過表示]を無効にしてかまいません。

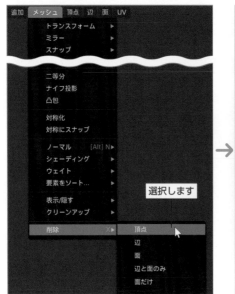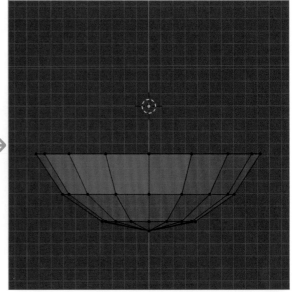

D 3Dビューポートのヘッダーにある[**選択**]から[**すべて**]（Aキー）を選択して、すべてのメッシュを選択します。
3Dビューポートのヘッダーにある[**メッシュ**]➡[**トランスフォーム**]から[**スケール**]（Sキー）を選択してマウスポインターを移動し、適当な位置で左クリックして拡大または縮小を実行します。
後述で改めてサイズ変更を行うので、ここではアバウトなサイズで大丈夫です。

E 3Dビューポート左下の「**拡大縮小**」パネルで[**スケールX**]を"0.680"、[**Y**]を"1.000"、[**Z**]を"0.340"と入力してサイズ変更を行います。

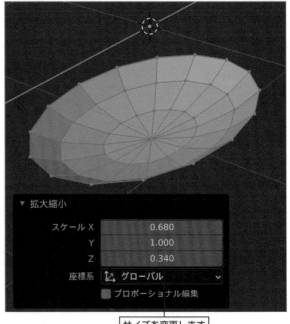

サイズを変更します

柄の作成

STEP 03　メッシュの押し出し

編集モード 🗊

A 3Dビューポートのヘッダーにある [ビュー] ➡ [視点] から [上]（テンキー⑦）を選択してトップビューに切り替え、図のように柄の付け根となるメッシュを選択します。

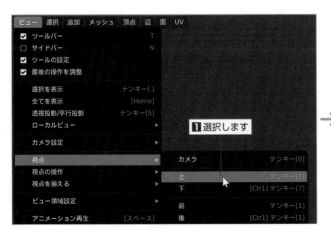

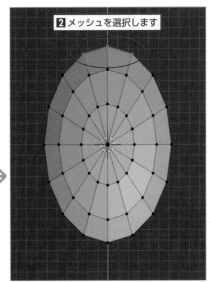

B [押し出し] ツールを有効にし、白色の円の内側（中心の黄色の円以外）にマウスポインターを移動し、マウス左ボタンでドラッグしながら⑨キーを押して、向かって上方向にメッシュを押し出します。

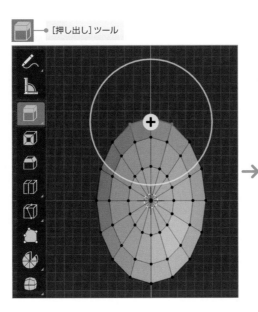

[押し出し] ツール

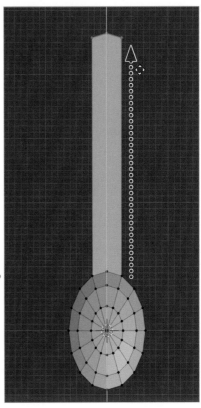

STEP 04　ループカットおよびミラーによる形状の編集　　　　　　編集モード

仕上がりsample ▶ SECTION3-4a.blend

A ［ループカット］ツールを有効にしてマウスポインターを柄に合わせると、水平方向に黄色のラインで表示されます。

その状態でマウス左ボタンのドラッグで付け根に向かってスライドし、メッシュを分割します。

●［ループカット］ツール

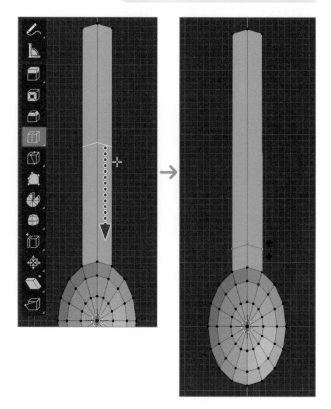

B 左右対称の形状を編集する際、左右をそれぞれ個別に編集するのは面倒で、さらに全く同じように編集するには手間がかかります。

このような場合には、「**ミラー**」機能を使うことで、左右いずれかのメッシュを編集すると、対称のメッシュが連動するようになります。

3Dビューポートのヘッダーにある［**X**］［**Y**］［**Z**］および「**各軸で対称**」切り替えをそれぞれ有効にすると、対称のメッシュが連動するようになります。ここでは、［**X**］を左クリックして有効にします。

左クリックします

「ミラー」機能

C [**ボックス選択**] ツール（Wキー）を有効にして、付け根付近の向かって右側の頂点を選択します。

3Dビューポートのヘッダーにある [**メッシュ**] ➡ [**トランスフォーム**] から [**移動**]（Gキー）を選択し、頂点を移動して形状を整えます。

「**X軸で対称**」が有効なため、対称の向かって左側の頂点も連動して移動します。

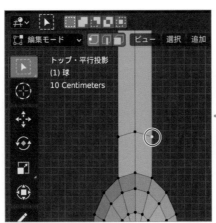
→ [ボックス選択] ツール

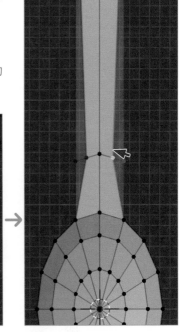

D さらに [**ループカット**] ツールでメッシュを分割し、頂点を移動して形状を整えます。

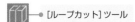
→ [ループカット] ツール

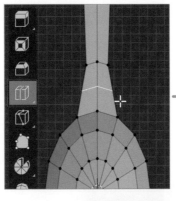

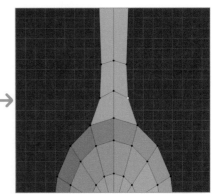

E 3Dビューポートのヘッダーにある [**ビュー**] ➡ [**視点**] から [**右**]（テンキー3）を選択してライトビューに切り替え、頂点を移動（Gキー）して形状を整えます。

⚠ メッシュの編集が完了したら、[ミラー（X軸で対称）] を無効にしてかまいません。

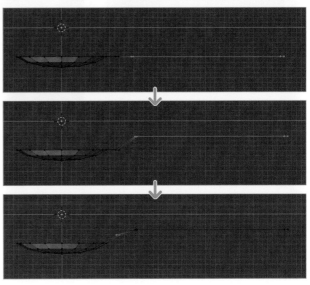

メッシュの厚み付け

A オブジェクトモード（ Tab キー）に切り替え、プロパティの「**モディファイアープロパティ**」を左クリックして「**モディファイアーを追加**」メニューから [**ソリッド化**] を選択します。

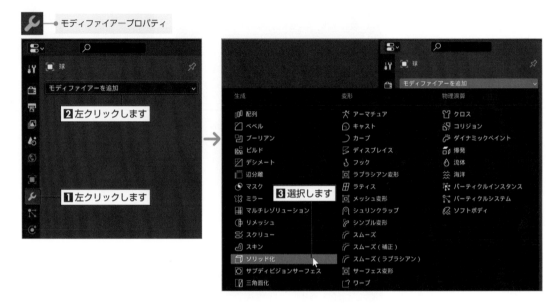

B 「ソリッド化」パネルの [幅] を "-0.04" と入力して、下方向に向かって厚みを付けます。

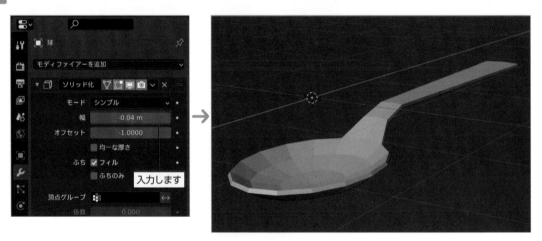

表面を滑らかに表示

STEP 06 スムーズシェードの設定

オブジェクトモード 🔲

A 3Dビューポートのヘッダーにある [**オブジェクト**] から [**スムーズシェード**] を選択すると、表面が滑らかに表示されます。

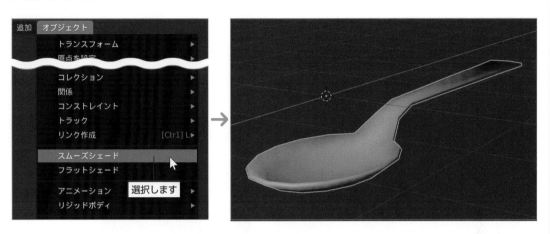

B 側面のエッジを鋭角に表示させます。
「**風になびく旗**」作成時（139ページ参照）は、編集モードで特定の面に対してフラットシェードを設定しましたが、ここではエッジの角度によって部分的に鋭角に表示されるように設定します。

プロパティの「**オブジェクトデータプロパティ**」を左クリックし、「**ノーマル**」の▶を左クリックしてパネルを開きます。
[**自動スムーズ**] にチェックを入れて有効にすると、側面のエッジが鋭角に表示されるようになります。チェックボックス右側の値はデフォルトで "**30°**" に設定されており、隣接する面の法線方向が30度より小さいエッジはスムーズシェードが有効になります。

「オブジェクトデータプロパティ」

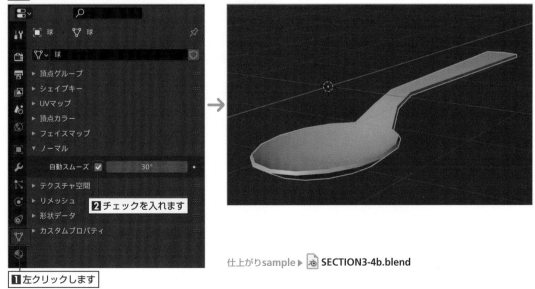

仕上がりsample ▶ 📄 **SECTION3-4b.blend**

155

TIPS 「自動スムーズ」の角度制御について

スムーズシェードの「自動スムーズ」による角度制御は、隣接する面の法線方向の角度が用いられ、設定した角度より小さいエッジが有効となります。

そこで、異なる法線方向の角度をもつ形状を用意しました。設定した角度によるスムーズシェードの有無は、以下の通りとなります。

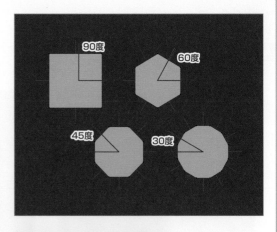

自動スムーズの角度を50度に設定した場合

スムーズシェードが無効

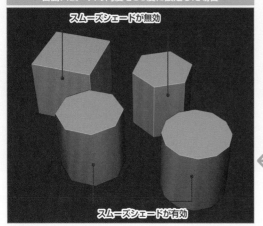

スムーズシェードが有効

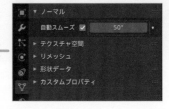

TIPS MatCapの設定

MatCap(Material Capture)とは、指定した球体の画像の色や陰影、材質を参照してオブジェクトに反映させる機能です。ライティングの設定も不要で、制作中のモデルへ簡易的に設定可能なマテリアルで、デフォルトのシェーディングより凹凸が認識しやすく、より仕上がりに近い状態でモデリングなどの編集を行うことができます。

3Dビューポートのヘッダーにある[シェーディング切り替え]でデフォルトの[ソリッド]が有効になっていることを確認し、「3Dビューのシェーディング」メニューから[Matcap]を左クリックで有効にします。

表示されたサムネールを左クリックし、プリセットとして用意された数種類から任意のMatCapを選択すると、オブジェクトに反映されます。

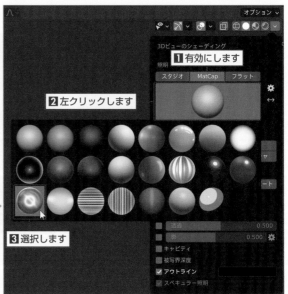

SECTION **3.5** 犬

ここでは、骨格となる頂点と辺で構成されたメッシュを用意し、スキンモディファイアーを設定してその骨格に対して厚みや太さのあるメッシュを生成させて犬を仕上げます。
骨格となるメッシュを作成する際には、左右対称な形状のモデリングに有効なミラーモディファイアーを活用します。

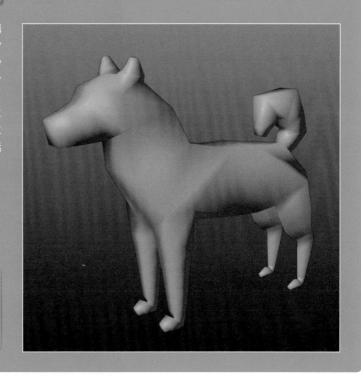

POINT

ミラーモディファイアー

スキンモディファイアー

骨格の作成

STEP 01　骨格となるメッシュの作成

編集モード

A デフォルトで配置されている立方体オブジェクト "**Cube**" が選択された状態で、[**編集モード**]（Tab キー）に切り替えます。

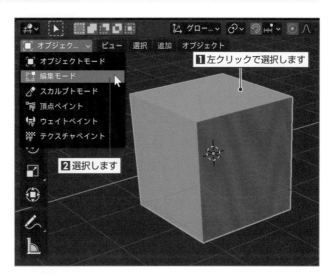

B 立方体のメッシュは不要なので、すべてのメッシュを選択（Aキー）し、3Dビューポートのヘッダーにある [メッシュ] ➡ [削除]（Xキー）から [頂点] を選択します。

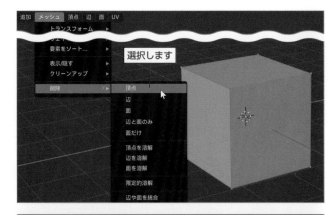

C 3Dビューポートのヘッダーにある [ビュー] ➡ [視点] から [右]（テンキー3）を選択してライトビューに切り替えます。

Ctrl キーを押しながら右クリックを繰り返し行い、図のように鼻先から胴体、そして尻尾までのメッシュを作成します。

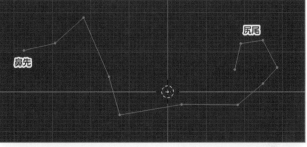

D 前脚の付け根の頂点を選択し、Ctrl キーを押しながら右クリックを繰り返し行い、図のように足先までのメッシュを作成します。

⚠ [押し出し]（Eキー）でも同様に編集を行うことが可能です。

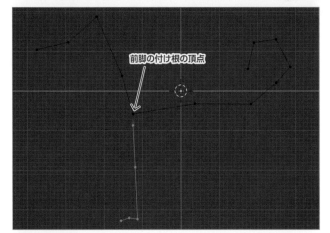

E 同様の操作で、後ろ脚の付け根、耳の付け根からそれぞれメッシュを作成します。

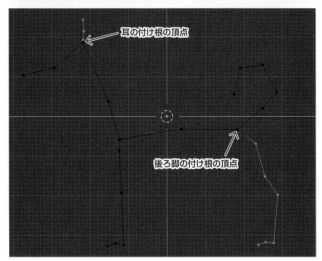

F 前脚と後ろ脚のメッシュを選択し、3Dビューポートのヘッダーにある **[ビュー]** ➡ **[視点]** から **[前]**（テンキー**1**）を選択してフロントビューに切り替えます。
3Dビューポートのヘッダーにある **[メッシュ]** ➡ **[トランスフォーム]** から **[移動]**（**G**キー）を選択します。
続けて**X**キーを押して、向かって右方向に移動します。

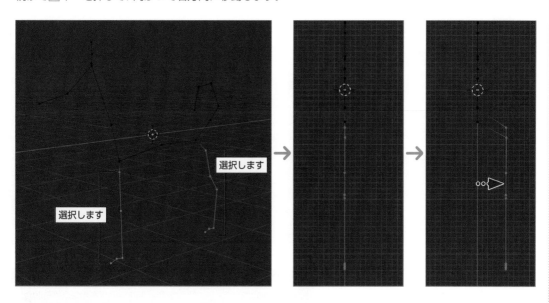

G 同様の操作で耳のメッシュを向かって右方向に移動します。
耳に関しては、先端に向かうほど外側に広がるよう頂点ごとに位置を調整します。

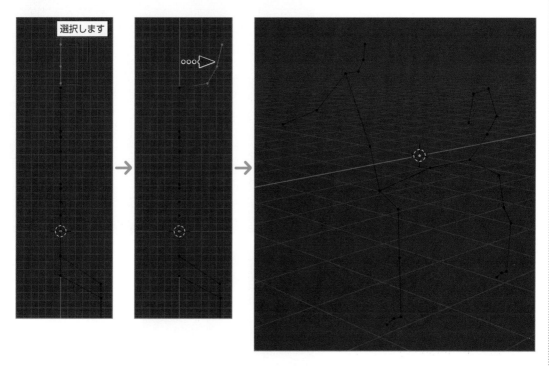

STEP 02 ミラーモディファイアーの設定

編集モード 🔲

A プロパティの「**モディファイアープロパティ**」を左クリックして「**モディファイアーを追加**」メニューから **[ミラー]** を選択します。X軸に沿って自動的に鏡像が生成されます。

— モディファイアープロパティ

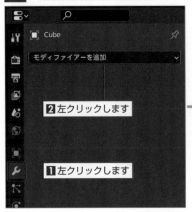

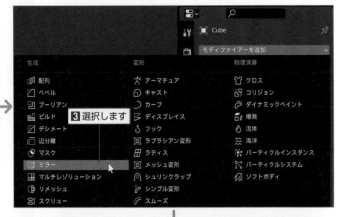

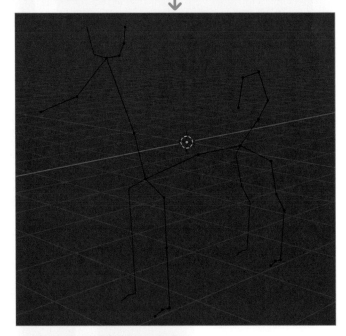

B 「ミラー」パネルの **[クリッピング]** を有効にします。これによって、鏡像の境界からメッシュがはみ出さないようになります。
さらに境界線上に配置されているメッシュは、境界線上で固定されます。

骨格に沿ってメッシュを生成

STEP 03 スキンモディファイアーの設定　　編集モード　　sample▶ SECTION3-5a.blend

A プロパティの「**モディファイアープロパティ**」を左クリックして「**モディファイアーを追加**」メニューから [**スキン**] を選択します。骨格となる頂点と辺に沿ってメッシュが生成されます。

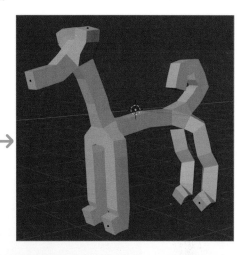

B 3Dビューポートのヘッダーにある [**透過表示**] を左クリックで有効にすると、骨格となるメッシュが表示されます。

赤色の点線の円はルートとなります。ルートの設定位置によっては、[**スキン**] で生成されるメッシュが崩れてしまう場合があります。

鼻先の頂点を選択して「**スキン**」パネルの [**ルートをマーク**] を左クリックし、ルートの設定位置を変更します。

⚠ ここで設定されるルートの位置は、「スキン」パネルの [アーマチュアを作成] で作成したアーマチュア（ポージングやアニメーションなどでモデルを変形させるための骨格）のルート（根本）位置となります。

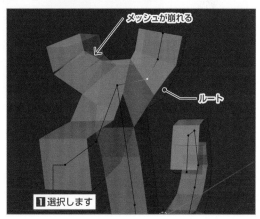

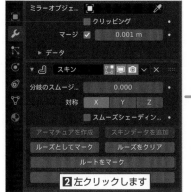

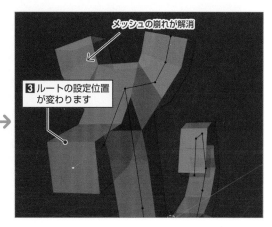

STEP 04　生成されるメッシュのサイズ調整

編集モード 🗔

A デフォルトでは、骨格に対して均一の太さでメッシュが生成されていますが、頂点単位で太さを変更することができます。

特定の頂点を選択して `Ctrl` ＋ `A` キーを押してマウス左ボタンのドラッグで、その頂点の周りに生成されるメッシュの太さを変更することができます。

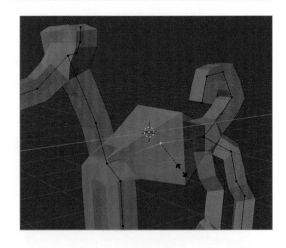

B 「**サイドバー**」（`N` キー）の「**アイテム**」タブを左クリックして表示される「**トランスフォーム**」パネルの [**頂点データ：X半径**] および [**頂点データ：Y半径**] では、それぞれ各軸方向に個別にサイズ変更を行うことができます。

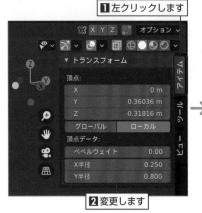

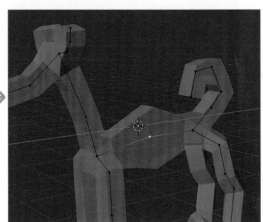

C 図のように頂点ごとにサイズの調整を行い、形状を整えます。

生成されるメッシュは、隣り合う頂点の距離や位置によっても形状が変化します。形状を整えるためには、頂点ごとのサイズ調整だけでなく、各頂点の位置の微調整も必要となる場合があります。

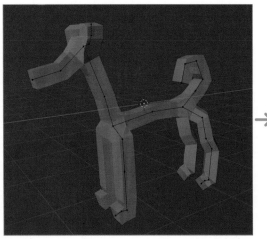

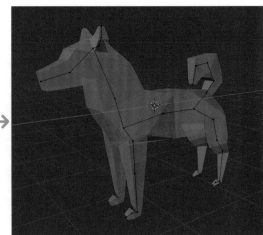

仕上げ

STEP 05 モディファイアーの適用 オブジェクトモード 🔲 sample▶ 🔷 SECTION3-5b.blend

スキンモディファイアーによって生成されたメッシュをさらに部分的に細かくモデリングを行う場合などは、現状の擬似的に生成されたメッシュを編集できるように実体化する必要があります。

実体化するには、モディファイアーの**「適用」**を行います。

A オブジェクトモード（ Tab キー）に切り替え、**「モディファイアー」**パネル上部の矢印☑を左クリックして**[適用]**を選択すると、モディファイアーが適用されて擬似的に生成されていたメッシュが実体化されます。

複数のモディファイアーが設定されている場合は、上から順に適用しないと最終的に実体化されるメッシュが適用前と変化してしまう場合があります。

ここでは、まず、ミラーモディファイアーを適用し、その後スキンモディファイアーを適用します。

⚠ [適用] を実行すると元の状態に戻すことができなくなるので、注意しましょう。

STEP 06 メッシュのクリーンアップ 編集モード 🔲

スキンモディファイアーによって生成されたメッシュは、重複点や不要な面が生成されてしまう場合があります。さらなる編集を行う前に、これらの問題点を解消する必要があります。

⚠ 以下の編集について難しく感じた方は、省略して先の章に進んでください。操作に慣れてきたら再度挑戦しましょう。

A 編集モード（ Tab キー）に切り替えてすべてのメッシュを選択（ A キー）し、3Dビューポートのヘッダーにある**[メッシュ]** ➡ **[クリーンアップ]** から**[距離でマージ]** を選択すると、距離の近すぎる頂点が結合され、不要な重複点が削除されます。

実行した直後には、画面右下に削除した頂点の数が表示されます。

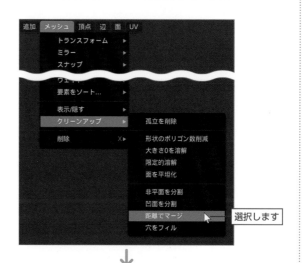

B 一旦、オブジェクトモード（**Tab**キー）に切り替え、3Dビューポートのヘッダーにある **[オブジェクト]** から **[スムーズシェード]** を選択します。不要な面などメッシュに何らかの問題がある場合、スムーズシェードにするとそれらの問題点が見つけやすくなります。

表面の陰影など表示がおかしい場合は、編集モード（**Tab**キー）に切り替えて修正します。

不要な面を削除するだけで解決することもありますが、場合によってはその付近のメッシュを再構築しなければならないこともあります。

⚠ スキンモディファイアーで生成させたメッシュは、元となる骨格の形状によって一様ではありません。
　そのため、不要な面の位置などの問題点はここで紹介したケースと異なる場合があります。

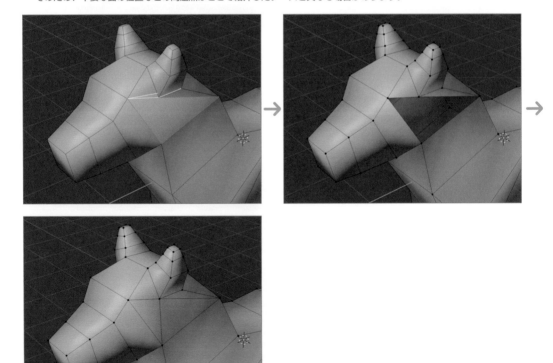

不要な面を削除して
メッシュの再構築

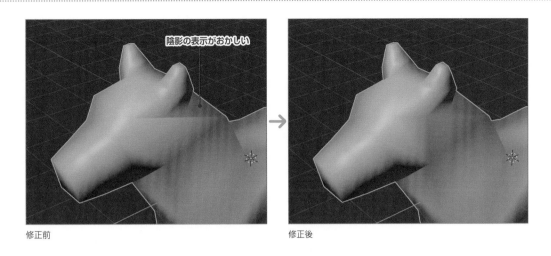

修正前 → 修正後

仕上がり見本　　　　　　　　　　　　仕上がりsample ▶ SECTION3-5c.blend

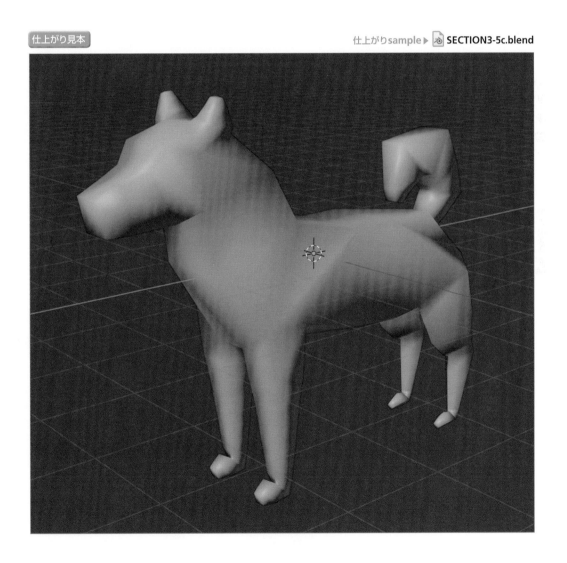

SECTION 3.6　ストロー

折り曲げられるジャバラ式のストローを作成します。ジャバラ部分は、直線上に作成したものをカーブモディファイアーで折り曲げます。
カーブモディファイアーとは、用意したカーブに合わせてオブジェクトを変形するものです。そのためここでは、カーブオブジェクトの編集が必要となります。

POINT

カーブオブジェクトの編集

カーブモディファイアー

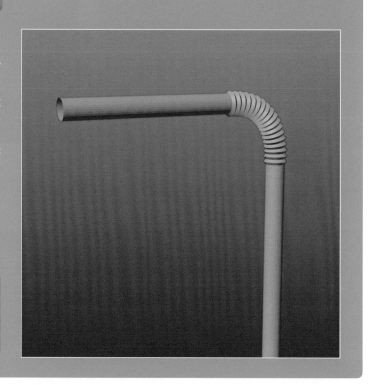

ジャバラの作成

STEP 01　円柱オブジェクトの追加　　　　　　　　　　　　オブジェクトモード 🔲

A ここでは、デフォルトでシーンに配置されている立方体オブジェクトは不要なので、左クリックで選択して3Dビューポートのヘッダにある [**オブジェクト**] から [**削除**]（[x]キー）を選択します。

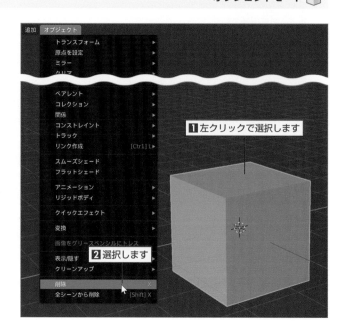

B 3Dビューポートのヘッダーにある [**追加**]（Shift + A キー）➡ [**メッシュ**] から [**円柱**] を選択します。

C 追加した直後、3Dビューポートの左下に「**円柱を追加**」パネルが表示されるので、▶を左クリックして開きます。
「**深度**」を "**8**" に設定して上下方向に拡大します。

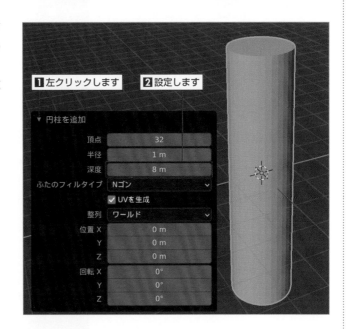

D 「**ふたのフィルタイプ**」から [**なし**] を選択し、先端の面を無くして筒状にします。

STEP 02　円柱オブジェクトの編集　　　　　　　　　　　編集モード 🎲

A [編集モード]（Tab キー）に切り替え、
[ループカット] ツールを有効にしてマ
ウスポインターを側面に合わせます。
水平方向に黄色のラインで表示された
ら、左クリックでループカットを実行し
ます。

[ループカット]ツール

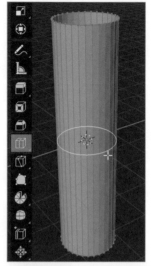

B ジャバラの凹凸を作成するために、面を
細分化します。
ループカット直後に3Dビューポートの
左下に表示される「ループカットとスラ
イド」パネルで、[分割数] を "35" に設
定します。

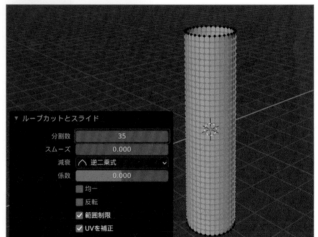

C [ボックス選択] ツール（W キー）を有効
にし、Shift + Alt キーを押しながら左ク
リックで、図のように水平方向の辺を1
つおきにループ状に選択します。

[ボックス選択]ツール

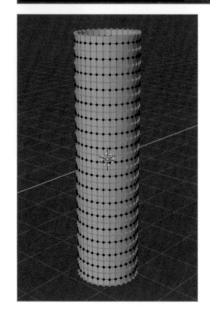

選択します

D 3Dビューポートのヘッダーにある [**メッシュ**] ➡ [**トランスフォーム**] から [**スケール**]（ S キー）を選択します。
マウスポインターを移動して適当な位置で左クリックし、拡大または縮小を実行します。
後述で改めてサイズ変更を行うので、ここではアバウトなサイズで大丈夫です。

E 3Dビューポート左下の「**拡大縮小**」パネルで [**スケールX**] を "0.800"、[**Y**] を "0.800"、[**Z**] を "1.000" と入力して、サイズ変更を行います。

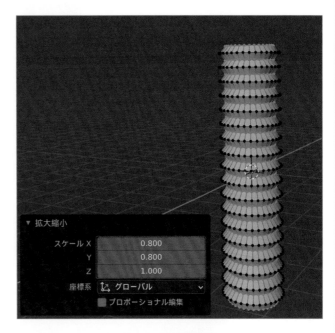

F 両端のメッシュを伸展します。まず上部の頂点を Alt キーを押しながら左クリックでループ状に選択し、[**押し出し**] ツールを有効にします。
ライン先端にある ✚ をマウス左ボタンでドラッグし、上方向にメッシュを押し出します。

[押し出し] ツール

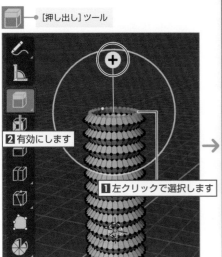

2 有効にします

1 左クリックで選択します

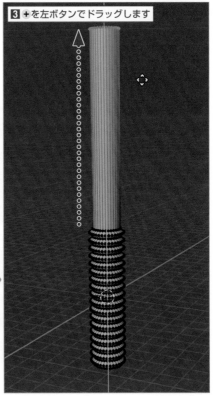

3 ✚ を左ボタンでドラッグします

PART
3

G 続いて下部の頂点をループ状に選択し、同様の操作で下方向にメッシュを押し出します。

ストローの変形

STEP 03　カーブオブジェクトの編集

オブジェクトモード ⬜ ／ 編集モード ⬜

sample▶ 🔷 SECTION3-6a.blend

直線状に作成したストローをカーブモディファイアーで折り曲げます。
ここでは、変形の基準となるカーブを事前に作成します。

A [オブジェクトモード]（Tab キー）に切り替え、3Dビューポートのヘッダーにある [追加]（Shift + A キー）➡ [カーブ] から [ベジェ] を選択します。

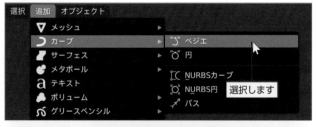

B 編集の邪魔になるので、一旦、作成したストローを非表示にします。
ストローを選択して3Dビューポートのヘッダーにある [オブジェクト] から [表示/隠す] ➡ [選択物を隠す]（H キー）を選択します。

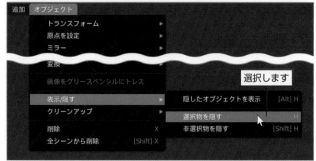

C カーブを選択して[**編集モード**]([Tab]
キー)に切り替えます。
デフォルトのカーブは不要なので、すべ
ての頂点を選択([A]キー)し、3Dビュー
ポートのヘッダーにある[**カーブ**] ➡
[**削除**]([X]キー)から[**頂点**]を選択し
ます。

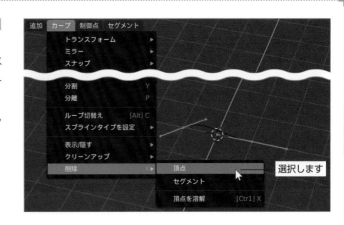

D 3Dビューポートのヘッダーにある
[**ビュー**] ➡ [**視点**]から[**右**](テン
キー[3])を選択してライトビューに切り
替えます。
[Ctrl]キーを押しながら右クリックで中
央付近にポイントを追加します。

※図は作成したポイントが見えるように、3Dカ
ーソルとオブジェクトの原点を非表示にして
います。

E [**サイドバー**]([N]キー)の「**アイテム**」
タブを左クリックして表示される「**トラ
ンスフォーム**」パネルにある[**制御点：
X**]を"0"、[**Y**]を"0"、[**Z**]を"0"と
入力して位置を変更します。

F [Ctrl]キーを押しながら右クリックで適
当な位置にポイントを追加し、[**サイド
バー**]([N]キー)の「**トランスフォーム**」
パネルにある[**制御点：X**]を"0"、[**Y**]
を"-4"、[**Z**]を"4"と入力して位置を
変更します。

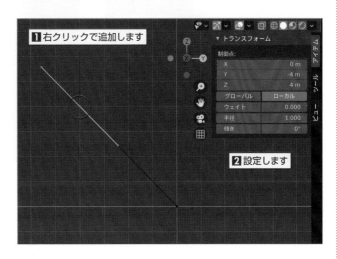

G 図のようにポイントから右側に伸びるハ
ンドルの先端を左クリックで選択し、
[サイドバー]（Nキー）の「トランス
フォーム」パネルにある [頂点：X] を
"0"、[Y] を "0"、[Z] を "4" と入力し
て位置を変更します。

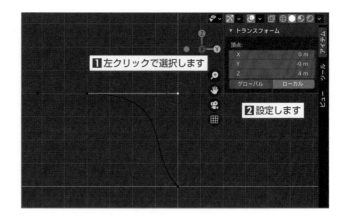

H シーン中央のポイントを選択すると表示される、左上に伸びるハンドルの先端を左クリックで選択します。
[サイドバー]（Nキー）の「トランスフォーム」パネルにある [頂点：X] を "0"、[Y] を "0"、[Z] を "0"
と入力して位置を変更します。

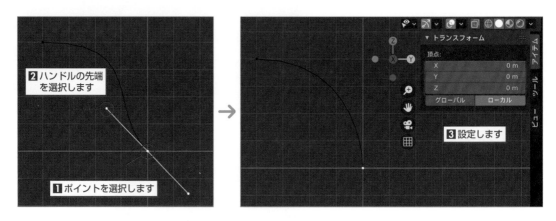

I 両端の頂点を伸展します。まず左上の頂点を選択して [押し出し] ツールを有効にします。
ライン先端にある ➕ をマウス左ボタンでドラッグし、向かって左方向に押し出します。

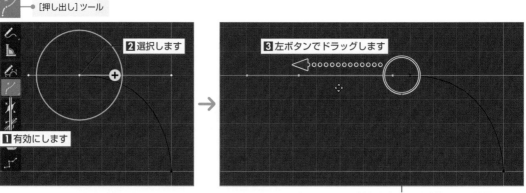

⚠ ハンドルの先端がポイントを超えるまで伸展します。

J 続いて右下の頂点を選択してライン先端にある **+** をマウス左ボタンでドラッグし、下方向に押し出します。

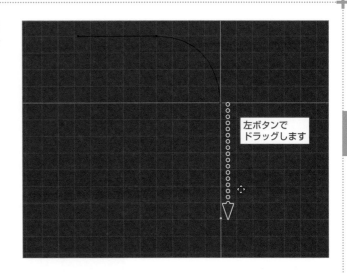

左ボタンで
ドラッグします

STEP **04** **カーブモディファイアーの設定** オブジェクトモード sample▶ SECTION3-6b.blend

A [**オブジェクトモード**]（ Tab キー）に切り替え、3Dビューポートのヘッダーにある [**オブジェクト**] から [**表示/隠す**]
➡ [**隠したオブジェクトを表示**]（ Alt ＋ H キー）を選択してストローを表示します。

選択します

B ストローを選択し、プロパティの「**モディファイアープロパティ**」を左クリックして「**モディファイアーを追加**」メニューから [**カーブ**] を選択します。

モディファイアープロパティ

選択します

C 「**カーブ**」パネルの「**カーブオブジェクト**」の入力フォームを左クリックすると、作成したカーブ（ベジェカーブ）が表示されるので選択します。
続いて、「**変形軸**」の [**Z**] を選択します。

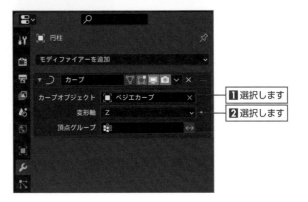

1 選択します
2 選択します

D 3Dビューポートのヘッダーにある [**メッシュ**] ➡ [**トランスフォーム**] から [**移動**] （ G キー） を選択します。

続けて、 Z キーを押して上下方向に移動し、折り曲がる箇所がジャバラ部分になるように位置を調整します。

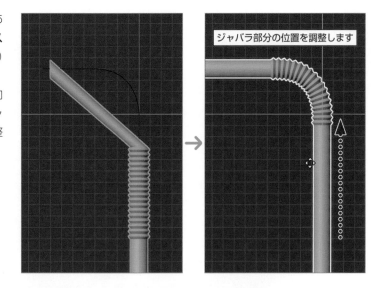

ジャバラ部分の位置を調整します

仕上がり見本　仕上がりsample ▶ 📄 **SECTION3-6c.blend**

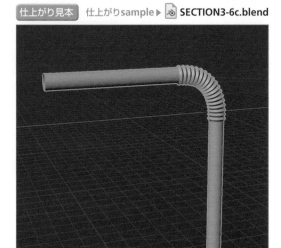

E カーブモディファイアー設定後でもカーブを編集することで、折り曲がり具合を変更することが可能です。

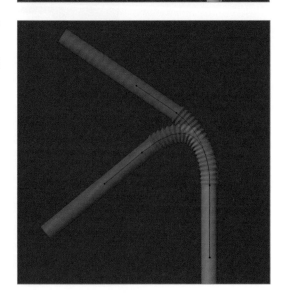

SECTION 3.7 パイプ椅子

ストローの制作でも活用したカーブ
オブジェクトを用いてパイプ椅子を
作成します。
ハンドルによるベジェカーブの制御
は、初心者にとっては若干扱いづら
く感じることもあるかと思います。
そこで、ここでは比較的扱いやすい
メッシュで編集を行い、その後でカ
ーブオブジェクトに変換します。

POINT

- カーブオブジェクトの設定
- ベベルモディファイアー

骨組みの作成

STEP 01　メッシュによる骨組みの作成 編集モード

A デフォルトで配置されている立方体
オブジェクト "**Cube**" が選択された
状態で [**編集モード**]（ Tab キー）に
切り替えます。
3Dビューポートのヘッダーにある
[**選択モード切り替え**] ボタンから
[**辺選択**] を左クリックで有効にし、
3Dビューポートのヘッダーにある
[**透過表示**] を左クリックで有効に
します。
Shift キーを押しながら左クリック
で垂直方向の辺4本を選択します。

「辺選択」モード　　[透過表示]

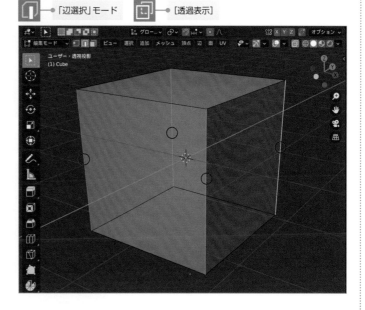

B [ベベル] ツールを有効にし、ライン先端の◯をマウス左ボタンでドラッグしてベベルを実行します。
後述で改めて調整を行うので、ここではアバウトな値で大丈夫です。

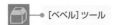 ━ [ベベル] ツール

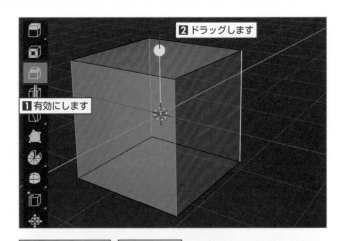

C 3Dビューポートの左下に「ベベル」パネルが表示されるので、▶を左クリックして開きます。[幅] を "0.2"、[セグメント] を "3" と入力してベベルの幅と分割数を変更します。

⚠ ツールによる編集が完了したら、デフォルトの [ボックス選択] ツール（Wキー）に戻します。

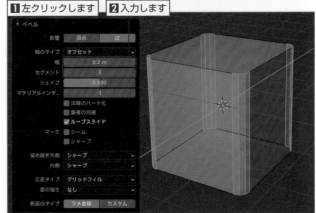

D 図のように底面を選択し、3Dビューポートのヘッダーにある [メッシュ] ➡ [削除]（Xキー）から [頂点] を選択して上面のみにします。

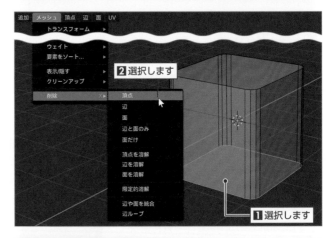

E すべてのメッシュを選択（Aキー）し、3Dビューポートのヘッダーにある [メッシュ] ➡ [削除]（Xキー）から [面だけ] を選択して、頂点と辺のみにします。

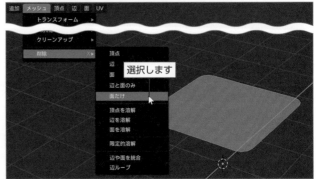

F すべてのメッシュを選択（**A**キー）します。3Dビューポートのヘッダーにある**［メッシュ］**から**［複製］**（**Shift** + **D**キー）を選択し、右クリックで実行して複製元と同じ位置に複製します。

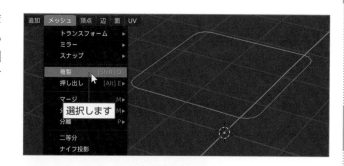

G 複製したメッシュが選択された状態で、3Dビューポートのヘッダーにある**［メッシュ］**から**［表示/隠す］** ➡ **［選択物を隠す］**（**H**キー）を選択して、複製元のメッシュのみ表示させます。

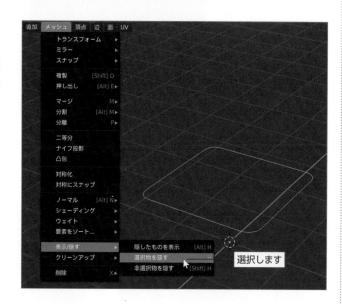

H 3Dビューポートのヘッダーにある**［選択モード切り替え］**ボタンから**［頂点選択］**を左クリックで有効にして頂点選択モードに切り替え、3Dビューポートのヘッダーにある**［ビュー］** ➡ **［視点］**から**［上］**（テンキー**7**）を選択してトップビューに切り替えます。

向かって左半分のメッシュを選択して3Dビューポートのヘッダーにある**［メッシュ］** ➡ **［トランスフォーム］**から**［移動］**（**G**キー）を選択し、続けて**X**キーを押してメッシュを向かって左方向に "**-1**" 移動します。**Ctrl**キーを押しながら操作することで、単位に制限をかけることができます。

「頂点選択」モード

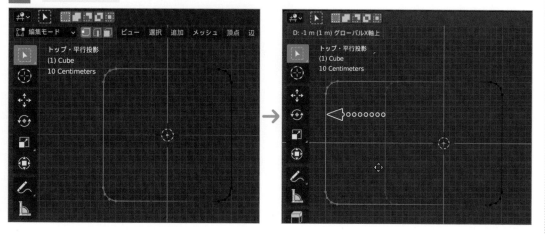

Ⅰ 同様の操作で図のように向かって右半分のメッシュを右方向（"1"）に、上半分を上方向（"0.1"）に、下半分を下方向（"-0.1"）に移動します。上下移動の場合は、Ｙキーを押してから操作します。

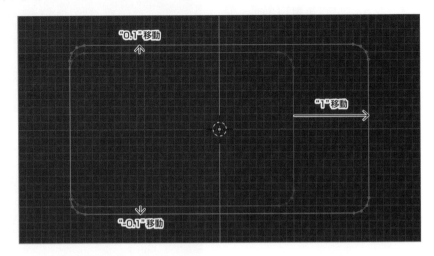

Ｊ 3Dビューポートのヘッダーにある［メッシュ］から［表示/隠す］➡［隠したものを表示］（Alt＋Ｈキー）を選択して、非表示になっていたメッシュを表示させます。
　マウスポインターを外側のメッシュに合わせてＬキーを押し、外側のメッシュのみを選択します。

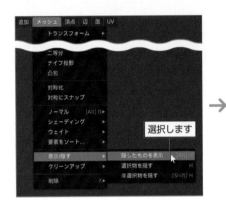

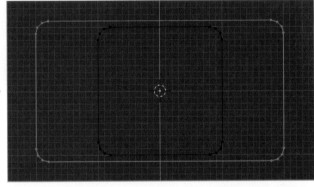

Ｋ 3Dビューポートのヘッダーにある［ビュー］➡［視点］から［前］（テンキー①）を選択してフロントビューに切り替えます。
　3Dビューポートのヘッダーにある［メッシュ］➡［トランスフォーム］から［回転］（Ｒキー）を選択し、Ctrlキーを押しながら時計回りに-65度回転します。

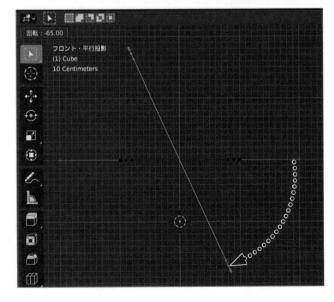

L 回転したメッシュが選択された状態で
3Dビューポートのヘッダーにある
[メッシュ] から **[複製]** (`Shift` + `D`
キー) を選択し、右クリックで実行して
複製元と同じ位置に複製します。

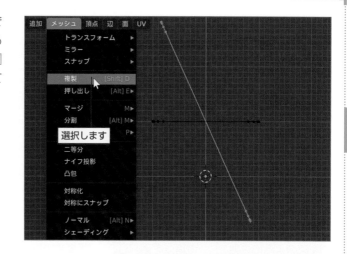

M 複製したメッシュが選択された状態で、3Dビューポート
のヘッダーにある **[メッシュ]** から **[ミラー]** ➡ **[X
Global]** を選択してメッシュを反転します。

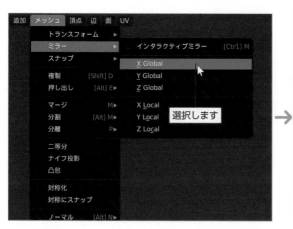

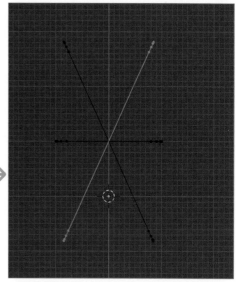

N 3Dビューポートのヘッダーにある **[メッシュ]** ➡ **[トラ
ンスフォーム]** から **[移動]** (`G` キー) を選択し、続けて
`X` キーを押してメッシュを向かって左方向に "**-0.4**" 移
動します。
`Ctrl` キーを押しながら操作することで、単位に制限をか
けることができます。

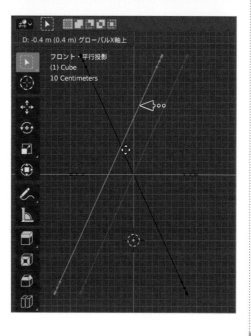

⭕ 図のように上部6つの頂点を選択し、3D
ビューポートのヘッダーにある[メッ
シュ] ➡ [削除]([X]キー)から[頂点]
を選択します。

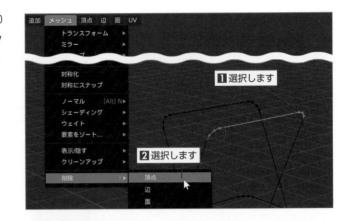

🅿 図のように先端の2つの頂点を選択し、
3Dビューポートのヘッダーにある[頂
点]から[頂点をスライド]([Shift] + [V]
キー)を選択して、他のメッシュと交差
する少し手前の位置に移動します。

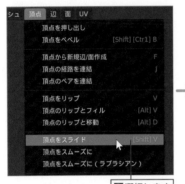

→

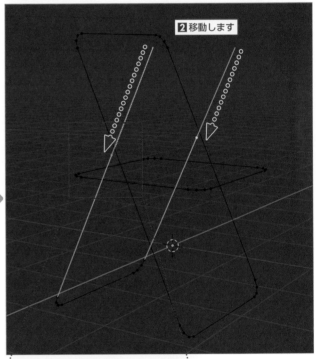

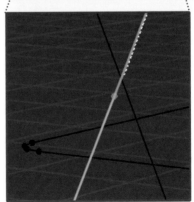

パイプの作成

STEP **02** **メッシュをカーブへ変換** **オブジェクトモード**  sample▶ 📄 **SECTION3-7a.blend**

A オブジェクトモード（ Tab キー）に切り
替えて骨組みのオブジェクトを選択し、
3Dビューポートのヘッダーにある **[オ
ブジェクト]** ➡ **[変換]** から **[カーブ]** を
選択します。

B メッシュからカーブに変換され
ると画面右上のアウトライナー
のアイコンが変化します。
さらにプロパティの **「オブジェ
クトデータプロパティ」** を左ク
リックすると、カーブ特有のパ
ネルが表示されて各種設定を行
うことができます。

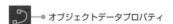

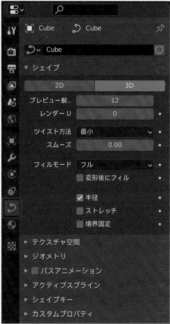

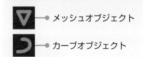
● メッシュオブジェクト
● カーブオブジェクト

● オブジェクトデータプロパティ

STEP 03　カーブに沿って筒状のメッシュを生成　　オブジェクトモード

A プロパティの「**ジオメトリ**」左側の▶を左ク
リックしてパネルを開きます。
「**ベベル**」の [**深度**] を "0.05" に設定すると、
指定した太さの筒状のメッシュがカーブに
沿って生成されます。

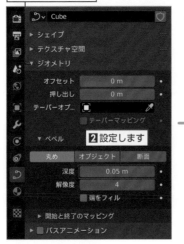

B [**解像度**] は筒状のメッシュの分割数を設定するこ
とができます。ここでは、デフォルトのままにしま
す。[**端をフィル**] にチェックを入れて有効にしま
す。これによって、先端に面が生成されます。

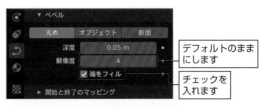

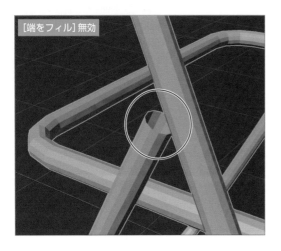

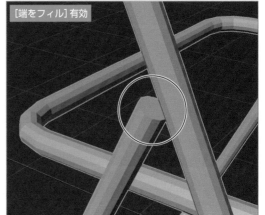

座面と背もたれの作成

STEP 04　カーブをメッシュへ変換して編集　　オブジェクトモード □ ／ 編集モード □

A パイプ状のカーブオブジェクトを
選択し、3Dビューポートのヘッ
ダーにある [**オブジェクト**] から
[**オブジェクトを複製**] (Shift +
D キー) を選択し、右クリックし
て複製元と同じ位置に複製しま
す。

選択します

B 複製したオブジェクトが選択され
た状態で、3Dビューポートの
ヘッダーにある [**オブジェクト**]
から [**表示/隠す**] ➡ [**選択物を隠
す**] (H キー) を選択して、複製元
のオブジェクトのみ表示させま
す。

選択します

C オブジェクトを選択し、3D
ビューポートのヘッダーにある
[**オブジェクト**] ➡ [**変換**] から
[**メッシュ**] を選択します。
カーブからメッシュに変換する
と、メッシュの編集を行うことが
できるようになります。

選択します

D 編集モード（ Tab キー）に切り替えて Shift ＋ Alt キーを押しながら左クリックで、図のように内側の辺をそれぞれループ状に選択します。

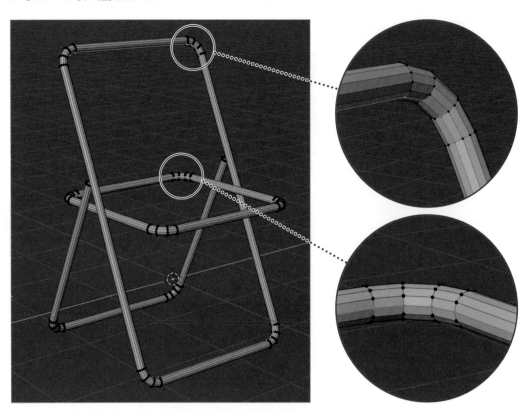

E 3Dビューポートのヘッダーにある［選択］から［反転］（ Ctrl ＋ I キー）を選択して選択範囲を反転します。
3Dビューポートのヘッダーにある［メッシュ］➡［削除］（ X キー）から［頂点］を選択して、内側の辺のみにします。

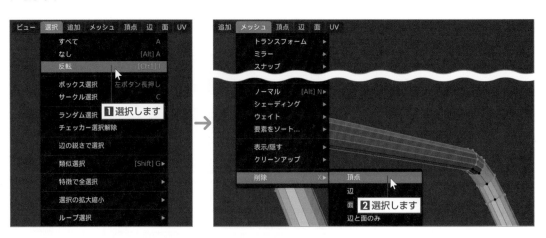

F すべてのメッシュを選択（**A**キー）し、3Dビューポートのヘッダーにある [頂点] から [頂点から新規辺/面作成]（**F**キー）を選択して、それぞれのメッシュに面を張ります。

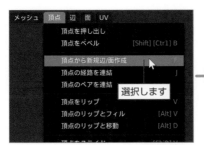

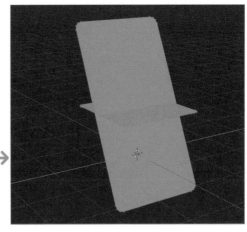

G 図のように長辺を選択し、3Dビューポートのヘッダーにある [辺] から [細分化] を選択します。
3Dビューポート左下の「**細分化**」パネルで「**分割数**」を "**3**" に設定して、分割数を増やします。

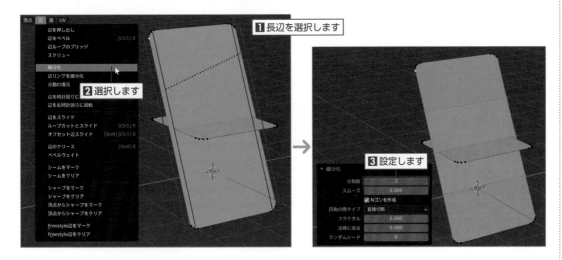

H 下半分のメッシュを選択し、3Dビューポートのヘッダーにある [**メッシュ**] ➡ [**削除**]（**X**キー）から [**頂点**] を選択して、上1/4のみにします。

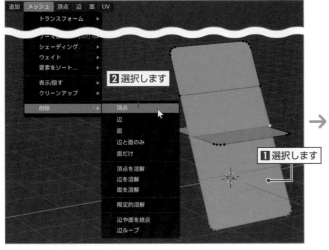

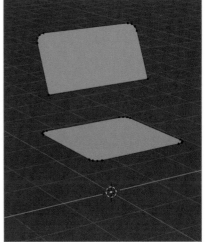

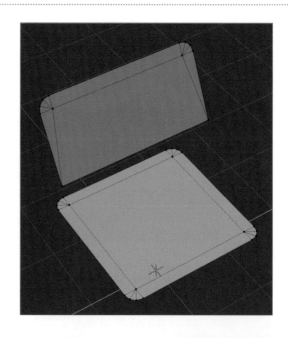

⚠️ ここでは省略しますが、できるだけ多角形の面は四角形または三角形に分割しましょう。

STEP 05 厚み付けと面取り

オブジェクトモード 🔲 sample ▶ 🔳 SECTION3-7b.blend

A オブジェクトモード（ Tab キー）に切り替え、プロパティの「**モディファイアープロパティ**」を左クリックして「**モディファイアーを追加**」メニューから [**ソリッド化**] を選択します。

🔧 ─● モディファイアープロパティ

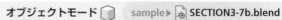

B 「**ソリッド化**」パネルの [**幅**] を"0.15"と入力して厚みを設定します。

C 「**モディファイアーを追加**」メニューから [**ベベル**] を選択します。

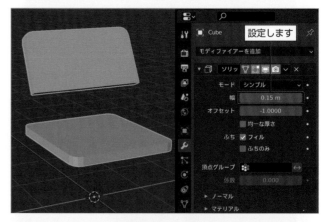

D 「ベベル」パネルの [セグメント] を "3" と入力して、分割数を変更します。

⚠️ 各パネル左上の ▶ を左クリックするとパネルを閉じることができます。

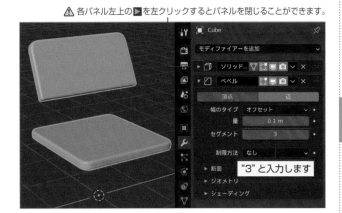

"3" と入力します

E 「ベベル」パネルの「制限方法」から [角度] を選択し、[角度] を "40°" と入力してメッシュの流れがきれいに仕上がるように調整します。

⚠️ 隣接する面の法線方向が「制限方法」で指定した角度より大きいエッジのみベベルが有効となります。

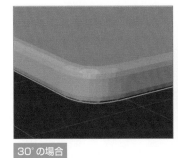

30°の場合

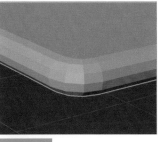

40°の場合

F 3Dビューポートのヘッダーにある [オブジェクト] から [表示/隠す] ➡ [隠したオブジェクトを表示]（Alt + H キー）を選択して、非表示になっていたパイプを表示させます。

選択します

PART
3

G 座面と背もたれのオブジェクトを選択して、「**ソリッド化**」パネルの [**オフセット**] を "0" と入力して位置を調整します。

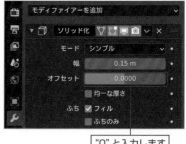

"0" と入力します

仕上がり見本　　　　　　　　　　　　　仕上がりsample ▶ SECTION3-7c.blend

SECTION 3.8 砂時計

スピンツールを使用して砂時計を作成します。本体は、断面を用意してスピンで回転体を作成します。対して支柱は、元となる1本の支柱を作成してスピンで指定した本数分を複製します。

POINT
- スナップ
- プロポーショナル編集
- スピン

断面の作成

STEP 01 台座断面の作成　　　　　　　　　　　　　編集モード

A デフォルトで配置されている立方体オブジェクト "Cube" が選択された状態で [編集モード]（Tab キー）に切り替えます。

すべてのメッシュが選択された状態で、3Dビューポートのヘッダーにある [メッシュ] ➡ [トランスフォーム] から [スケール]（S キー）を選択し、マウスポインターを移動して左クリックで拡大または縮小を実行します。後述で改めてサイズ等の調整を行うので、ここではアバウトで大丈夫です。

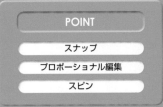

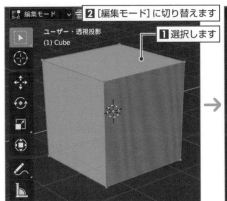

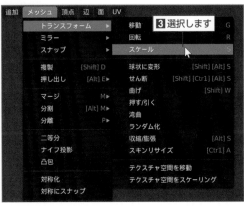

B 3Dビューポートの左下に「**拡大縮小**」パ
ネルが表示されるので、▶を左クリック
して開きます。

[**スケールX**] を "1.000"、[**Y**] を
"1.000"、[**Z**] を "0.100" と入力して
サイズ変更を行います。

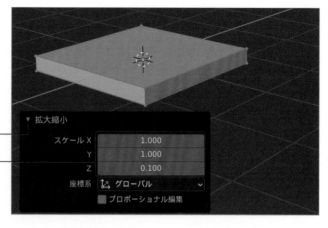

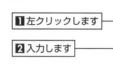

▼ 拡大縮小

スケール X	1.000
Y	1.000
Z	0.100
座標系	グローバル
	プロポーショナル編集

1 左クリックします

2 入力します

C [**ループカット**] ツールを有効にして、マウスポインターをメッシュに合わせてY軸に沿って黄色のライン
が表示されたら、左クリックでループカットを実行します。

さらにX軸に沿ってループカットを実行し、上から見て4等分します。

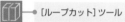

[ループカット] ツール

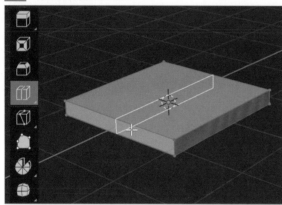

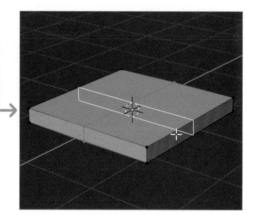

D 上面のフチのメッシュを選択して [**ベベル**] ツールを有効にします。ライン先端の ● をマウス左ボタンでド
ラッグしてベベルを実行します。後述で改めてサイズ等の調整を行うので、ここではアバウトで大丈夫です。

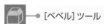

[ベベル] ツール

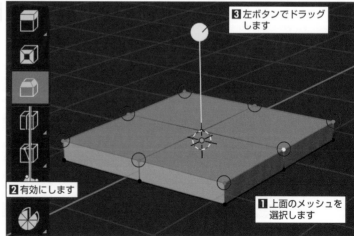

3 左ボタンでドラッグ
します

2 有効にします

1 上面のメッシュを
選択します

PART
3

E 3Dビューポート左下の「**ベベル**」パネル
で、[**幅**] を "0.15"、[**セグメント**] を
"6" と入力してベベル断面の幅と分割数
を調整します。

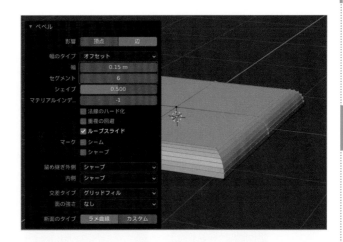

F 「ベベル」パネルの下部にある「**断面のタ
イプ**」の [**カスタム**] を選択するとグリッ
ドが表示され、カーブを編集することで
ベベルの断面を変形できます。

グリッドのカーブを左クリックするとポ
イントが追加され、マウス左ボタンのド
ラッグでカーブを変形できます（ポイン
トを選択して右下の☒を左クリックする
と、ポイントを削除できます）。

図のように2つのポイントを追加して、
カーブを波形に変形します。

⚠ 設定したカーブの形状を再現するためには、
ベベル断面の分割数（セグメント）がある程
度必要となります。

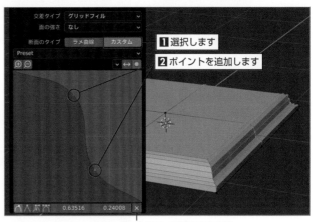

1 選択します
2 ポイントを追加します

ポイントを削除できます

G 3Dビューポートのヘッダーにある [**透過表示**] を左クリックで有効にします。
図のように上から見て上下と左側のメッシュを選択し、3Dビューポートのヘッダーにある [**メッシュ**] ➡
[**削除**]（☒キー）から [**頂点**] を選択してメッシュを削除します。

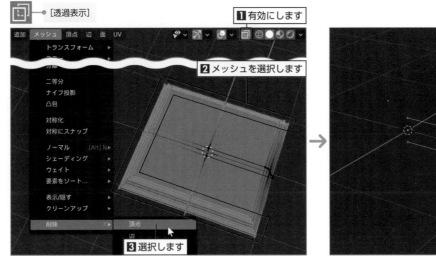

［透過表示］

1 有効にします

2 メッシュを選択します

3 選択します

STEP 02 ガラス容器断面の作成 編集モード

A 3Dビューポートのヘッダーにある[**追加**]([Shift]+[A]キー）から[**円**]を選択します。3Dビューポート左下の「**円を追加**」パネルで、「**半径**」を"0.6"、「**位置 Z**」を"0.8"、「**回転 X**」を"90°"に設定します。

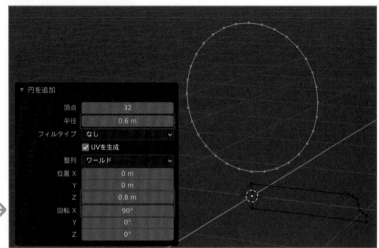

B 円の最下部の頂点と台座の左上の頂点が重なるように位置を調整します。

3Dビューポートのヘッダーにある[**ビュー**]➡[**視点**]から[**前**]（テンキー[1]）を選択し、フロントビューに切り替えます。

3Dビューポートのヘッダーにある「**磁石**」アイコンを左クリックしてスナップを有効にし、「**スナップ先**」メニューから[**頂点**]を選択します。

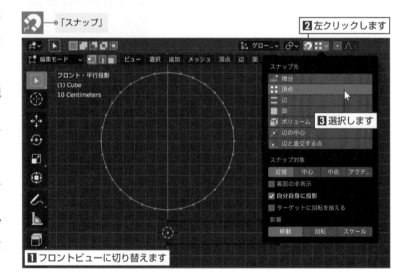

C 円のメッシュが選択された状態で、3Dビューポートのヘッダーにある[**メッシュ**]➡[**トランスフォーム**]から[**移動**]([G]キー）を選択します。

台座の左上の頂点にマウスポインターを移動すると、スナップ機能によって円の最下部の頂点と台座の左上の頂点が吸着するように位置が調整されます。

⚠ スナップを行う場合は、吸着させる部分を事前にある程度の距離まで近づけておく必要があります。

⚠ 編集が完了したら、スナップを無効にしましょう。

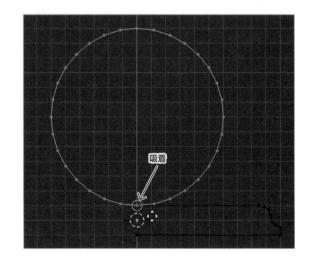

D 3Dビューポートのヘッダーにある**「多重円」**アイコン◎を左クリックしてプロポーショナル編集を有効にします。
円の最上部の頂点を選択し、3Dビューポートのヘッダーにある**[メッシュ]**➡**[トランスフォーム]**から**[移動]**（Gキー）を選択します。
続けてZキーを押して上方向に移動し、しずく型に変形します。その際、マウスホイールを回転して影響範囲を調整しながら、頂点の移動を行います。

⚠ 編集が完了したら、プロポーショナル編集を無効にしましょう。

◎ ━● 「プロポーショナル編集」

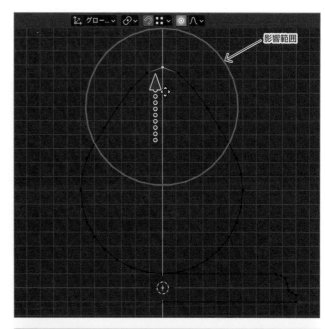

E 左半分のメッシュを選択し、3Dビューポートのヘッダーにある**[メッシュ]**➡**[削除]**（Xキー）から**[頂点]**を選択してメッシュを削除します。

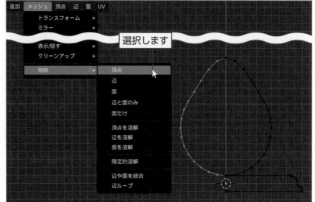

F すべてのメッシュを選択（Aキー）し、3Dビューポートのヘッダーにある**[メッシュ]**➡**[トランスフォーム]**から**[移動]**（Gキー）を選択します。
続けてZキーを押して下方向に移動し、図のように最上部の頂点が原点より少し下になるようにします。

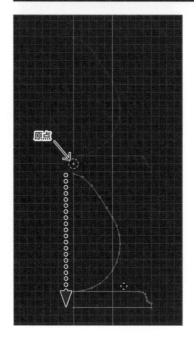

PART
3

STEP 03 ミラーモディファイアーの設定 編集モード

A プロパティの「**モディファイアープロパ**
ティ」を左クリックして「**モディファイ**
アーを追加」メニューから [**ミラー**] を
選択します。

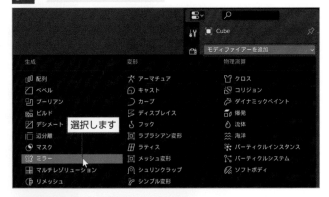

B 「**ミラー**」パネルにある「**座標軸**」の [**X**]
を無効にして [**Z**] を有効にします。
さらに [**クリッピング**] を有効にして、
鏡像の境界からメッシュがはみ出さない
ようにします。

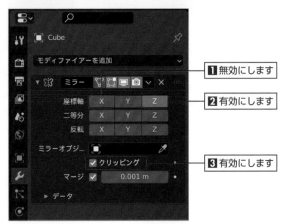

C 最上部の頂点を選択し、3Dビューポートのヘッダーにある [**メッ**
シュ] ➡ [**トランスフォーム**] から [**移動**] (Gキー) を選択して原
点より少し右側に移動します。
それに合わせて付近の頂点の位置を調整し、形状を整えます。

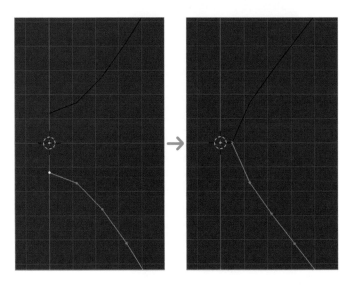

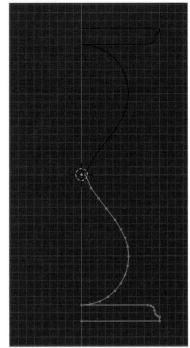

本体の作成

STEP **04** スピンの設定 　　　　　　　　**編集モード** 🔲 　sample▶ 🔾 **SECTION3-8a.blend**

A [**スピン**] ツールを有効にすると、アクティブツールギズモが表示されます。
すべてのメッシュを選択（ **A** キー）し、ライン先端にある ✚ をマウス左ボタンでドラッグしてスピンを実行します。後述で改めて設定を行うので、ここではスピンする角度はアバウトで大丈夫です。

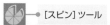 ―● [スピン] ツール

1 有効にします
3 左ボタンで選択します
2 すべてのメッシュ を選択します

→

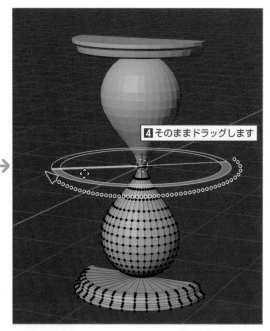

4 そのままドラッグします

B 3Dビューポート左下の「**スピン**」
パネルで「**ステップ**」を "**18**"、「**角度**」を "**360°**" に設定して、メッシュの分割数とスピンする角度を調整します。

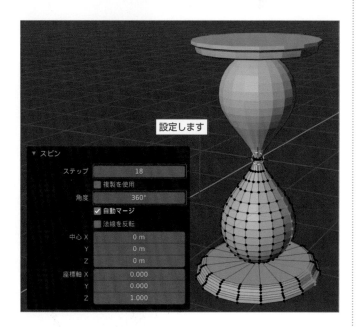

設定します

▼ スピン	
ステップ	18
	複製を使用
角度	360°
	✓ 自動マージ
	法線を反転
中心 X	0 m
Y	0 m
Z	0 m
座標軸 X	0.000
Y	0.000
Z	1.000

PART **3**

支柱の作成

A [オブジェクトモード] (Tab
キー) に切り替え、3Dビュー
ポートのヘッダーにある [追
加] (Shift + A キー) ➡ [メッ
シュ] から [円柱] を選択しま
す。

B 3Dビューポート左下の「円柱
を追加」パネルで「頂点」を
"12"、「半径」を"0.04"に設
定して、メッシュの分割数と
円柱の太さを調整します。

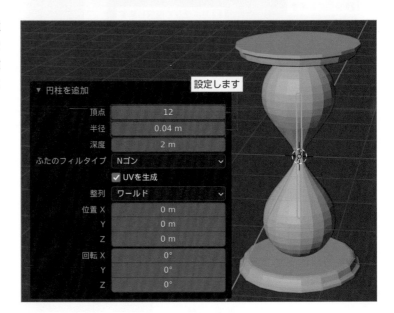

C 3Dビューポートのヘッダー
にある [ビュー] ➡ [視点] か
ら [前] (テンキー 1) を選択
し、フロントビューに切り替
えます。
「深度」の値を変更して台座ま
で到達するように長さを調整
します。

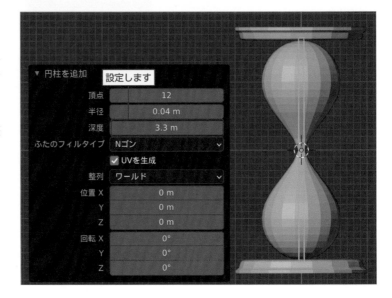

D [編集モード]（ Tab キー）に切り替え、3Dビューポートのヘッダーにある [透過表示] を左クリックで有効にします。

すべてのメッシュが選択された状態で、3Dビューポートのヘッダーにある [メッシュ] ➡ [トランスフォーム] から [移動]（ G キー）を選択します。
続けて X キーを押して、ガラス容器と重ならない程度まで右方向に移動します。

⚠ 編集モードで移動を行うことで、オブジェクトの原点は変わらずそのままの状態になります。後述で行うスピンでは、原点の位置が基点となります。そのためオブジェクトモードで移動しないように注意してください。

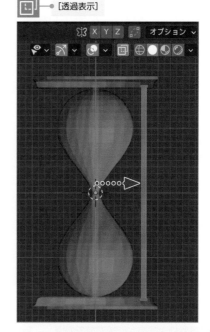

● [透過表示]

E 3Dビューポートのヘッダーにある [選択モード切り替え] ボタンから [辺選択] を左クリックし、垂直方向のすべての辺を選択します。
3Dビューポートのヘッダーにある [メッシュ] ➡ [削除]（ X キー）から [辺] を選択して垂直方向のすべての辺を削除し、上面と底面のみにします。

● 「辺選択」モード

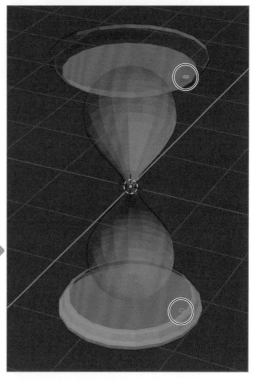

F すべてのメッシュを選択（ A キー）し、3Dビューポートのヘッダーにある [辺] から [辺ループのブリッジ] を選択します。

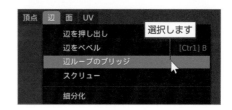

G 3Dビューポート左下の「辺ループのブリッジ」パネルで「分割数」を"7"、「スムーズ」を"2.000"、「断面の係数」を"3.500"、「断面の形状」を[シャープ]に設定して、生成されるメッシュの形状を変形します。

> ⚠ 「断面の係数」は、マウス左ボタンのドラッグで数値を変更する場合の上限は"2.000"ですが、直接数値を入力することで、それ以上の値を設定することができます。

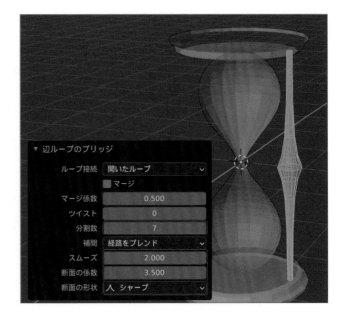

H 上面と底面が多角形になっているため面を分割します。

上面と底面を選択して3Dビューポートのヘッダーにある[面]から[扇状に分離]を選択します。

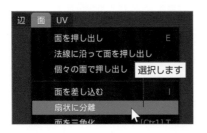

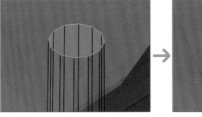 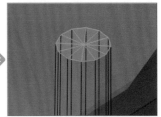

STEP 06　スピンの設定　　　　　　　　　　編集モード 🔲

A [スピン]ツールを有効にすると、アクティブツールギズモが表示されます。

すべてのメッシュを選択（**A**キー）し、ライン先端にある✛をマウス左ボタンでドラッグしてスピンを実行します。

後述で改めて設定を行うので、ここではスピンする角度はアバウトで大丈夫です。

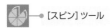 [スピン]ツール

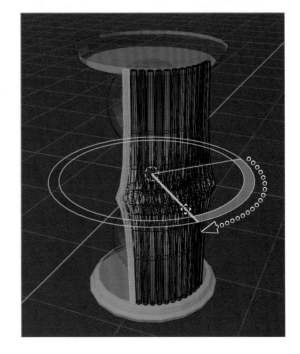

B 3Dビューポート左下の**「ス ピン」**パネルで **[ステップ]** を "3"、**「角度」**を "360°" に設 定して、本体の周りに均等に 支柱を複製します。

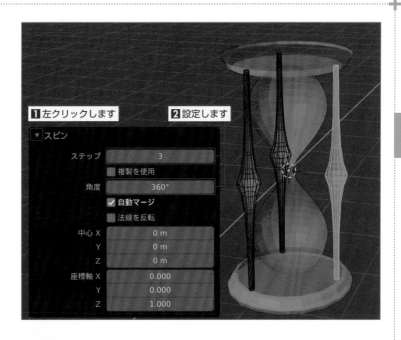

1 左クリックします　2 設定します

▼ スピン	
ステップ	3
	複製を使用
角度	360°
✓ 自動マージ	
	法線を反転
中心 X	0 m
Y	0 m
Z	0 m
座標軸 X	0.000
Y	0.000
Z	1.000

仕上がり見本　　　　　　　　sample▶ 🐾 **SECTION3-8b.blend**

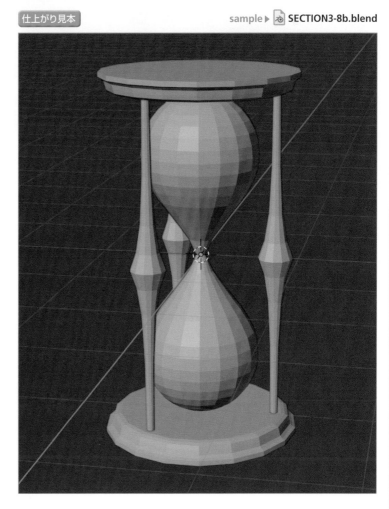

PART 4

モデリング中級編

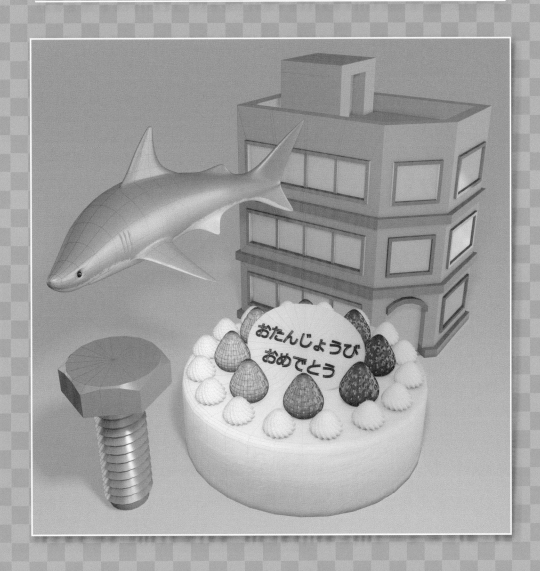

SECTION 4.1　ケーキ

円形のホールケーキを作成します。8等分したうちの1ピースを作成し、配列モディファイアーを用いて複製します。配列モディファイアーは一列に複製するだけでなく、ホールケーキのように円形に複製することができます。

POINT

配列モディファイアー（円形に複製）

テキストオブジェクトの編集

※ここからは、移動、回転、スケール、視点切り替えなど基本操作に関しては、
　メニュー選択は省略してショートカットのみ記載させていただきます。

ケーキ1ピースの作成

STEP 01　ベースの作成　　　　オブジェクトモード 🧊 ／ 編集モード 🧊

A ここでは、デフォルトでシーンに配置されている立方体オブジェクトは不要なので、削除（Xキー）します。

3Dカーソルが原点にあることを確認して3Dビューポートのヘッダーにある**［追加］**（Shift + Aキー）➡ **［メッシュ］**から**［円柱］**を選択します。

⚠ 3Dカーソルが原点から外れている場合は、3Dビューポートのヘッダーにある［オブジェクト］から［スナップ］（Shift + Sキー）▶ ［カーソル→ワールド原点］を選択し、3Dカーソルを原点に移動します。

選択します

B 追加した直後、3Dビューポートの左下に「**円柱を追加**」パネルが表示されるので、▶を左クリックして開きます。

8等分するので「**頂点**」は8の倍数にします。ここではデフォルトの "**32**" のままにします。その他、「**半径**」を "**2**"、「**深度**」を "**1.2**" に設定してサイズを変更します。

さらに「**ふたのフィルタイプ**」の [**三角の扇形**] を選択して、上面と底面のメッシュを三角面に分割します。

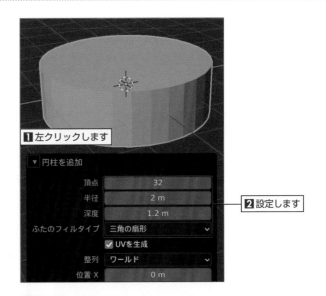

C オブジェクトが選択された状態で編集モード（[Tab]キー）に切り替え、上面のフチを[Alt]キーを押しながら左クリックで選択します。

[**ベベル**] ツールを有効にし、ライン先端の ● をマウス左ボタンでドラッグしてベベルを実行します。

後述で改めてサイズ等の調整を行うので、ここではアバウトで大丈夫です。

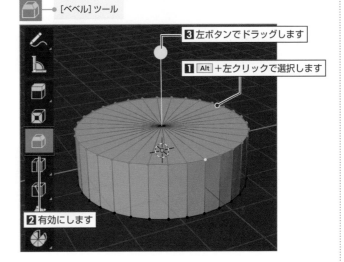

D 3Dビューポート左下の「**ベベル**」パネルで [**幅**] を "**0.1**"、[**セグメント**] を "**3**" と入力し、ベベル断面の幅と分割数を変更してフチに丸みを付けます。

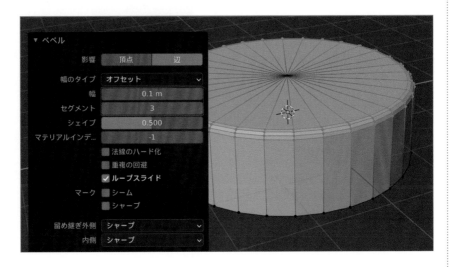

PART
4

E トップビュー（テンキー⑦）に切り替えて、3Dビューポートのヘッダーにある [透過表示] を左クリックで有効にします。

図のようにメッシュを削除（⊠キー）して8分の1を残します。

● [透過表示]

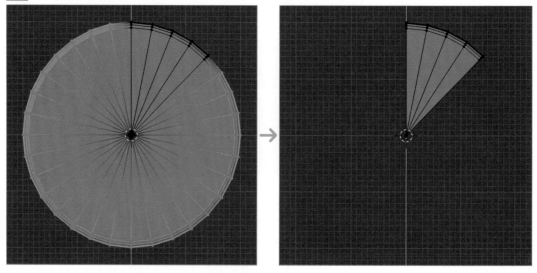

STEP 02 デコレーション（イチゴ）の作成　　　　編集モード ⬡

A 球体を変形してイチゴを作成します。

3Dビューポートのヘッダーにある [追加]（Shift ＋ Aキー）から [UV球] を選択します。

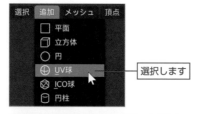
選択します

B 3Dビューポート左下の「UV球を追加」パネルで「半径」を "0.3" に設定して、サイズを変更します。

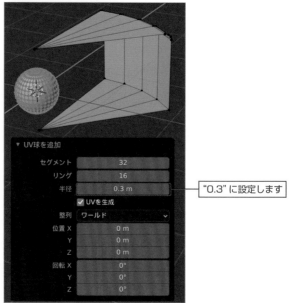
"0.3" に設定します

C 3Dビューポートのヘッダーにある**「多重円」**アイコン◎を左クリックしてプロポーショナル編集を有効にします。
右側の**「プロポーショナル編集の減衰」**メニューを左クリックで開き、**[接続のみ]**にチェックを入れて有効にします。
これによって、繋がっていないメッシュには影響しなくなります。

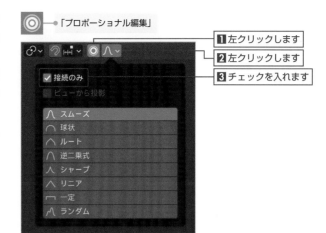

D フロントビュー（テンキー1）またはライトビュー（テンキー3）に切り替え、球体の最上部の頂点を選択して移動（Gキー）、続けてZキーを押して上方向に移動し、しずく型に変形します。
その際、マウスホイールを回転して影響範囲を調整しながら操作します。

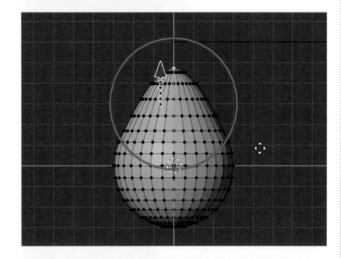

E 球体の最下部の頂点を選択して同様の操作で上方向に移動し、図のように下側が少し平らになるように変形させます。

⚠ 編集が完了したら、プロポーショナル編集を無効にしましょう。

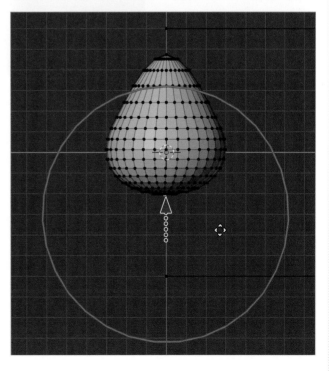

F マウスポインターをイチ
ゴに合わせて L キーを
押してメッシュを選択
し、ケーキの上に移動
(G キー)します。

移動の際は、フロント
ビュー(テンキー 1)ま
たはライトビュー(テン
キー 3)で高さを調整
し、トップビュー(テン
キー 7)で位置を調整し
ます。

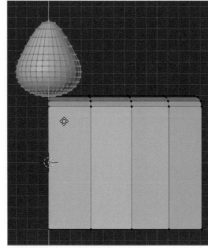
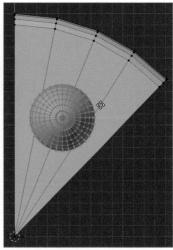

フロントビューで高さを調整　　　　　トップビューで位置を調整

STEP 03　デコレーション(クリーム)の作成　　　　　　編集モード 🔲

A イチゴを変形してクリームのデコレーションを作成します。
3Dビューポートのヘッダーにある **[メッシュ]** から **[複製]**
(Shift + D キー)を選択し、位置を調整して左クリックで複製
を実行します。

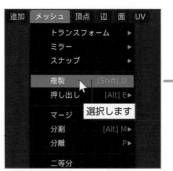
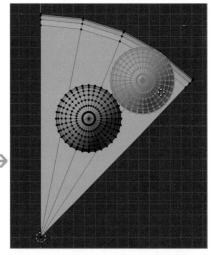

B 複製したメッシュが選択された状態で縮小(S キー)します
(アバウトなサイズで大丈夫です)。
3Dビューポート左下の **「拡大縮小」** パネルで **[スケールX]** を
"0.800"、 **[Y]** を "0.800"、 **[Z]** を "0.600" と入力してサ
イズ変更を行います。

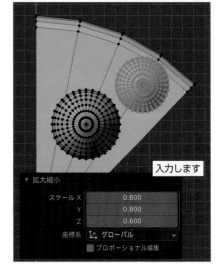

C Shift + Alt キーを押しながら左クリックで、図のように縦方向のメッシュを1つおきに選択します。

D 縮小（S キー）します（アバウトなサイズで大丈夫です）。
3Dビューポート左下の「**拡大縮小**」パネルで［**スケールX**］を"0.800"、［**Y**］を"0.800"、［**Z**］を
"1.000"と入力して、サイズ変更を行います。

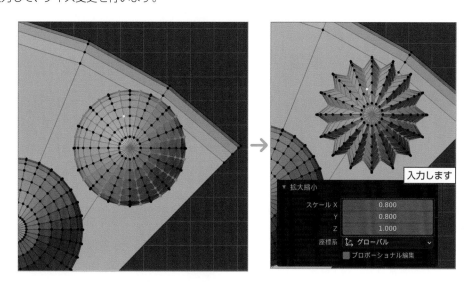

E 3Dビューポートのヘッダーにある「**多重円**」アイコン◎を左クリックしてプロポーショナル編集を有効にします。右側の「**プロポーショナル編集の減衰**」メニューを左クリックで開き、［**接続のみ**］にチェックを入れて有効にします。

最上部の頂点を選択して回転（R キー）を選択し、メッシュが渦を巻くように変形します。その際、マウスホイールを回転して影響範囲を調整しながら操作します。

⚠ 編集が完了したらプロポーショナル編集を無効にしましょう。

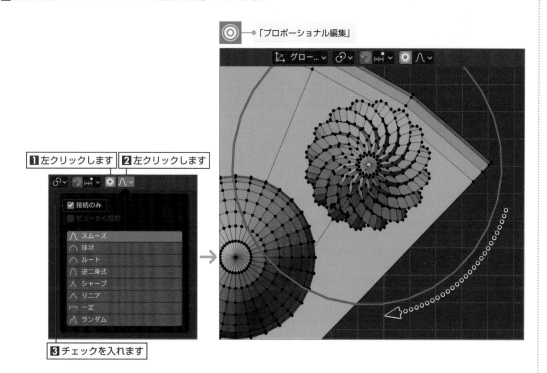

F フロントビュー（テンキー 1 ）またはライトビュー（テンキー 3 ）に切り替えます。
マウスポインターをクリームに合わせて L キーを押してメッシュを選択し、移動（ G キー）、続けて Z キーを押して高さを調整します。

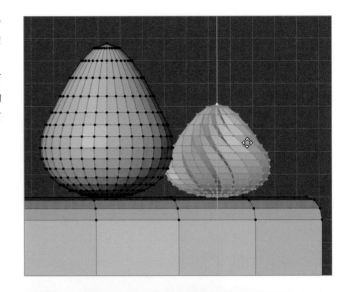

G トップビュー（テンキー 7 ）に切り替えます。
3Dビューポートのヘッダーにある **［メッシュ］** から **［複製］** （ Shift + D キー）を選択し、位置を調整して左クリックで複製を実行します。

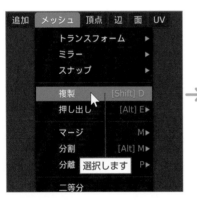

ホールケーキの作成

STEP 04 配列モディファイアーの設定 　オブジェクトモード 🟦 　sample▶ 📄 SECTION4-1a.blend

作成した1ピースのケーキを配列モディファイアーで円形に複製してホールケーキに仕上げます。

A 配列モディファイアーによる配列（複製）方向の制御には、エンプティオブジェクトを用います。オブジェクトモード（ Tab キー）に切り替えます。3Dカーソルが原点にあることを確認して3Dビューポートのヘッダーにある [追加] （ Shift + A キー）➡ [エンプティ] から [十字] を選択します。

⚠ エンプティはレンダリング結果に表示されません。

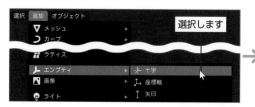

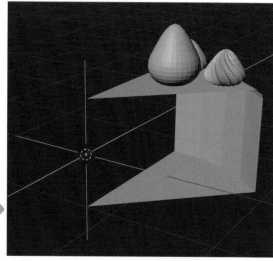

B ケーキを選択し、プロパティの「モディファイアープロパティ」を左クリックして「モディファイアーを追加」メニューから [配列] を選択します。

C 「配列」パネルの [数] を "8" に設定します。

[オフセット（倍率）] のチェックを外して無効にし、[オフセット（OBJ）] のチェックを入れて有効にします。

▶ を左クリックしてパネルを開き、フォームを左クリックして追加したエンプティを指定します。

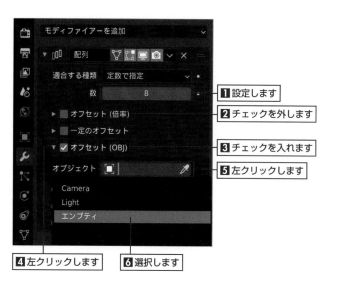

PART
4

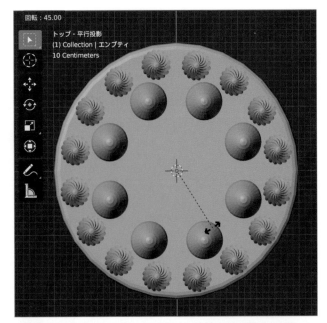

D トップビュー（テンキー⑦）に切り替えます。
エンプティを選択して回転（Ｒキー）、続けて Ctrl キーを押しながら操作して45度回転すると、1ピースのケーキが円形に8個配列されます。

E ケーキを選択し、3Dビューポートのヘッダーにある［オブジェクト］から［スムーズシェード］を選択して表面を滑らかに表示させます。
しかし、配列モディファイアーによって複製したオブジェクの境界が滑らかにつながっていないことが確認できます。

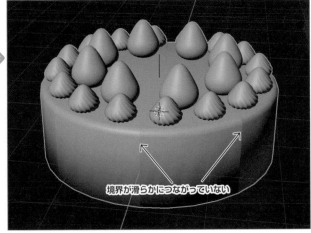

境界が滑らかにつながっていない

F 「配列」パネルの［マージ］にチェックを入れて有効にすると、境界のメッシュが結合されて滑らかに表示されます。
さらに［マージ］左側の▶を左クリックして［コピーの最初と最後］にチェックを入れて有効にします。これにより、今回のようなループ状に配列した最初と最後のメッシュが結合されます。

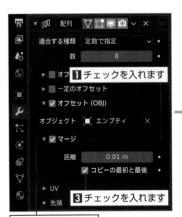

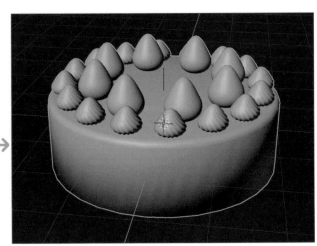

メッセージプレートの作成

STEP 05 プレート本体の作成 　　オブジェクトモード □ ／ 編集モード □

A 3Dビューポートのヘッダーにある[**追加**]（Shift + A キー）➡[**メッシュ**]から[**円柱**]を選択します。

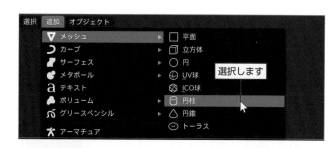

B 3Dビューポート左下の「**円柱を追加**」パネルで[**深度**]を"0.05"、「**ふたのフィルタイプ**」を[**三角の扇形**]、[**位置 Z**]を"1"、[**回転 X**]を"45°"に設定してサイズや位置を調整します。

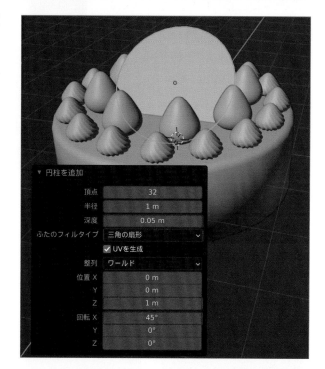

C 編集モード（Tab キー）に切り替え、すべてのメッシュが選択された状態で縮小（S キー）します（アバウトなサイズで大丈夫です）。
3Dビューポート左下の「**拡大縮小**」パネルで[**スケールX**]を"1.000"、[**Y**]を"0.700"、[**Z**]を"1.000"、「**座標系**」を[**ローカル**]に設定してサイズ変更を行います。

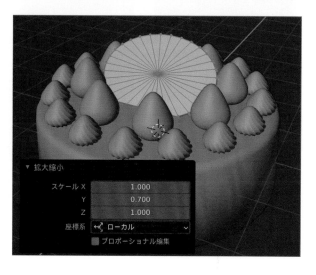

STEP **06** メッセージの作成　　　　　　オブジェクトモード  ／ 編集モード

テキストオブジェクトを用いて日本語で「おたんじょうび おめでとう」のメッセージを作成します。

A オブジェクトモード（ `Tab` キー）に切り替え、3Dビューポートのヘッダーにある [追加]（ `Shift` + `A` キー）から [テキスト] を選択します。

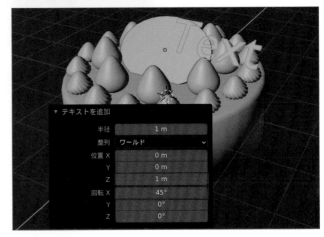

B 3Dビューポート左下の「**テキストを追加**」パネルで、[**位置 Z**] を "1"、[回転 X] を "45°" に設定します。

C プロパティの「**オブジェクトデータプロパティ**」を左クリックし、「**フォント**」左側の▶を左クリックしてパネルを開きます。

「**標準**」の「**フォルダ**」アイコン□を左クリックするとBlenderファイルビューが開くので、日本語対応の書体を選択して [**フォントを開く**] を左クリックします。

※ Windows 10の場合は、「C：¥Windows¥Fonts¥」フォルダーに格納されています（OSのバージョンによって、格納場所が異なる場合があります）。

D Blenderは日本語が直接入力できないので、「**メモ帳**」などのテキストエディターで「**おたんじょうびおめでとう**」と入力し、テキストをコピー（ Ctrl + C キー）します。

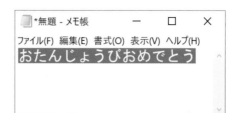

E テキストを選択して編集モード（ Tab キー）に切り替えます。プレートなどと重なって編集しづらいので、3Dビューポートのヘッダーにある **[透過表示]** を左クリックで有効にします。
Delete キーでデフォルトの文字（Text）を消去して、コピーした文字（おたんじょうびおめでとう）をペースト（ Ctrl + V キー）します。

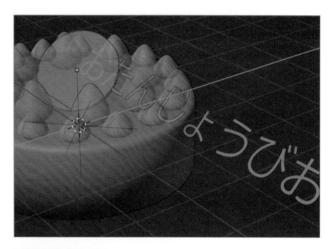

F プロパティの「**段落**」左側にある▶を左クリックしてパネルを開きます。
「**配置**」にある「**水平**」から **[中心]** を選択してセンター合わせにします。

1 左クリックします

2 選択します

G カーソルキーの **[左]** を押して、"**び**" と "**お**" の間にカーソルを合わせて Enter キーを押して改行します。

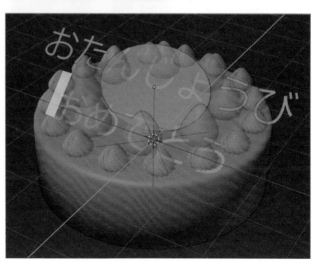

PART
4

H 「**フォント**」パネルの「**トランスフォーム**」にある「**サイズ**」の数値を変更して、テキストがプレートに収まる ようにします。ここでは、"**0.380**" に設定します。

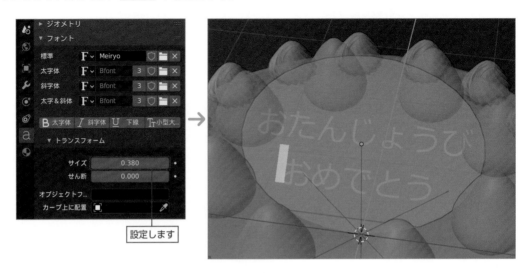

I オブジェクトモード（ Tab キー）に切り替え、3Dビューポートのヘッダーにある [**透過表示**] を再度左クリッ クして無効にします。

プロパティの「**ジオメトリ**」左側にある ▶ を左クリックしてパネルを開きます。[**押し出し**] を "**0.03**" に設 定してテキストを立体的に厚みを付けます。

続けて、「**ベベル**」にある「**深度**」を "**0.01**" に設定してフチの面取りを行います。

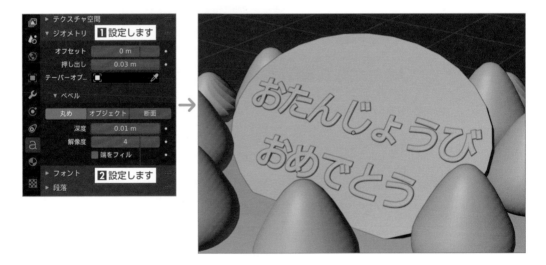

仕上がりsample ▶ SECTION4-1b.blend

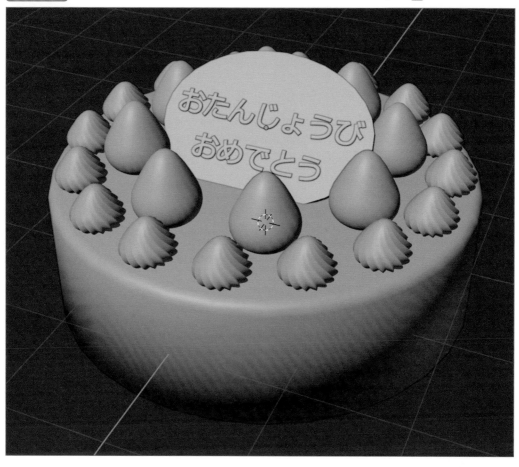

SECTION 4.2　六角ボルト

要となるネジ部分は、スクリューモ
ディファイアーを用いて作成し、六
角形のメッシュと結合させてボルト
として仕上げます。
最後に、面の裏表である法線方向の
調整を行います。

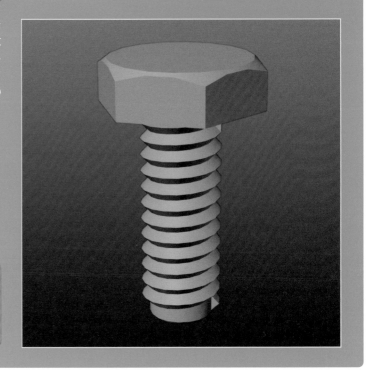

POINT

スクリューモディファイアー

法線方向の調整

ネジ部分の作成

STEP 01　ネジ山の作成

オブジェクトモード 🧊 ／ 編集モード 🧊

A ここでは、デフォルトでシーンに配置されて
いる立方体オブジェクトは不要なので削除
（Xキー）します。
3Dカーソルが原点にあることを確認して、
3Dビューポートのヘッダーにある**[追加]**
（Shift＋Aキー）➡ **[メッシュ]**から**[トー
ラス]**を選択します。

B 追加した直後、3Dビューポートの左下に「**トーラス を追加**」パネルが表示されるので、▶を左クリック して開きます。

六角形のボルト頭部と結合するので、[**大セグメン ト数**] は6の倍数にします。ここでは "**18**" に設定 します。[**小セグメント数**] は "**4**" に設定します。

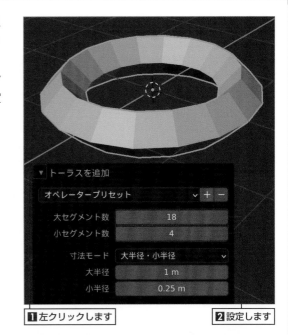

PART
4

C オブジェクトが選択された状態で編集モード（ Tab キー）に切り替え、図のように外側3点の頂点を選 択します。

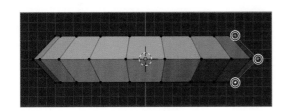

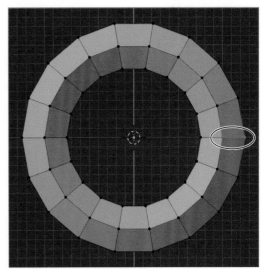

D 3Dビューポートのヘッダーにある [**選 択**] から [**反転**]（ Ctrl + I キー）を選択 します。続けて削除（ X キー）で [**頂点**] を選択し、3点の頂点からなるメッシュ のみにします。

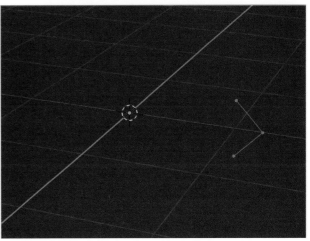

A プロパティの「**モディファイアープロパ
ティ**」を左クリックして「**モディファイ
アーを追加**」メニューから[**スク
リュー**]を選択します。

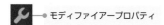

モディファイアープロパティ

B 「**スクリュー**」パネルの[**スクリュー**]を"**0.5**"、[**反復**]を"**12**"に設定します。さらに[**ビューのステップ
数**]をトーラス追加時の設定と同様に、6（六角形）の倍数である"**18**"に設定します。

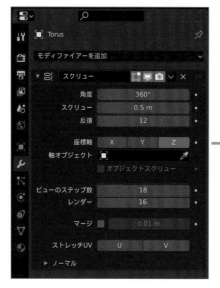

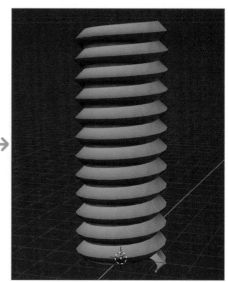

A メッシュの編集が行えるようにモディファイアーを適用し
ます。オブジェクトモード（ Tab キー）に切り替え、「**スク
リュー**」パネル上部の✅を左クリックして[**適用**]を選択し
ます。

B モディファイアーの適用後には、重複点が複数発生しているため修正します。

編集モード（Tabキー）に切り替え、すべてのメッシュを選択（Aキー）して3Dビューポートのヘッダーにある**[メッシュ]** ➡ **[クリーンアップ]** から **[距離でマージ]** を選択すると、不要な重複点が削除されます。

実行直後、画面右下に削除した頂点の数が表示されます。

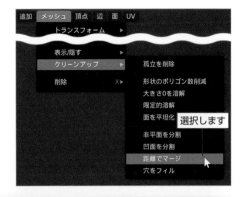

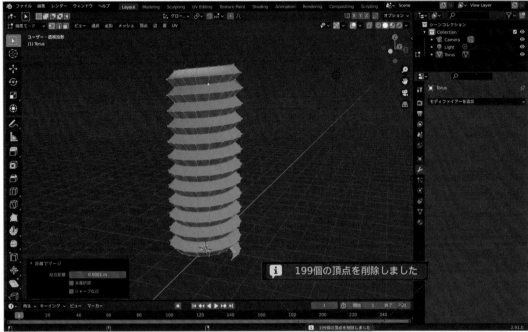

C 図のように先端の頂点18点を選択し、**[押し出し（領域）]** ツールを有効にします。

ライン先端にある **+** をマウス左ボタンでドラッグして、下方向に向かってメッシュを押し出します。

● [押し出し（領域）] ツール

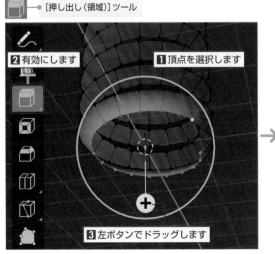

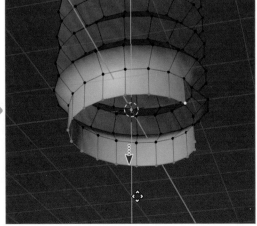

D メッシュを水平に整列させます。縮小（S キー）続けて Z キーを押し、さらに Ctrl キーを押しながらマウス
ポインターを移動し、3Dビューポート左上に表示されているスケールが "0" になったところで左クリック
して縮小（整列）を実行します。

⚠ 縮小（S キー）続けて Z キーを押し、さらにテンキー 0 を押すことで同様の編集を行うことができます。

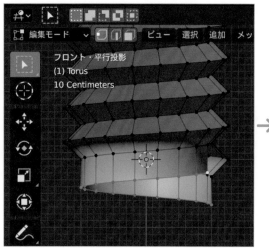 

E 隙間の空いている部分に面を作成します。頂点を3
点または4点選択して3Dビューポートのヘッダー
にある[頂点]から[頂点から新規辺/面作成]（F
キー）を選択し、一枚ずつ面を作成します。

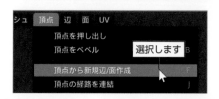

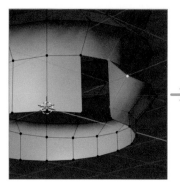 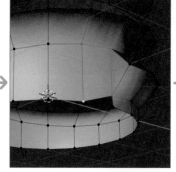 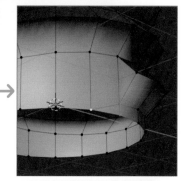

F 先端のメッシュをループ状に選択（Alt キー＋左ク
リック）して3Dビューポートのヘッダーにある[頂
点]から[頂点から新規辺/面作成]（F キー）を選
択します。続けて3Dビューポートのヘッダーにあ
る[面]から[扇状に分離]を選択します。

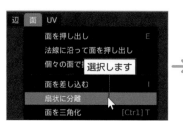 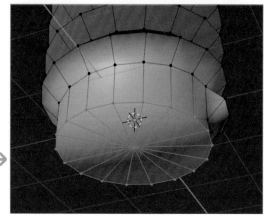

G フチのメッシュをループ状に選択（ Alt キー＋左クリック）し、**[ベベル]** ツールを有効にします。
ライン先端の ● をマウス左ボタンでドラッグしてベベルを実行します。

 **[ベベル]** ツール

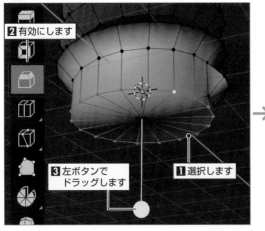

2 有効にします
3 左ボタンで
ドラッグします
1 選択します

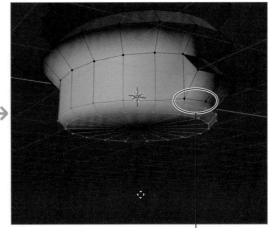

⚠ ベベルの幅は、ネジ山のメッシュと
重ならない程度までにします。

STEP 04 ネジ部頭部側の作成 　　　編集モード 🗔

A 図のように上部の頂点18点を選択し、削除（ X キー）で **[頂点]** を選択します。

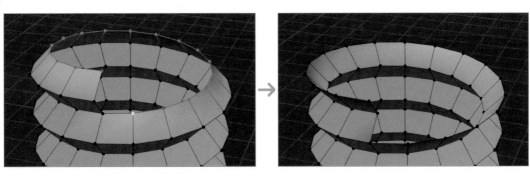

B 図のように上部の頂点18点を選択し、**[押し出し（領域）]** ツールを有効にします。
ライン先端にある ➕ をマウス左ボタンでドラッグして、上方向に向かってメッシュを押し出します。

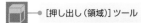 **[押し出し（領域）]** ツール

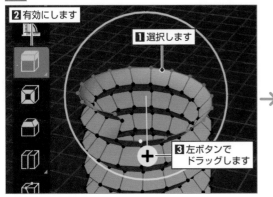

2 有効にします
1 選択します
3 左ボタンで
ドラッグします

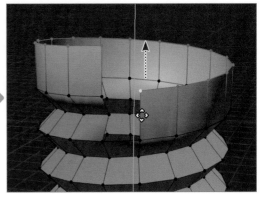

C 縮小（S キー）、続けて Z キーを押し、
さらにテンキー 0 を押してメッシュを
水平に整列させます。

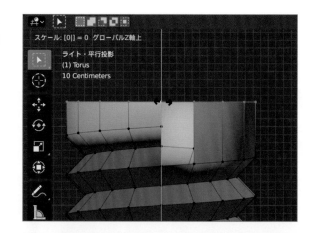

D 頂点を3点または4点選択して、3D
ビューポートのヘッダーにある [頂点]
から [頂点から新規辺/面作成]（F
キー）を選択し、一枚ずつ面を作成しま
す。

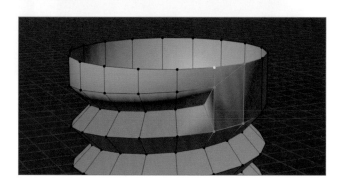

ボルト頭部の作成

STEP 05　六角形のメッシュとネジ部分を結合　　編集モード 🧊　　sample ▶ 🔧 SECTION4-2a.blend

A 図のように上部のメッシュをループ状に選択（Alt キー＋左クリック）し、3Dビューポートのヘッダーにあ
る [メッシュ] ➡ [スナップ] から [カーソル→選択物] を選択して3Dカーソルの位置を変更します。

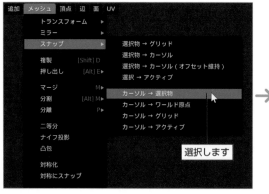

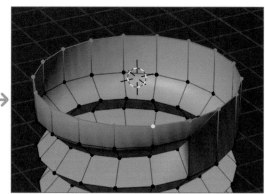

B 3Dビューポートのヘッダーにある [**追加**]（ Shift ＋ A キー）➡ [**円**] を選択します。

C 3Dビューポート左下の「**円を追加**」パネルで [**頂点**] を "6"、[**半径**] を "2.6" に設定します。さらに [**回転 Z**] を "90°" に設定して、六角形とネジ部分の頂点の位置を合わせます。

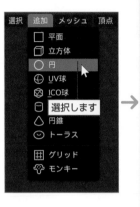

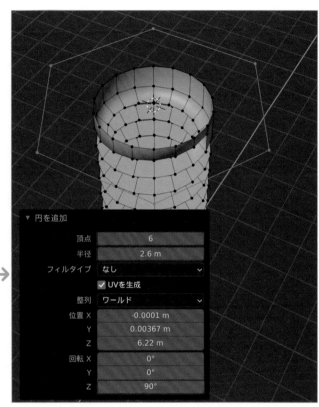

D 3Dビューポートのヘッダーにある [**辺**] ➡ [**細分化**] を選択します。

E 3Dビューポート左下の「**細分化**」パネルで [**分割数**] を "2" に設定し、ネジ部分と同じく頂点を "18" にします。

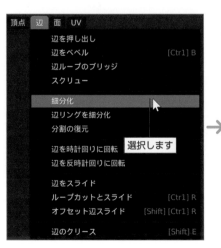

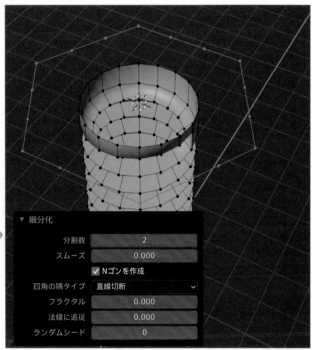

F 3Dビューポートのヘッダーにある **[選択モード切り替え]** から **[辺選択]** を左クリックで有効にします。

図のように対称となるメッシュを選択して3Dビューポートのヘッダーにある **[辺]** ➡ **[辺ループのブリッジ]** を選択し、六角形とネジ部分をつなげます。

⚠ 一度に辺ループのブリッジを行うと対称となる頂点がズレてしまう場合があるので、数回に分けて行うようにしましょう。

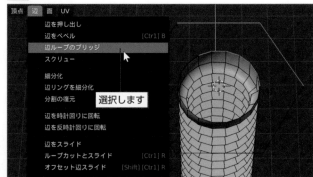
「辺選択」モード

選択します

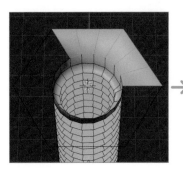 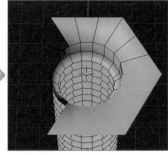 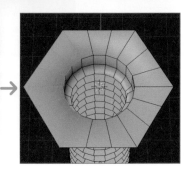

STEP 06 ボルト頭頂部の作成

編集モード

A フチのメッシュをループ状に選択（ Alt キー＋左クリック）し、**[押し出し（領域）]** ツールを有効にします。ライン先端にある ＋ をマウス左ボタンでドラッグして、上方向に向かってメッシュを押し出します。

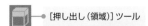
[押し出し（領域）]ツール

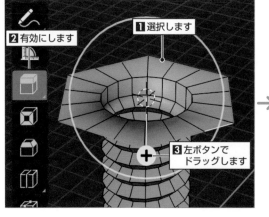 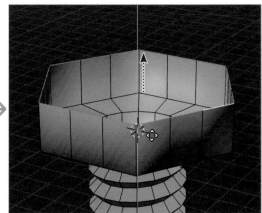

1 選択します
2 有効にします
3 左ボタンでドラッグします

B フチのメッシュがループ状に選択された状態で、3Dビューポートのヘッダーにある [メッシュ] ➡ [スナップ] から [カーソル→選択物] を選択して3Dカーソルの位置を変更します。

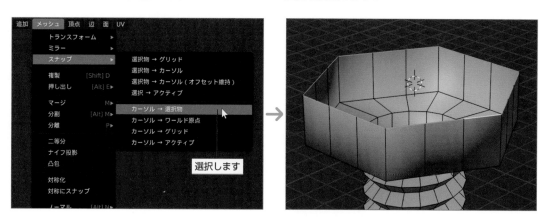

C 3Dビューポートのヘッダーにある [追加]（Shift + A キー） ➡ [円] を選択します。

D 3Dビューポート左下の「円を追加」パネルで [頂点] を "18"、[半径] を "2.2" に設定します。
さらに [回転 Z] を "90°" に設定して、頂点の位置を合わせます。

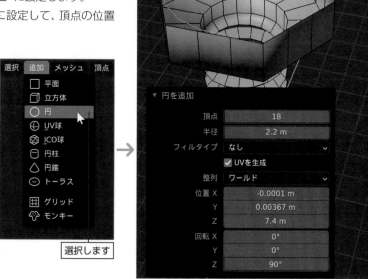

E 移動（G キー）、続けて Z キーを押して、若干上方向に移動します。

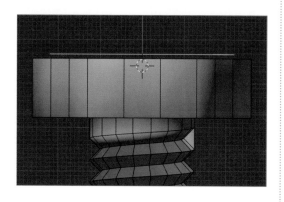

F 円と六角形のメッシュをループ状に選択（[Shift]＋[Alt]キー＋左クリック）し、3Dビューポートのヘッダーにある [辺] ➡ [辺ループのブリッジ] を選択します。

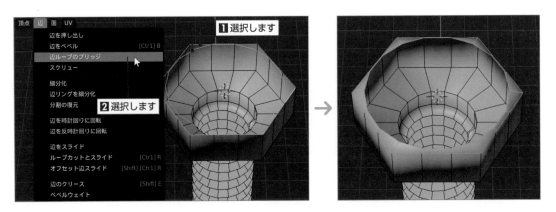

G フチのメッシュをループ状に選択（[Alt]キー＋左クリック）し、3Dビューポートのヘッダーにある [頂点] から [頂点から新規辺/面作成]（[F]キー）を選択します。続けて、3Dビューポートのヘッダーにある [面] から [扇状に分離] を選択します。

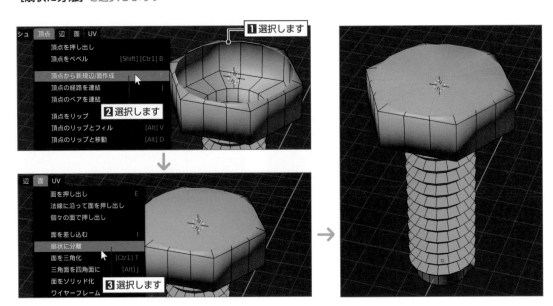

H 3Dビューポートのヘッダーにある [選択モード切り替え] から [頂点選択] を左クリックで有効にして六角形の角の頂点を選択します。
移動（[G]キー）、続けて[Z]キーを押して、下方向に少し移動します。

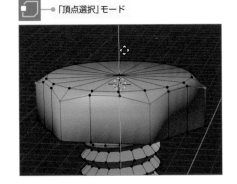

「頂点選択」モード

法線方向の調整

　法線方向（面の表裏）が揃っていないと、メッシュの陰影が正常に表示しないなどさまざまな不具合が生じてきます。

A 作成した六角ボルトの法線方向が揃っているか確認します。
　3Dビューポートのヘッダーにある**[ビューポートオーバーレイ]**メニューを開き、「**ノーマル**」の**[法線を表示]**を左クリックで有効にします。

[法線を表示]

1 左クリックします

2 左クリックします

B 水色のラインが表示されている方向が面の表となります。
　これまで紹介した手順で六角ボルトを作成した場合、ネジ部分の上向きの面には水色のラインが表示されておらず、面が裏になっていることを示しています。
　対して、ネジ部分の下向きの面には水色のラインが表示されており、面が表になっていることを示しています。

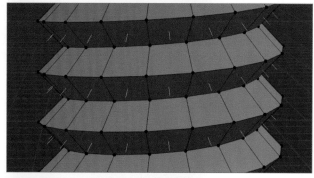

C スクリューモディファイアーを用いて作成したメッシュには、デフォルトでスムーズシェードが設定されます。
　オブジェクトモード（**Tab** キー）に切り替えるとわかるように、本来滑らかに表示されるはずのネジ山が鋭角になっています。
　このように法線方向が揃っていない場合は、今後何らかの問題が発生しないように修正しましょう。

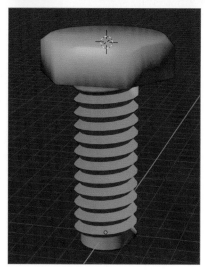

STEP 08　法線方向の変更　　　　　オブジェクトモード ⬡ ／ 編集モード ⬡

A 編集モード（Tab キー）に切り替え、すべてのメッシュを選択（A キー）します。3Dビューポートのヘッダーにある［メッシュ］から［ノーマル］➡［面の向きを外側に揃える］（Shift + N キー）を選択すると、法線方向が揃った状態になります。

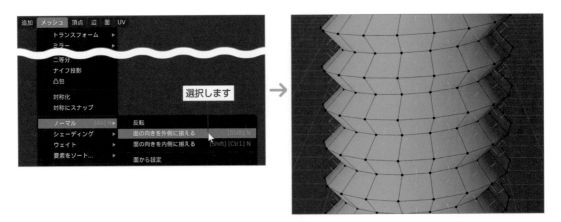

B 作成した形状によっては、［面の向きを外側に揃える］が正常に機能しない場合があります。そのような場合は、個別に法線方向を変更する必要があります。
該当する面のみを選択して、3Dビューポートのヘッダーにある［メッシュ］から［ノーマル］➡［反転］を選択することで、個別に法線方向を変更することができます。

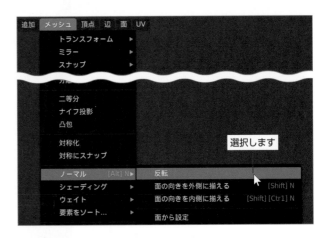

C オブジェクトモード（Tab キー）に切り替えると、正常に表面が滑らかに表示されていることが確認できます。

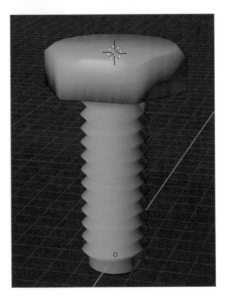

D 法線方向が揃ったうえで部分的にエッジを鋭角に表示させる
場合は、プロパティの**「オブジェクトデータプロパティ」**を左
クリックし、**「ノーマル」**の▶を左クリックしてパネルを開き
ます。

[自動スムーズ] にチェックを入れて有効にすると、メッシュ
の角度によってエッジが鋭角に表示されるようになります。

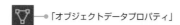「オブジェクトデータプロパティ」

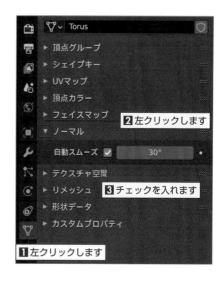

PART 4

仕上がり見本　　　　　　　　　　　仕上がりsample ▶ SECTION4-2c.blend

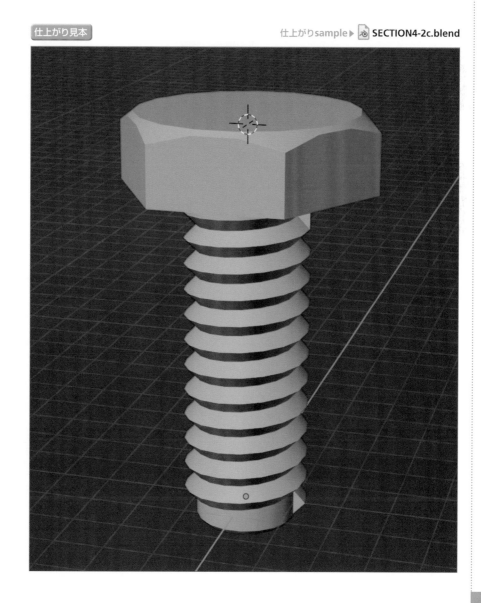

SECTION 4.3　ビル

配列モディファイアーを用いてビルを作成します。配列モディファイアーはケーキの作成でも使用しましたが、ここでは配列の最初と最後のオブジェクトを変更できる機能を活かして、1階、2階以上の空中階、最上階に分けてモデリングを行い、階層を自在に変更できる構造に仕上げましょう。

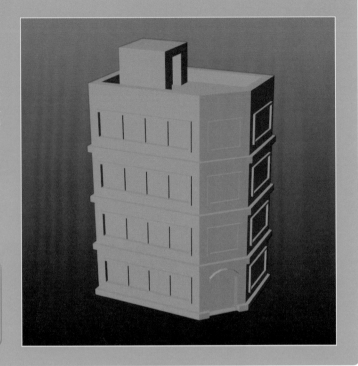

POINT
配列モディファイアー（先端の変更）
法線方向の調整

空中階（2階以上）の作成

STEP 01　ベースの作成
編集モード ⬒

A デフォルトで配置されている立方体オブジェクト "Cube" が選択された状態で [**編集モード**]（Tab キー）に切り替え、拡大または縮小（S キー）します（アバウトなサイズで大丈夫です）。

拡大または縮小直後、3Dビューポートの左下に「**拡大縮小**」パネルが表示されるので、▶ を左クリックして開きます。

[**スケールX**] を "1.500"、[**Y**] を "1.000"、[**Z**] を "0.500" に設定します。

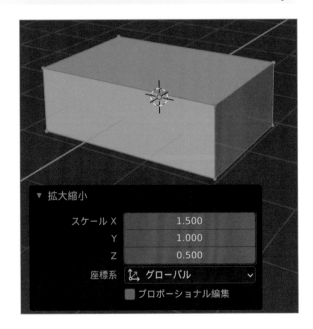

▼ 拡大縮小	
スケール X	1.500
Y	1.000
Z	0.500
座標系	グローバル
	プロポーショナル編集

B 図のように、向かって右側の垂直方向の一辺を選択します。

[ベベル]ツールを有効にすると、ラインの先端に●が表示されるので、マウス左ボタンでドラッグしてベベルを実行します。後述で改めて調整を行うので、ここではアバウトな幅で大丈夫です。

[ベベル]ツール

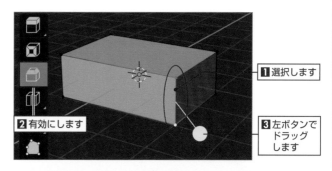

1 選択します

2 有効にします

3 左ボタンでドラッグします

C 3Dビューポート左下の「ベベル」パネルで[幅]を"0.7"に設定します。

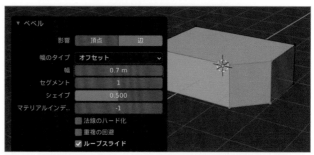

D 3Dビューポートのヘッダーにある[選択モード切り替え]から[面選択]を左クリックで有効にします。

上面と底面を選択して、削除（Xキー）で[面]を選択します。

「面選択」モード

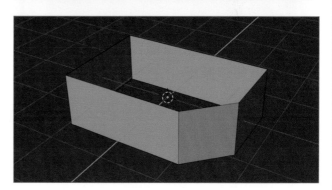

STEP 02　各階の堺に段差を作成　　　編集モード

A [ループカット]ツール（Ctrl＋Rキー）を有効にし、図のように水平方向に黄色のラインが表示されるようにマウスポインターを合わせます。

その状態で、マウス左ボタンのドラッグで下方向に向かってスライドしてメッシュを分割します。

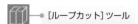[ループカット]ツール

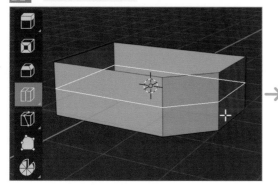 →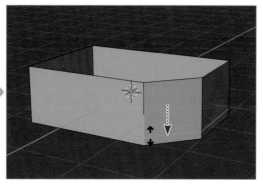

B 3Dビューポートのヘッダーにある[選択モード切り替え]から[面選択]を左クリックで有効にし、図のように分割したメッシュをループ状に選択（Altキー＋左クリック）します。

[押し出し（領域）]ツールを有効にし、白色の円の内側でマウス左ボタンのドラッグを行い右クリックで実行します。右クリックで実行すると、3Dビューポート上では変化がわかりづらいですが、同じ位置にメッシュが押し出されたことになります。

⚠ 通常どおり「押し出し」を行い、3Dビューポート左下の「領域を押し出して移動」パネルで[移動 X]、[Y]、[Z]すべてを"0"に設定しても同様の結果となります。

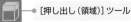
[押し出し（領域）]ツール

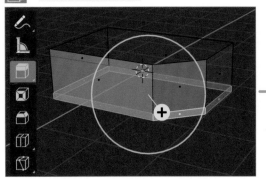
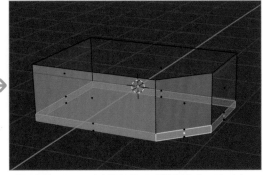

※図は裏側のメッシュを表示するため、透過表示になっています。

C 押し出したメッシュが選択された状態で3Dビューポートのヘッダーにある[メッシュ]から[トランスフォーム]➡[収縮/膨張]（Alt＋Sキー）を選択し、法線（各面）方向に拡大して段差を作成します。

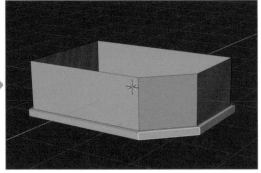

STEP 03　窓の作成

編集モード 🔲

A 図のように窓を作成する3つの面を選択します。

[面を差し込む]ツールを有効にすると、ラインの先端に●が表示されるので、マウス左ボタンでドラッグして編集を実行します。

後述で改めて調整を行うので、ここではアバウトな幅で大丈夫です。

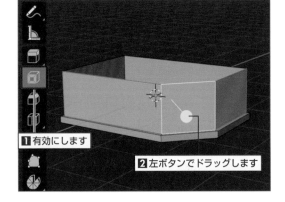

1 有効にします

2 左ボタンでドラッグします

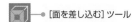
[面を差し込む]ツール

B 3Dビューポート左下の**「面を差し込む」**
パネルで**[幅]**を"0.18"に設定し、**[個別]**にチェックを入れて有効にします。

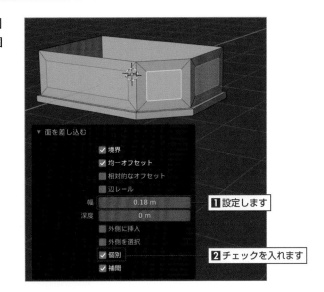

C 新たに生成された面が選択された状態で**[ベベル]**ツールを有効にします。ラインの先端に●が表示されるので、マウス左ボタンでドラッグして編集を実行し、各面のフチに新たな面を生成します。

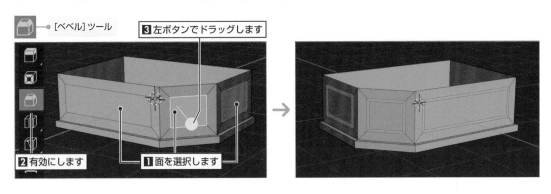

D ベベルで生成されたメッシュを選択して**[押し出し（領域）]**ツールを有効にします。
ライン先端にある╋をマウス左ボタンでドラッグして外側に向かってメッシュを押し出します。編集はそれぞれ個別に3回行います。

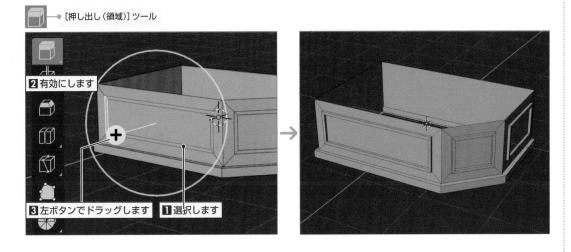

E ［ループカット］ツール（ Ctrl ＋ R キー）を有効にして、図のように垂直方向に黄色のラインが表示されるようにマウスポインターを合わせて、左クリックで実行します。

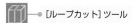
［ループカット］ツール

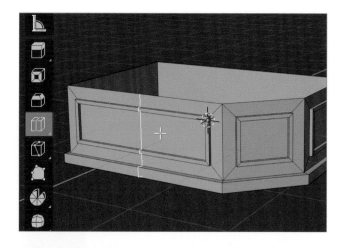

F 3Dビューポート左下の「**ループカットとスライド**」で［**分割数**］を"3"に設定します。

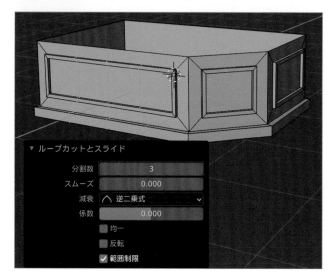

G ループカットで生成された辺が選択された状態で［**ベベル**］ツールを有効にします。
ラインの先端に ◯ が表示されるので、マウス左ボタンでドラッグして編集を実行し、それぞれ辺を二重にします。

［ベベル］ツール

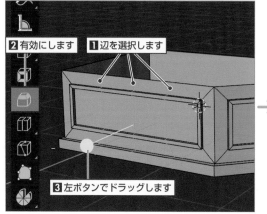

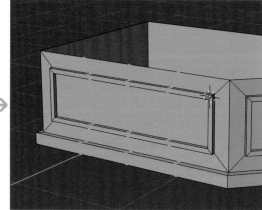

H 図のように4つの面を選択して **[押し出し（領域）]** ツールを有効にします。ラインの先端に **+** が表示されるので、マウス左ボタンでドラッグして内側に向かってメッシュを押し出します。

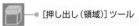 [押し出し（領域）] ツール

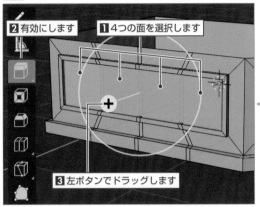

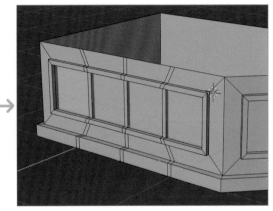

1階の作成

STEP **04** エントランスの作成　　　オブジェクトモード／編集モード

sample▶ SECTION4-3a.blend

A 1階と最上階は、作成した空中階を複製して、それぞれ編集を行います。**[オブジェクトモード]**（**Tab**キー）に切り替えて空中階のオブジェクトを選択し、3Dビューポートのヘッダーにある **[オブジェクト]** から **[オブジェクトを複製]**（**Shift**＋**D**キー）を選択します。
編集しやすいように、空中階と重ならない位置に複製します。ここでは複製の際に**X**キーを押して、向かって右側に複製します。

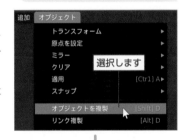

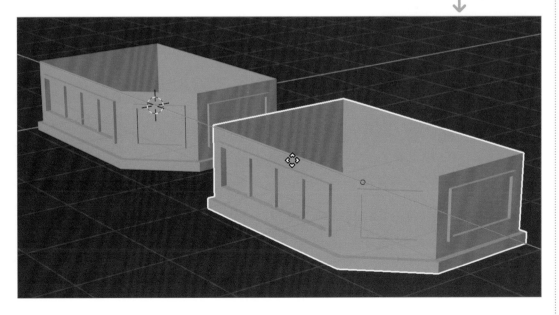

B 複製したオブジェクトが選択された状態で [**編集モード**] ([Tab]キー) に切り替えます。
エントランスを作成する面にある、窓のメッシュを選択して削除 ([X]キー) で [**頂点**] を選択します。

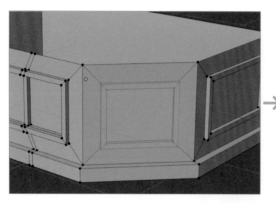 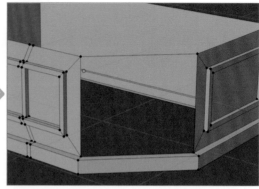

C 図のように4つの頂点を選択し、3D
ビューポートのヘッダーにある [**頂点**]
から [**頂点から新規辺/面作成**] ([F]
キー) を選択して面を作成します。

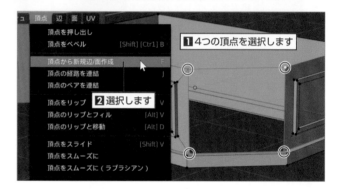

D エントランスの幅に面を分割します。
[**ループカット**] ツール ([Ctrl] + [R] キー) を有効に
し、図のように垂直方向に黄色のラインが表示され
るようにマウスポインターを合わせます。
その状態でマウス左ボタンのドラッグでスライドし
て、メッシュを分割します。
さらに同様の操作を繰り返し行い、垂直方向に2本
の辺を追加します。

[ループカット] ツール

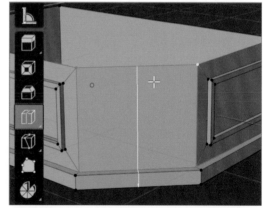

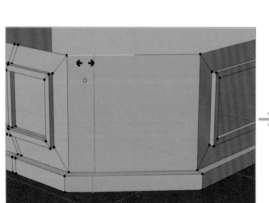 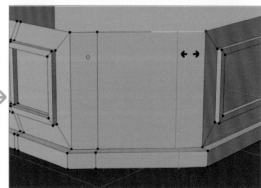

E 左右の窓、上部の角の頂点を
選択します。3Dビューポー
トのヘッダーにある [頂点]
から [頂点の経路を連結]
（ J キー）を選択します。

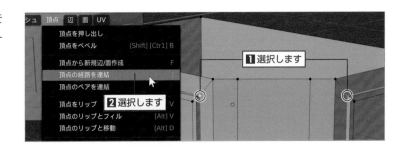

STEP 05 エントランスの屋根を作成   編集モード

A エントランスの屋根を作成
します。
図のように連結によって生
成された頂点のうち中央の2
つを選択し、3Dビューポー
トのヘッダーにある [辺] か
ら [細分化] を選択します。

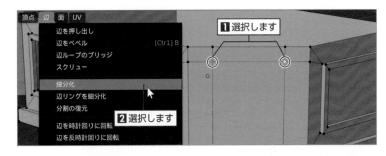

B 3Dビューポート左下の「細分化」パネル
で [分割数] を "4" に設定します。

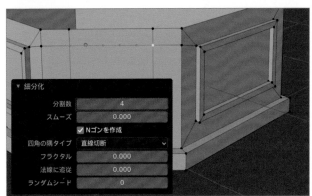

C それぞれ対称の頂点を選択し、移動（ G キー）、続けて Z キーを押して上下方向に移動してアーチ状に変形
します。

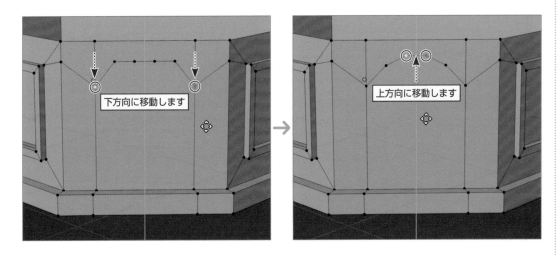

D アーチ状の頂点を選択し、**［ベベル］**ツールを有効にします。ラインの先端に ● が表示されるので、マウス左ボタンでドラッグしてベベルを実行します。

━● ［ベベル］ツール

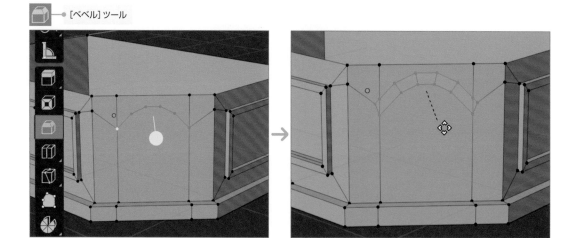

E アーチ状のメッシュを選択します。**［押し出し（領域）］**ツールを有効にすると、ライン先端に ✚ が表示されるので、マウス左ボタンでドラッグして外側に向かってメッシュを押し出します。

━● ［押し出し（領域）］ツール

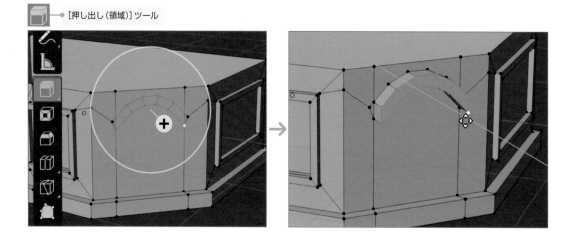

F 五角形以上の多角形になってしまった面を三角形と四角形に変更します。
図のような順序で2つの頂点を選択し、3Dビューポートのヘッダーにある**［メッシュ］**から**［マージ］**（Mキー）➡ **［最後に選択した頂点に］**を選択して頂点を結合します。

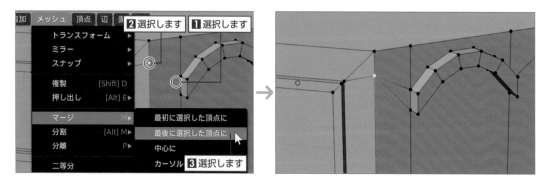

G 同様の操作で、反対側も頂点を結合します。

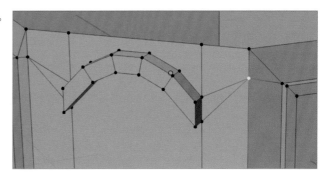

STEP **06** エントランスの扉を作成　　　　　　　　　　　　　編集モード 🗍

A 3Dビューポートのヘッダーにある [**選択モード切り替え**] から [**辺選択**] を左クリックして有効にします。
図のようにエントランス下部の水平方向の辺2本を選択して、削除（X キー）で [**辺**] を選択します。

🗍 ─●「辺選択」モード

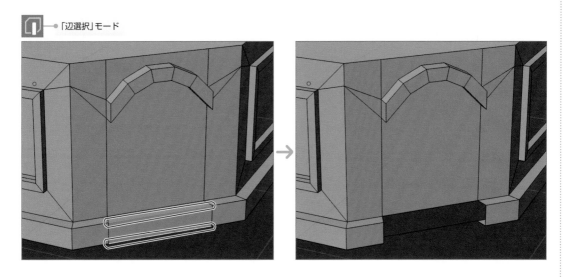

B 穴の空いた部分の水平方向2辺を選択し、3Dビューポートのヘッダーにある [**頂点**] から [**頂点から新規
辺/面作成**]（F キー）を選択して面を作成します。

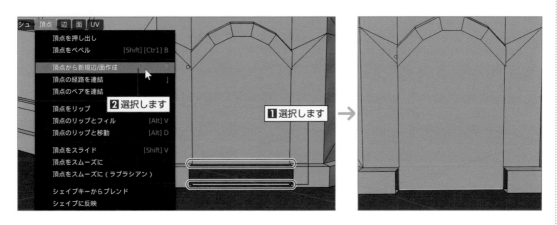

C 続いて穴の空いた部分の4辺を選択し、3Dビューポートのヘッダーにある[**頂点**]から[**頂点から新規辺/面作成**]([F]キー)を選択して、それぞれ個別に面を作成します。

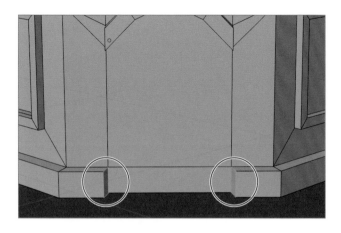

D 3Dビューポートのヘッダーにある[**選択モード切り替え**]から[**面選択**]を左クリックして有効にし、図のようにエントランスの面を選択します。

[**押し出し（領域）**]ツールを有効にすると、ライン先端に + が表示されるので、マウス左ボタンでドラッグして内側に向かってメッシュを押し出します。

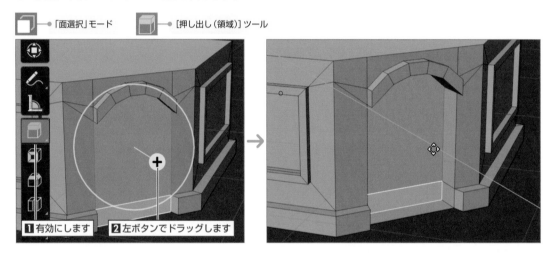

E 図のように多角形になっている2つの面を選択し、3Dビューポートのヘッダーにある[**面**]から[**面を三角化**]([Ctrl]+[T]キー)を選択して面を分割します。

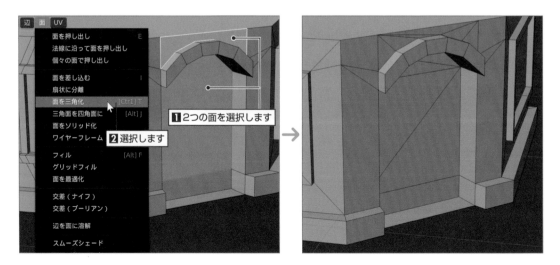

最上階の作成

STEP 07　屋上の作成　　**オブジェクトモード** / **編集モード**　　sample ▶ **SECTION4-3b.blend**

A　[**オブジェクトモード**]（ Tab キー）に切り替えて空中階のオブジェクトを選択し、3Dビューポートのヘッダーにある [**オブジェクト**] から [**オブジェクトを複製**]（ Shift + D キー）を選択します。

編集しやすいように、空中階と重ならない位置に複製します。ここでは、複製の際に X キーを押して向かって左側に複製します。

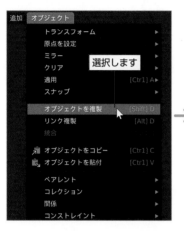 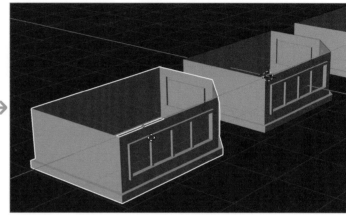

B　複製したオブジェクトが選択された状態で [**編集モード**]（ Tab キー）に切り替えます。

3Dビューポートのヘッダーにある [**選択モード切り替え**] から [**頂点選択**] を左クリックして有効にします。上部のメッシュをループ状に選択（ Alt キー＋左クリック）し、移動（ G キー）、続けて Z キーを押して上方向に移動します。

⚠ 後述で配列モディファイアーを用いて、ここ
　で作成する最上階のオブジェクトを最上部に
　配置します。最上部に配置するオブジェクト
　は、上方向にメッシュを伸展しても問題あり
　ませんが、下方向に伸展してしまうとオブジ
　ェクト同士が重なってしまいます。
　反対に最下部に配置する1階のオブジェクト
　は、下方向にメッシュを伸展しても問題あり
　ませんが、上方向に伸展してしまうとオブジ
　ェクト同士が重なってしまいます。

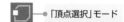
「頂点選択」モード

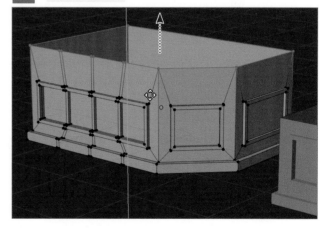

C 上部のメッシュがループ状に選択された状態で、3Dビューポートのヘッダーにある **[頂点]** から **[頂点から新規辺/面作成]** (**F**キー) を選択して面を作成します。

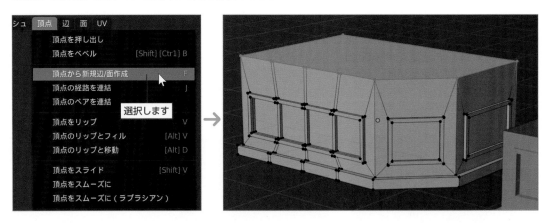

D 上面が選択された状態で **[面を差し込む]** ツールを有効にします。ラインの先端に ● が表示されるので、マウス左ボタンでドラッグして編集を実行します。

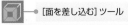
[面を差し込む] ツール

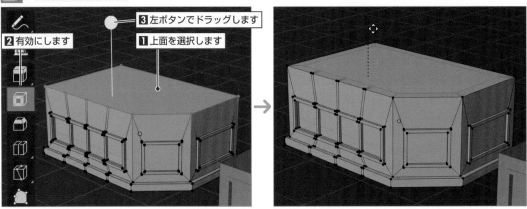

E **[押し出し（領域）]** ツールを有効にすると、ライン先端に + が表示されるので、マウス左ボタンでドラッグして下方向に向かってメッシュを押し出します。

[押し出し（領域）] ツール

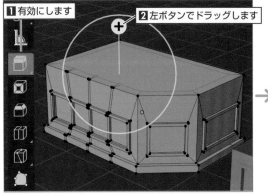
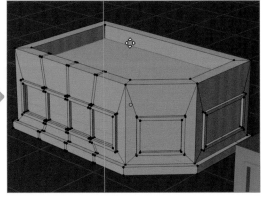

STEP 08　屋上の出入口を作成 編集モード 🔲

A 3Dビューポートのヘッダーにある [**追加**]（Shift + A キー）から [**立方体**] を選択します。

B 縮小（S キー）します（アバウトなサイズで大丈夫です）。

3Dビューポート左下の「**拡大縮小**」パネルで [**スケール X**] を "0.5"、[**Y**] を "0.5"、[**Z**] を "0.4" に設定します。

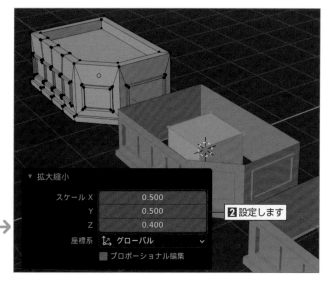

2 設定します

C 3Dビューポートのヘッダーにある [**透過表示**] を左クリックで有効にします。

トップビュー（テンキー 7）、フロントビュー（テンキー 1）それぞれでメッシュを移動（G キー）し、位置と高さを調整します。

🔲 — [透過表示]

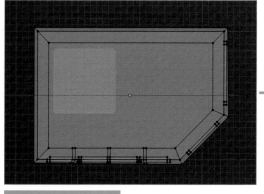

トップビューで位置を調整

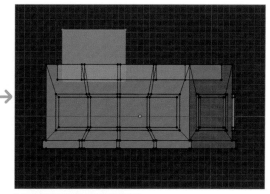

フロントビューで高さを調整

PART
4

D 扉の大きさに面を分割します。

[ループカット] ツール（ Ctrl ＋ R キー）を有効にし、メッシュにマウスポインターを合わせて黄色のライン が表示されたらマウス左ボタンのドラッグでカットする位置を調整します。

垂直方向に2回、水平方向に1回ループカットを行います。

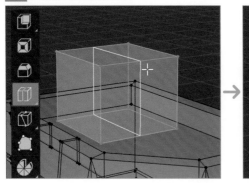 ← [ループカット] ツール

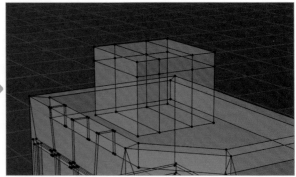

E 扉となるメッシュを選択し、**[押し出し（領域）]** ツールをマウス左ボタンで長押しして **[多様体を押し出し]** ツールを選択します。

ラインの先端に ● が表示されるので、マウス左ボタンでドラッグして内側に向かってメッシュを押し出します。

⚠ [押し出し（領域）] ツールでは、下部に不要な面が生成されてしまうので、ここでは [多様体を押し出し] ツールを使用します。

 ← [押し出し（領域）] ツール

選択します

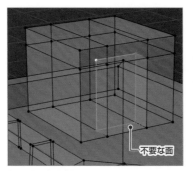

[押し出し（領域）] ツールによる編集の場合

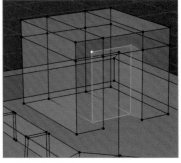

[多様体を押し出し] ツールによる編集の場合

F 多角形になってしまった面を三角形と四角形に分割します。

連結させる2つの頂点を選択し、3Dビューポートのヘッダーにある[**頂点**]から[**頂点の経路を連結**]([J]キー)を選択します。

PART
4

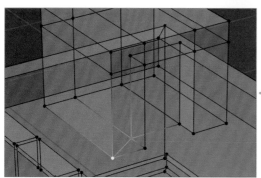
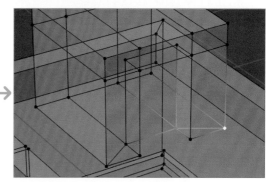

G 屋上の床についてはメッシュを選択し、3Dビューポートのヘッダーにある[**面**]から[**面を三角化**]([Ctrl]+[T]キー)を選択して分割します。

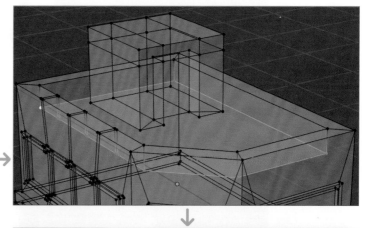

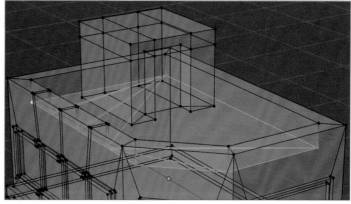

245

配列モディファイアーの設定

STEP 09　先端（1階と最上階）の設定　　オブジェクトモード 🔲　　sample ▶ 📄 **SECTION4-3c.blend**

Ⓐ 配列モディファイアーを設定してビルを仕上げます。
　配列モディファイアーは空中階に対して設定するので、1階と最上階は非表示にします。

　[オブジェクトモード]（Tabキー）に切り替え、3Dビューポートのヘッダーにある **[オブジェクト]** から **[表示/隠す]** ➡ **[選択物を隠す]**（Hキー）を選択することで、3Dビューポート上では非表示にできますが、この状態ではレンダリング時に表示されてしまいます。
　アウトライナー右上の「**フィルター**」アイコン 🔽 を左クリックすると **[制限の切替え]** 項目を追加できるので、「**カメラ**」アイコン 🎥 を左クリックして有効にします。
　アウトライナー右側に「**レンダリング時の表示／非表示**」切り替えを行う「**カメラ**」アイコン 🎥 が追加されるので、非表示にするオブジェクトのアイコンを左クリックして無効にします。これによって、レンダリング時でも非表示となります。

Ⓑ 空中階のオブジェクトを選択してプロパティの「**モディファイアープロパティ**」を左クリックして「**モディファイアーを追加**」メニューから **[配列]** を選択します。

モディファイアープロパティ

選択します

Ⓒ 「**配列**」パネルにある「**オフセット（倍率）**」の **[係数 X]** を "0.000"、**[Z]** を"1.000" に設定すると、上方向に向かって配列されます。
　さらに「**マージ**」にチェックを入れて有効にします。これによって、配列で隣接する頂点が結合されます。

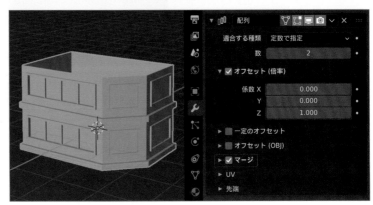

D 「**先端**」左側の▶を左クリックして表示された [**開始のふた**] で1階のオブジェクト（**Cube.001**）を指定すると、空中階の下に1階が配列されます。

■1 左クリックします ■2 「Cube.001」を指定します

E 「**先端**」の [**終了**] で最上階のオブジェクト（**Cube.002**）を指定すると、空中階の上に最上階が配列されます。

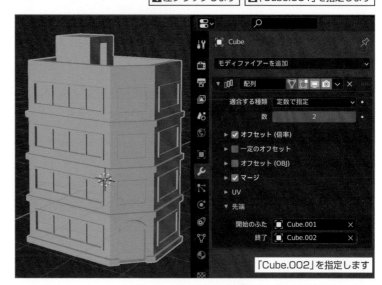

「Cube.002」を指定します

F [**数**] の数値を変更することで、ビルの階数を自在に変更することができます。

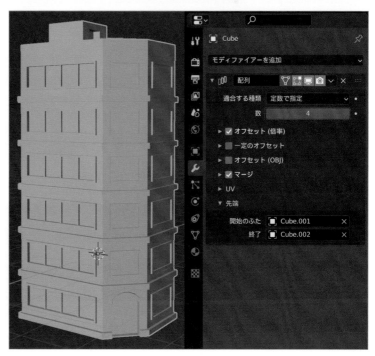

仕上がりsample▼

SECTION4-3d.blend

SECTION 4.4　サメ

用意した下絵を元にモデリングを行います。下絵を元にモデリングを行うことで、スムーズでより正確な編集作業を行うことができます。
サブディビジョンサーフェスモディファイアーを設定して表面を滑らかに表示させます。
仕上げとして、ラティスモディファイアーによる変形でモデルに動きを付けます。

POINT

下絵の設定
ナイフ
サブディビジョンサーフェスモディファイアー
ラティスモディファイアー

下絵の設定

STEP 01　3Dビューポートへ画像を配置　　オブジェクトモード

A 下絵を設定するにあたり、事前に下絵と同じ視点に切り替える必要があります。ここでは、下絵に合わせてライトビュー（テンキー 3 ）に切り替えます。3Dカーソルが原点にあることを確認して、3Dビューポートのヘッダーにある [追加]（Shift + A キー）➡ [画像] から [参照] を選択します。

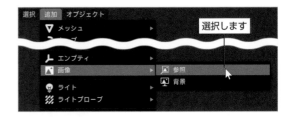

B 「Blenderファイルビュー」が開くので、下絵となる画像を選択して [参照画像を読込] を左クリックします。
ここでは、サンプルデータに収録の "Shark-Side.jpg" を選択します。

C プロパティの「**オブジェクトデータプロパティ**」を左クリックして表示される「**エンプティ**」パネルにある「**深度**」の [**前**] を左クリックで有効にし、その他のオブジェクトよりも常に手前に表示するようにします。
続いて「Show in」の [**平行投影**] にチェックを入れて有効にし、[**透視投影**] のチェックを外して無効にします。これによって、平行投影時のみ下絵が表示されるようにします。

「オブジェクトデータプロパティ」

D さらに [**透過**] にチェックを入れて有効にし、数値を "0.200" に設定して下絵を半透明にします。

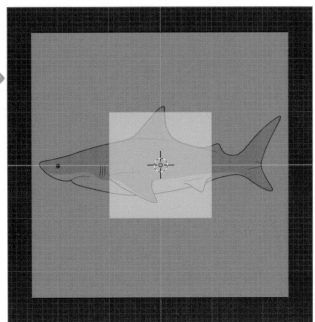

STEP 02 下絵に沿って胴体の作成　　オブジェクトモード 🔲 ／ 編集モード 🔲

A ここでは、デフォルトでシーンに配置されている立方体オブジェクトは不要なので、削除（**X**キー）します。
3Dカーソルが原点にあることを確認して、3Dビューポートのヘッダーにある [**追加**]（**Shift** + **A**キー）➡ [**メッシュ**] から [**円**] を選択します。

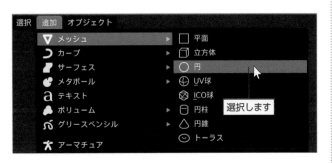

B 追加直後、3Dビューポートの左下に「円を追加」パネルが表示されるので、▶を左クリックして開きます。
「頂点」を"12"に設定します。

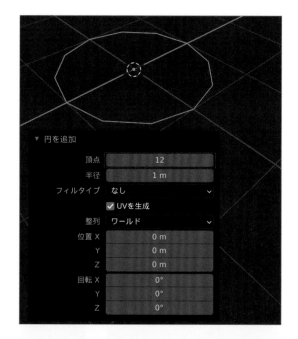

C 円が選択された状態で編集モード（Tabキー）に切り替え、ライトビュー（テンキー3）に切り替えて下絵を表示させます。
すべてのメッシュが選択された状態で、Ctrlキーを押しながら90度回転（Rキー）します。

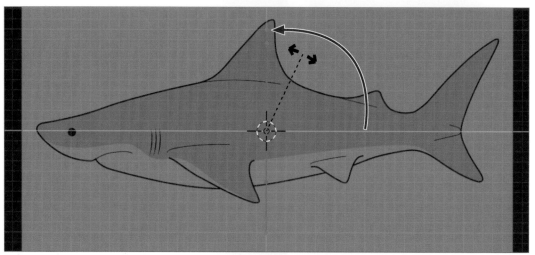

D 胴体の一番太い部分に移動（Gキー）し、胴体に合わせてサイズを調整（Sキー）します。

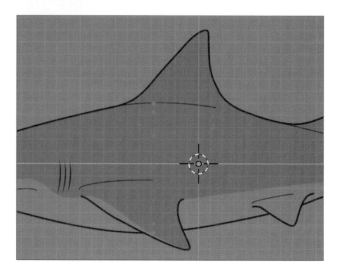

E 3Dビューポートのヘッダーにある [**メッシュ**] から [**複製**]（ [Shift] ＋ [D] キー）を選択し、先端の若干内側に複製します。さらに、下絵に合わせてサイズを調整（ [S] キー）します。

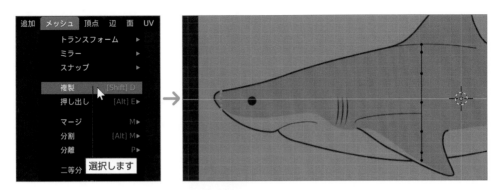

F 同様の操作で、尾の若干内側に複製（ [Shift] ＋ [D] キー）してサイズを調整（ [S] キー）します。

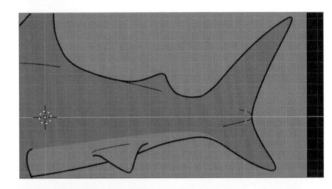

G 胴体中央と先端のメッシュを選択し、3Dビューポートのヘッダーにある [**辺**] から [**辺ループのブリッジ**] を選択します。

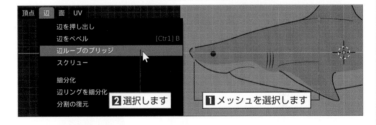

H 3Dビューポート左下の「**辺ループのブリッジ**」パネルで「**分割数**」を "5"、「**スムーズ**」を "0.700"、「**断面の係数**」を "0.200"、「**断面の形状**」を [**ルート**] に設定して、生成されるメッシュの形状を下絵に合わせて変形します。

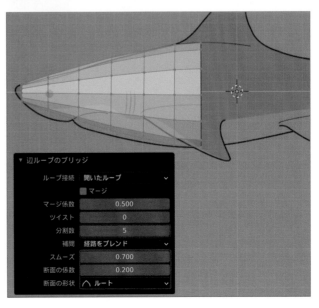

PART
4

I 胴体中央と尾のメッシュを選択して、同様に［辺ループのブリッジ］を設定し、「辺ループのブリッジ」パネルで「分割数」を"6"、「スムーズ」を"0.700"、「断面の係数」を"0.200"、「断面の形状」を［ルート］に設定します。

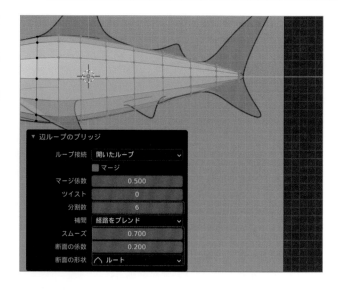

J 先端のメッシュを選択し、3Dビューポートのヘッダーにある［頂点］から［頂点から新規辺/面作成］（Fキー）を選択します。続けて3Dビューポートのヘッダーにある［面］から［扇状に分離］を選択します。

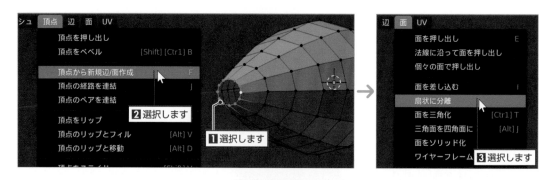

K 中央の頂点を選択して、ライトビュー（テンキー3）に切り替えます。
下絵に合わせて、前方へ若干移動（Gキー）します。

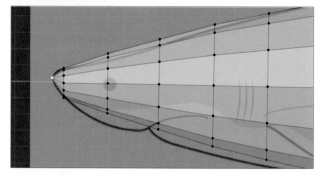

L 同様に、尾のメッシュも面を作成（Fキー）して扇状に分離したら、中央の頂点を後方へ若干移動（Gキー）します。

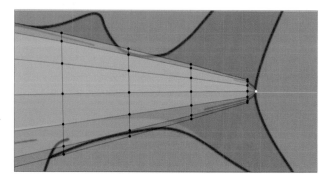

STEP 03　ミラーモディファイアーの設定　　編集モード 📦　　sample▶ 📄 SECTION4-4a.blend

A フロントビュー（テンキー 1 ）に切り替え、3Dビューポートのヘッダーにある **[透過表示]** を左クリックで有効にします。
向かって左半分のメッシュを選択して、削除（ X キー）で **[頂点]** を選択します。

● [透過表示]

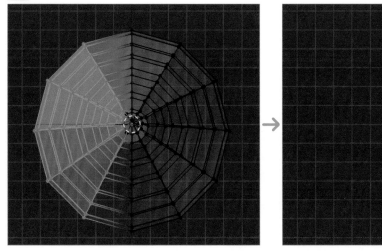

B プロパティの「**モディファイアープロパティ**」を左クリックして「**モディファイアーを追加**」メニューから **[ミラー]** を選択します。
続けて「**ミラー**」パネルの **[クリッピング]** を有効にして、境界からメッシュがはみ出ないようにします。

🔧 ● モディファイアープロパティ

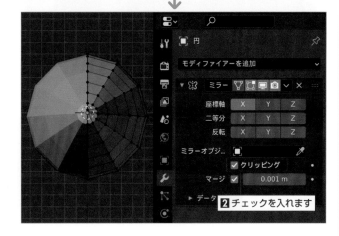

STEP 04 口の作成　　　　　　　　　　　　　　　　　　　　　編集モード

A ライトビュー（テンキー③）に切り替えます。

　　[ナイフ]（K キー）ツールを有効にし、下絵の口に合わせて左クリックでポイントを打ちながらラインを引きます。ラインが引けたら、Enter キーを押して実行します。

⚠️ 無駄にメッシュを分割しないように、できるだけ頂点を通るようにラインを引くようにします。もし、頂点から外れてラインを引いてしまった場合は、3Dビューポートのヘッダーにある [メッシュ] から [マージ]（M キー）（➡ [中心] など）を選択して頂点を結合します。

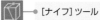 [ナイフ] ツール

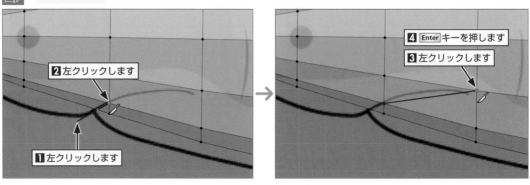

B 図のように口角以外の口のメッシュを選択して **[領域リップ]** ツールを有効にします。黄色の円が表示されるので、マウスポインターを合わせてマウス左ボタンのドラッグでメッシュを切り裂きます。

⚠️ 実行する際のマウスポインターの位置によって、メッシュを切り裂く基準点が変化します。
　　ここでは、左上付近にマウスポインターを合わせて編集を行います。

 [領域リップ] ツール

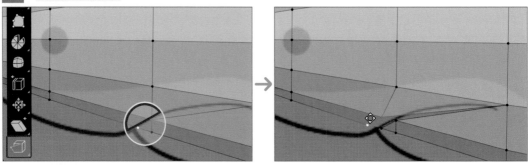

C 口の内側に面を作成します。

　　頂点を3点または4点選択して3Dビューポートのヘッダーにある **[頂点]** から **[頂点から新規辺/面作成]**（F キー）を選択し、それぞれ個別に面を作成します。

※図は作成した面を見やすくするため、下絵を非表示にしています。

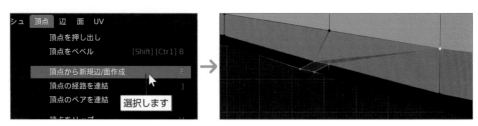

D 図のように口の内側のメッシュを選択して、**[押し出し（領域）]** ツールを有効にします。
ライン先端にある ➕ をマウス左ボタンでドラッグして、内側に向かってメッシュを押し出します。

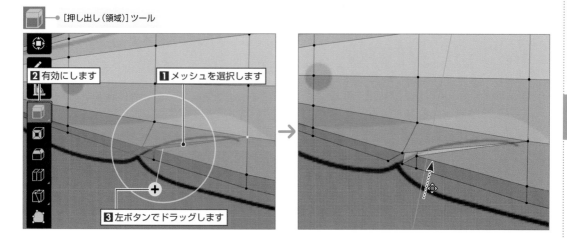

E 口から頭部にかけて各頂点をそれぞれ移動（**G**キー）し、下絵に合わせて形状を整えます。

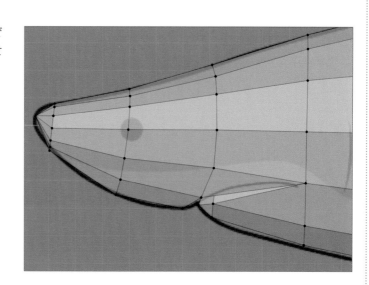

A **[ナイフ]** ツール（**K**キー）を有効にし、下絵の目に合わせて左クリックでポイントを打ちながらラインを引きます。
ラインが引けたら、**Enter** キーを押して実行します。

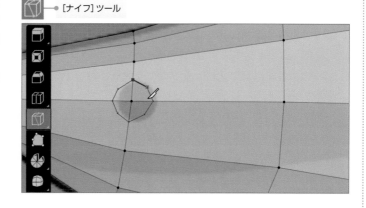

B 五角形以上の多角形が生成されてしまったので、四角形になるように面を分割します。
図のようにそれぞれ2点の頂点を選択し、3Dビューポートのヘッダーにある **[頂点]** から **[頂点の経路を連結]**（Jキー）を選択します。

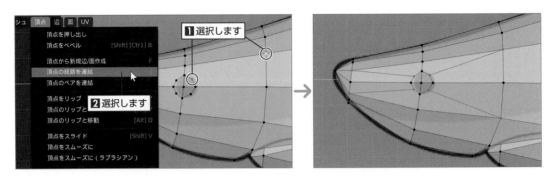

C 図のように目の内側のメッシュを選択して **[押し出し（領域）]** ツールを有効にします。
ライン先端にある **+** をマウス左ボタンでドラッグして内側に向かってメッシュを押し出します。

[押し出し（領域）] ツール

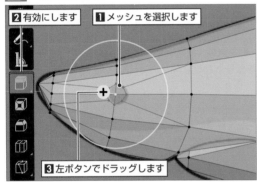
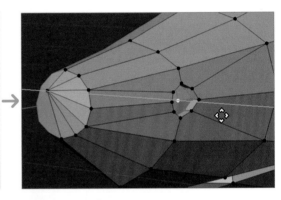

D 眼球を作成します。目の中心の頂点を選択して、3Dビューポートのヘッダーにある **[メッシュ]** から **[スナップ]** ➡ **[カーソル→選択物]** を選択し、3Dカーソルの位置を移動します。

E 3Dビューポートのヘッダーにある **[追加]**（Shift + A キー）から **[UV球]** を選択します。
3Dビューポート左下の「**UV球を追加**」パネルで「**セグメント**」を "8"、「**リング**」を "4" に設定します。また、「**半径**」の値を変更して、窪みに合わせて眼球のサイズを調整します。

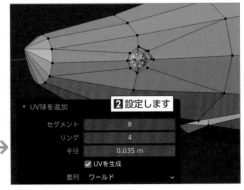

ヒレの作成

STEP 06 胸ビレの作成

編集モード 🗀　　sample ▶ 🔾 SECTION4-4b.blend

A ライトビュー（テンキー③）に切り替えます。
　[ナイフ] ツール（Kキー）を有効にし、図のように
胸ビレの付け根となる部分を左クリックでポイント
を打ちながらラインを引きます。ラインが引けたら
Enter キーを押して実行します。

🗀 ● [ナイフ] ツール

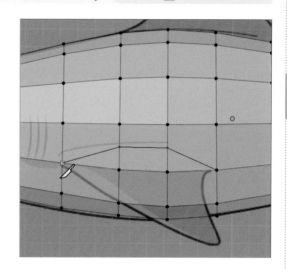

PART
4

B 胸ビレの付け根のメッシュを選択して [押し出し（領域）] ツールを有効にします。
フロントビュー（テンキー①）に切り替え、ライン先端にある **+** をマウス左ボタンでドラッグして胸ビレの
先端に向かってメッシュを押し出します。

● [押し出し（領域）] ツール

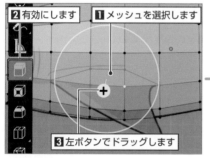
2 有効にします　**1** メッシュを選択します
3 左ボタンでドラッグします

→

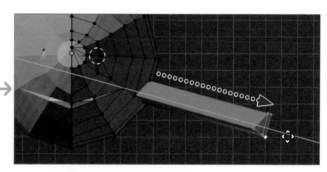

C ライトビュー（テンキー③）に切り替え、下絵に合わせて胸ビレ先端のメッシュを移動（Gキー）、縮小（S
キー）して位置とサイズを調整します。

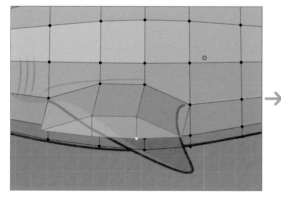
→
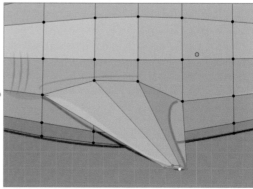

D [ループカット] ツール（ Ctrl ＋ R キー）
を有効にして、図のように水平方向に黄
色のラインが表示されるようにマウスポ
インターを合わせ、左クリックで実行し
ます。

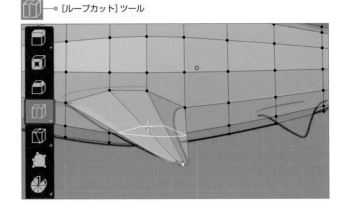

E 3Dビューポート左下の「**ループカット
とスライド**」パネルで「**分割数**」を"2"に
設定します。

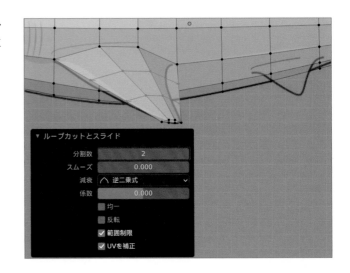

F トップビュー（テンキー 7 ）に切り替え、それぞれの頂点を移動（ G キー）して胸ビレの形状を整えます。

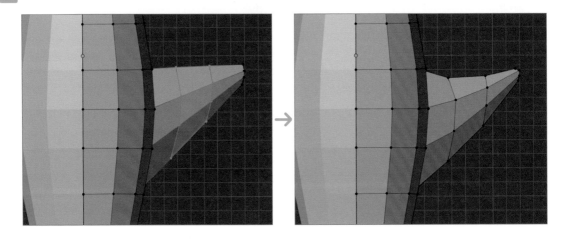

STEP 07 腹ビレの作成　　　　　　　　　　　　　　編集モード

A 腹ビレも、基本的に胸ビレと同様の操作で作成します。
ライトビュー（テンキー ③）に切り替えて、図のように [ナイフ] ツール（K キー）で腹ビレの付け根となる部分を分割します。

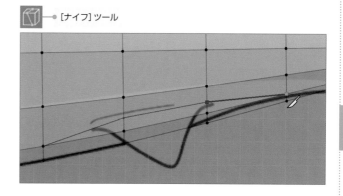

[ナイフ] ツール

B 腹ビレの付け根のメッシュを選択して [押し出し（領域）] ツールを有効にします。
バックビュー（Ctrl +テンキー ①）に切り替え、ライン先端にある ✚ をマウス左ボタンでドラッグして、腹ビレの先端に向かってメッシュを押し出します。

[押し出し（領域）] ツール

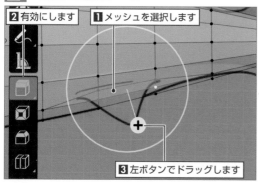

1 メッシュを選択します
2 有効にします
3 左ボタンでドラッグします

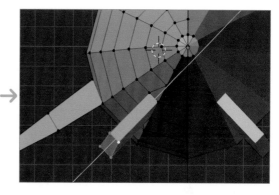

C ライトビュー（テンキー ③）に切り替え、下絵に合わせて先端のメッシュを移動（G キー）、縮小（S キー）して位置とサイズを調整します。

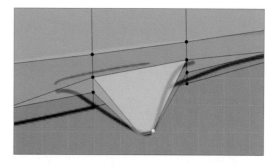

D 下絵に合わせてそれぞれの頂点を移動（G キー）して、腹ビレの形状を整えます。

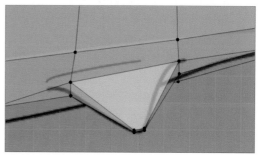

STEP 08　背ビレの作成　　　　　　　　　　　　　　　編集モード

A ライトビュー（テンキー③）で背ビレの両端付近の頂点を目印として選択します。

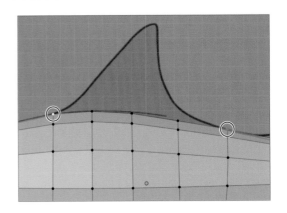

B トップビュー（テンキー⑦）に切り替え、選択した頂点を目印に図のように [**ナイフ**] ツール（⑯キー）で、背ビレの付け根となる部分を分割します。

　　　　　●━ [ナイフ] ツール

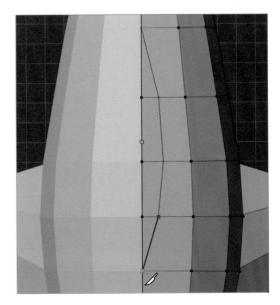

C 背ビレの付け根のメッシュを選択してライトビュー（テンキー③）に切り替えます。
[**押し出し（領域）**] ツールを有効にし、ライン先端にある ✚ をマウス左ボタンでドラッグして背ビレの先端に向かってメッシュを押し出します。

　　　　　●━ [押し出し（領域）] ツール

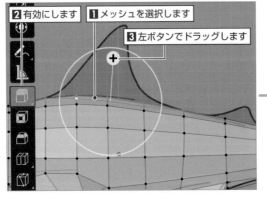

2 有効にします　**1** メッシュを選択します

3 左ボタンでドラッグします

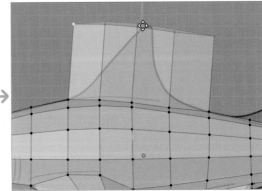

D 下絵に合わせて先端のメッシュを移動（ G キー）、
縮小（ S キー）して位置とサイズを調整します。

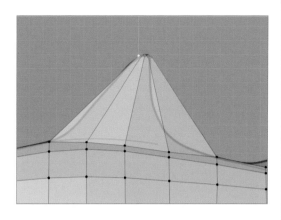

E フロントビュー（テンキー 1 ）に切り替え、縮小（ S
キー）および X キーで背ビレの厚みを調整します。

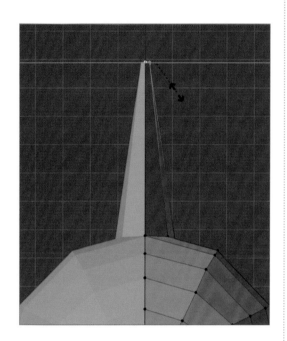

F ［ループカット］ツール（ Ctrl ＋ R キー）を有効に
して、図のように水平方向に黄色のラインが表示さ
れるようにマウスポインターを合わせ、左クリック
で実行します。

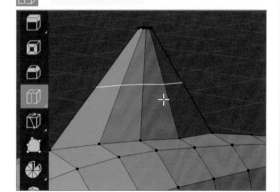

［ループカット］ツール

G 3Dビューポート左下の「ループカットとスライド」パネルで「分割数」を "3" に設定します。

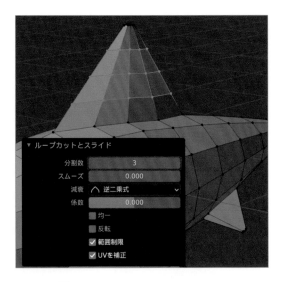

H ライトビュー（テンキー③）に切り替え、それぞれの頂点を移動（Gキー）して背ビレの形状を整えます。

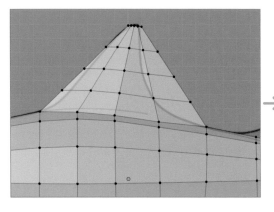 →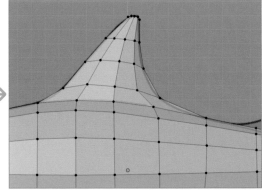

I 基本的にもう一方の小さい背びれも、同様の操作で作成します。

トップビュー（テンキー⑦）に切り替えて、図のように [ナイフ] ツール（Kキー）で付け根となる部分を分割します。

● [ナイフ]ツール

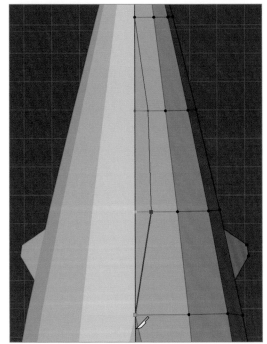

J 付け根のメッシュを選択してライトビュー（テンキー③）に切り替え、**[押し出し（領域）]** ツールで押し出します。下絵に合わせて先端のメッシュを移動（Ｇキー）、縮小（Ｓキー）して位置とサイズを調整します。

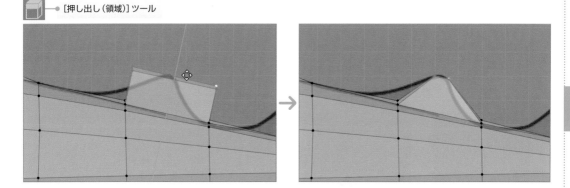

[押し出し（領域）] ツール

K トップビュー（テンキー⑦）に切り替え、それぞれの頂点を移動（Ｇキー）して厚みや形状を整えます。

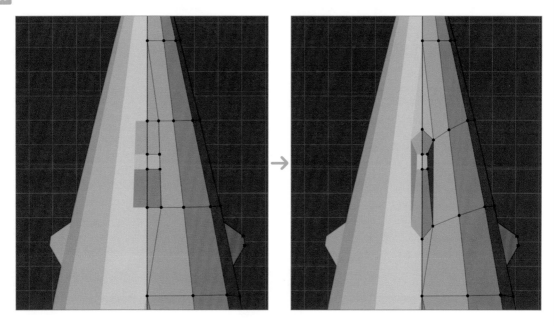

STEP 09 尾ビレの作成 編集モード

A 尾ビレの付け根となるメッシュを選択して、ライトビュー（テンキー③）に切り替えます。

[押し出し（領域）] ツールを長押しして、[押し出し（カーソル方向）] を選択します。

押し出したい先を左クリックして、下絵の尾ビレに合わせてメッシュを伸展します。

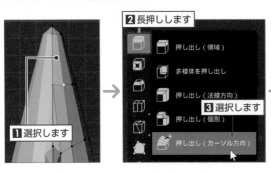

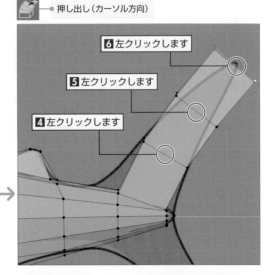

押し出し（カーソル方向）

6 左クリックします
5 左クリックします
4 左クリックします

2 長押しします

押し出し（領域）
多様体を押し出し
押し出し（法線方向）
3 選択します
押し出し（個別）
押し出し（カーソル方向）

1 選択します

B 下絵に合わせてそれぞれの頂点を移動（Ｇキー）して形状を整えます。

⚠ 頂点が重なって選択しづらい場合は、3Dビューポートのヘッダーにある [透過表示] を左クリックで有効にします。

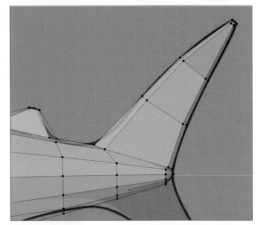

C バックビュー（Ctrlキー＋テンキー①）に切り替え、それぞれの頂点を移動（Ｇキー）、続けてＸキーを押して尾ビレの厚みを調整します。

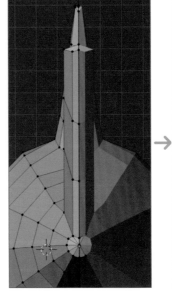

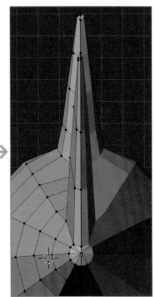

D 下側の尾ビレも、同様の操作で作成します。

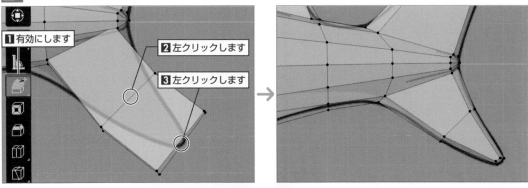

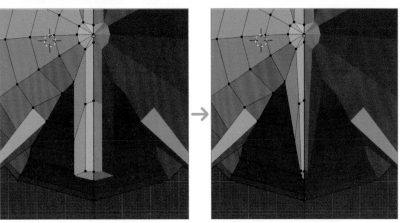

表面を滑らかにする

STEP 10 サブディビジョンサーフェスモディファイアーの設定　　　オブジェクトモード 🗆

sample▶ 🔷 **SECTION4-4c.blend**

A オブジェクトモード（ Tab キー）に切り替え、プロパティの「**モディファイアープロパティ**」を左クリックして「**モディファイアーを追加**」メニューから [**サブディビジョンサーフェス**] を選択します。
これによって、メッシュが細分化されます。

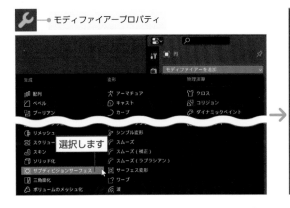

B 「**細分化**」パネルの「**ビューポートのレベル数**」および「**レンダー**」の数値でそれぞれプレビュー、レンダリング時の細分化度合いを設定することができます。
値が大きいほど細分化されます。ここでは、デフォルトのままにします。

C 続けて3Dビューポートのヘッダーにある [**オブジェクト**] から [**スムーズシェード**] を選択します。
サブディビジョンサーフェスモディファイアー（細分化）とスムーズシェードを併用することで、非常に滑らかな表面になります。

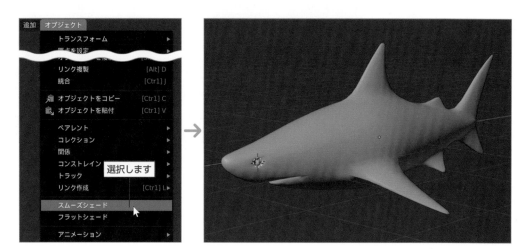

エッジを際立たせる

　滑らかな表面のエッジを部分的に際立たせるには、実際にメッシュを分割して間隔を狭めるなどいくつか方法があります。ここでは二つの方法を紹介します。

STEP 11　ベベルモディファイアーによるエッジ表示　　　オブジェクトモード 🔲 ／ 編集モード 🔲

A 編集モード（Tabキー）に切り替えて該当のメッシュを選択しますが、サブディビジョンサーフェスモディファイアーによって一部メッシュが隠れているので、「**細分化**」パネル上部の「**編集モード**」表示切り替えのアイコンを左クリックで無効にします。
ここでは、胸ビレの付け根のメッシュをループ状に選択します。

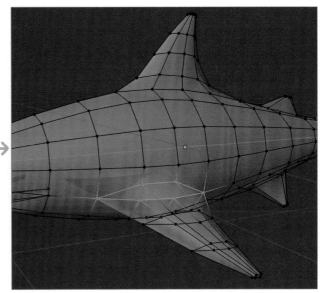

※図は裏側のメッシュを表示するため、透過表示になっています。

B [サイドバー]（Nキー）の「アイテム」タブを左クリックして「トランスフォーム」パネルを表示させます。
「辺データ」の [平均ベベルウェイト] の数値を "1.00" に設定します。設定されたメッシュは青色で表示されます。

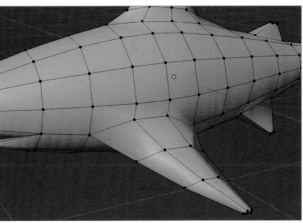

C オブジェクトモード（Tab キー）に切り替え、プロパティの**「モディファイアープロパティ」**を左クリックして**「モディファイアーを追加」**メニューから [ベベル] を選択します。

D **「ベベル」**パネルの右上をマウス左ボタンでドラッグして**「細分化」**パネルの上に移動し、効果が反映される順番を変更します。

E **「ベベル」**パネルの**「制限方法」**から [ウェイト] を選択すると、[平均ベベルウェイト] の設定を行ったメッシュのみベベルが設定されます。

[量] の数値を変更することで、エッジを際立たせる度合いを制御できます。

数値が小さいほどシャープなエッジになります。ここでは、"0.02" に設定します。

ベベルモディファイアー設定前

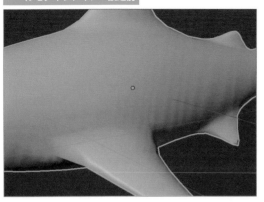

ベベルモディファイアー設定後

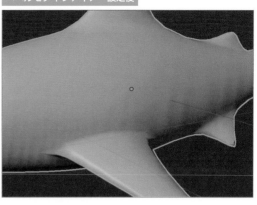

STEP **12** **クリースによるエッジ表示**　　　　　　**オブジェクトモード** / **編集モード**

A 編集モード（ Tab キー）に切り替えて該
当のメッシュを選択します。
ここでは、背ビレの付け根のメッシュを
選択します。

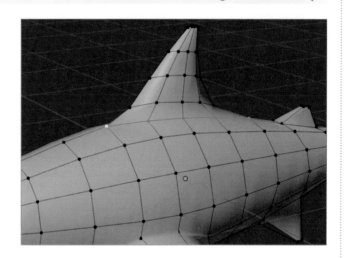

B **[サイドバー]**（ N キー）の**「アイテム」**タブを左クリックして**「トランスフォーム」**パネルを表示させます。
「辺データ」の**[平均クリース]**の数値を"1.00"に設定します。設定されたメッシュは、ピンク色で表示され
ます。

C クリースの効果を反映させるためには、サブディビジョンサーフェスモディファイアーの細分化レベルをある程度上げる必要があります。
オブジェクトモード（ Tab キー）に切り替え、「細分化」パネルの「**ビューポートのレベル数**」および「**レンダー**」の数値を変更します。ここでは、"**3**" に設定します。

ベベルモディファイアーによるエッジ表示に対して、クリースによるエッジ表示は細分化レベルを上げる必要がありますが、[**平均クリース**]の数値を変更することで、エッジを際立たせる度合いの強弱を個別に制御できます。

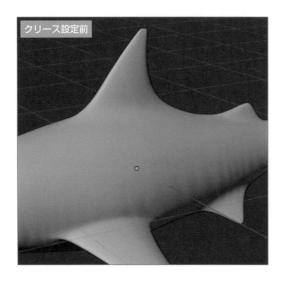

クリース設定前

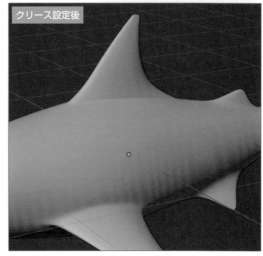

クリース設定後

サメを変形する

STEP 13　ラティスモディファイアーの設定　　オブジェクトモード / 編集モード

sample ▶ **SECTION4-4d.blend**

まっすぐな胴体を変形させて動きを付けます。全体的な変形には、ラティスモディファイアーを使用します。

A 変形に必要なラティスを追加しますが、その前に移動した3Dカーソルを原点に戻します。
オブジェクトモード（ Tab キー）で3Dビューポートのヘッダーにある[**オブジェクト**]から[**スナップ**]（ Shift + S キー）➡ [**カーソル→ワールド原点**]を選択します。

B 3Dビューポートのヘッダーにある **[追加]**（ Shift + A キー）から **[ラティス]** を選択します。

選択します

C 拡大（ S キー）します（アバウトなサイズで大丈夫です）。3Dビューポート左下の **「拡大縮小」** パネルでサメを完全に覆うように変形します。
ここでは **[スケール X]** を "2.400"、 **[Y]** を "5.000"、 **[Z]** を "2.200" に設定します。

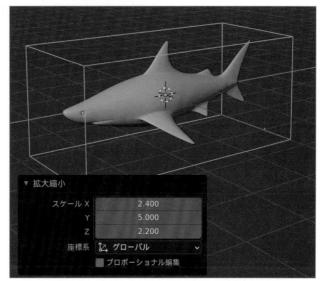

※ここでは、編集モードではなく必ずオブジェクトモードで編集を行います。

D プロパティの **「オブジェクトデータプロパティ」** を左クリックします。
表示された **「ラティス」** パネルの **[解像度：V]** の数値を "5" に設定してラティスを分割します。

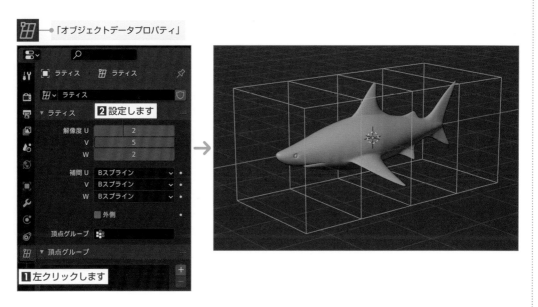

E サメのオブジェクトを選択し、プロパティの**「モディ ファイアープロパティ」**を左クリックして**「モディファ イアーを追加」**メニューから**[ラティス]**を選択します。

モディファイアープロパティ

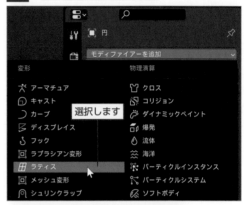

F **「ラティス」**パネルの**[オブジェクト]**で追加した**[ラ ティス]**を指定します。

G ラティスオブジェクトを選択して、編集モード（ Tab キー）に切り替えます。

ラティスのメッシュを編集（移動や回転など）すると、 サメのオブジェクトも連動して変形されます。

⚠ ラティスオブジェクトは、レンダリング結果に表示されません。

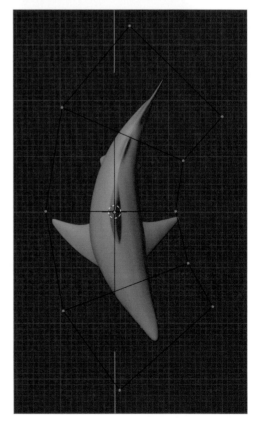

仕上がりsample ▶ SECTION4-4e.blend

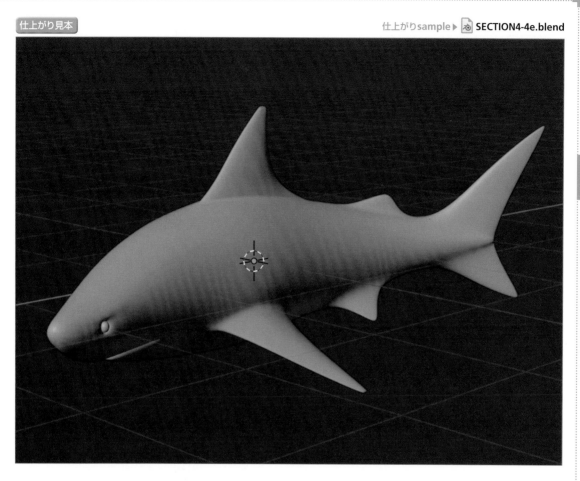

PART 5

モデリング応用編

SECTION 5.1　人物キャラクター

これまで紹介した機能を応用して人物キャラクターを作成します。いきなりリアリティーのある人物を作成するのは非常に難しいので、ここではポリゴン数を極力抑えてデフォルメされた人物キャラクターを作成します。

頭部の作成

STEP 01　頭部ベースのモデリング　　　　　　　　　　　　編集モード

A デフォルトで配置されている立方体オブジェクト "Cube" が選択された状態で [編集モード] ([Tab] キー) に切り替えます。すべてのメッシュが選択された状態で3Dビューポートのヘッダーにある [辺] から [細分化] を選択します。

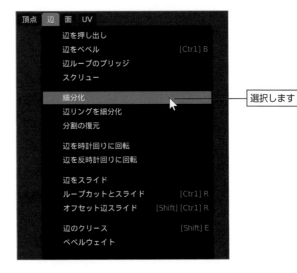

B 細分化直後、3Dビューポートの左下に**「細分化」**パネルが表示されるので、▶を左クリックして開きます。**[分割数]** を "**3**"、**[スムーズ]** を "**0.8**" と設定します。

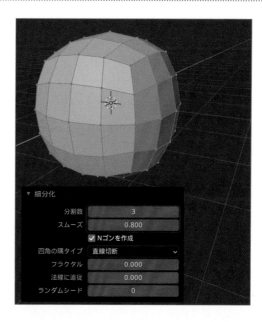

C 左右対称の形状を作成するので**「ミラーモディファイアー」**を設定します。

フロントビュー（テンキー①）に切り替え、3Dビューポートのヘッダーにある **[透過表示]** を左クリックで有効にします。

向かって左半分のメッシュを選択して削除（**X**キー）で **[頂点]** を選択します。

[透過表示]

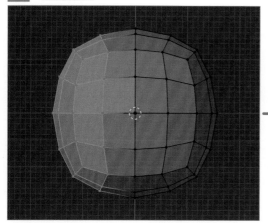
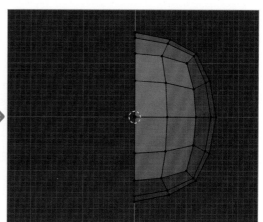

D プロパティの**「モディファイアープロパティ」**を左クリックして**「モディファイアーを追加」**メニューから **[ミラー]** を選択します。

続けて**「ミラー」**パネルの **[クリッピング]** を有効にして、境界からメッシュがはみ出ないようにします。

モディファイアープロパティ

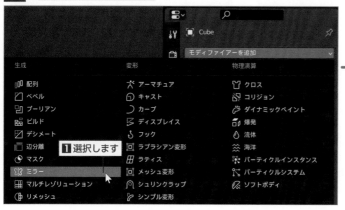

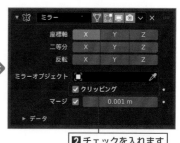

E **[ループカット]** ツール（ Ctrl ＋ R キー）を有効にして図のように水平方向に2箇所、垂直方向に1箇所、辺を追加します。

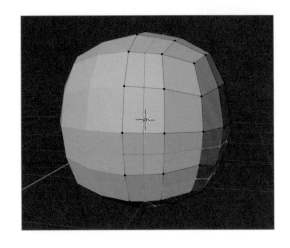

[ループカット] ツール

F フロントビュー（テンキー 1 ）やライトビュー（テンキー 3 ）など各視点に切り替えながら、それぞれの頂点を移動（ G キー）して全体的に形状を整えます。

形状を整える際は、目や鼻の位置をある程度想定して編集を行うようにしましょう。

フロントビュー

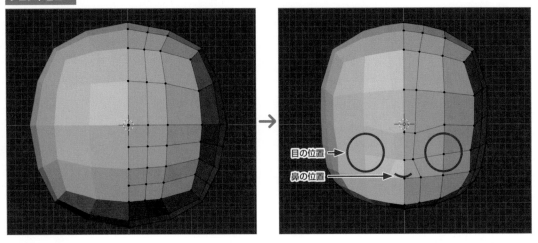

目の位置 →

鼻の位置 →

ライトビュー

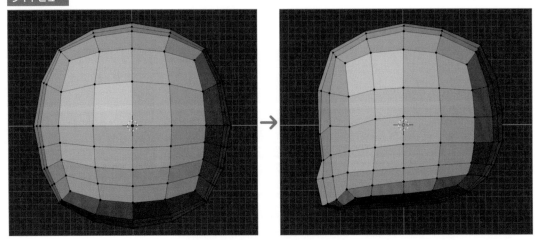

STEP 02 目のモデリング　　　　　　　　編集モード　　sample▶ 📄 SECTION5-1a.blend

A 図のように目となる部分のメッシュを選択して、**[面を差し込む]** ツール（I キー）を有効にします。
ライン先端にある ● をマウス左ボタンでドラッグして内側に面を挿入します。

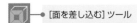
● [面を差し込む] ツール

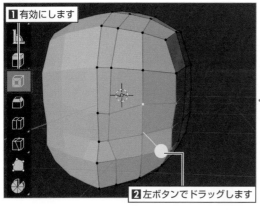

1 有効にします
2 左ボタンでドラッグします

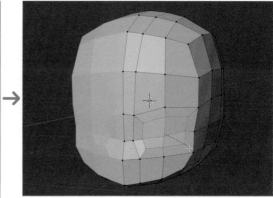

B 挿入したメッシュが選択された状態で
[押し出し（領域）] ツールを有効にします。
白色の円の内側でマウス左ボタンのドラッグを行い、続けて Y キーを押して後方に向かってメッシュを押し出します。

● [押し出し（領域）] ツール

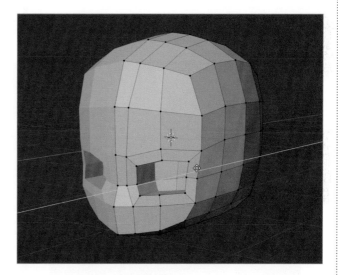

C 眼球を用意します。
目の内側中央の頂点を選択して、3D
ビューポートのヘッダーにある **[メッシュ]** から **[スナップ]** ➡ **[カーソル→選択物]** を選択し、3Dカーソルを移動します。

D 3Dビューポートのヘッダーにある [追加]（ Shift ＋
A キー）から [UV球] を選択します。

3Dビューポート左下の「UV球を追加」パネルで
[セグメント] を "12"、[リング] を "8"、[回転
X] を "90°" と設定します。

さらに、[半径] の数値を変更してサイズを調整し
ます。ここでは、"0.45" に設定します。

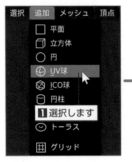

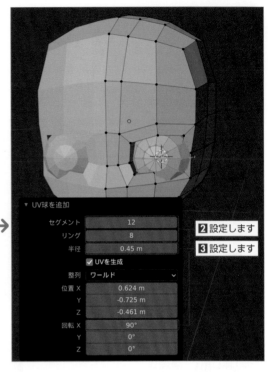

E 球体を移動（ G キー）し、眼球として位置の微調整
を行います。

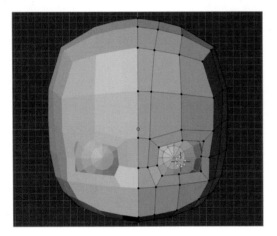

F 目の周りのメッシュを眼球に合わせて、移動（ G
キー）して形状を整えます。

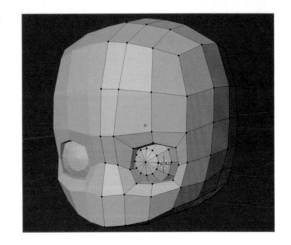

STEP 03　鼻のモデリング

編集モード　　sample▶ SECTION5-1b.blend

A 鼻を作成するためにメッシュを分割します。

[ナイフ] ツール（ K キー）を有効にして、図のように左クリックでポイントを打ちながらラインを引きます。ラインが引けたら、Enter キーを押して実行します。

[ナイフ] ツール

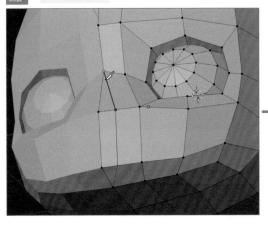 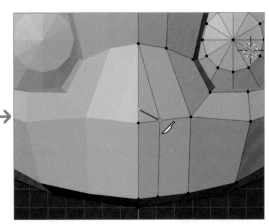

B 鼻の先端の頂点を選択してライトビュー（テンキー 3 ）に切り替えます。

前方に向かってメッシュを移動（ G キー）します。

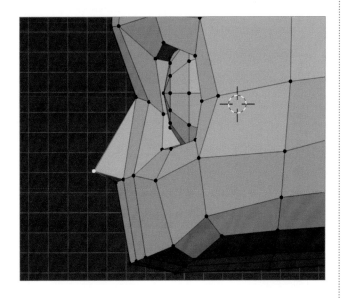

STEP 04　耳のモデリング　　　　　　　　　　　　　　編集モード 🗔

A 耳を作成するためにメッシュを分割します。
[ナイフ] ツール（ K キー）を有効にして、図のように左クリックでポイントを打ちながらラインを引きます。ラインが引けたら、 Enter キーを押して実行します。

🗔 → [ナイフ] ツール

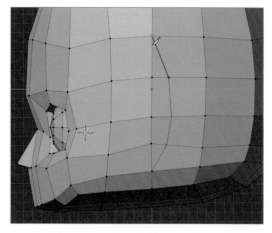

B 耳の付け根部分のメッシュを選択し、**[押し出し（領域）]** ツールを長押しして **[押し出し（カーソル方向）]** を選択します。
トップビュー（テンキー 7 ）に切り替え、押し出したい先を左クリックしてメッシュを伸展します。

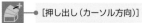
→ [押し出し（カーソル方向）]

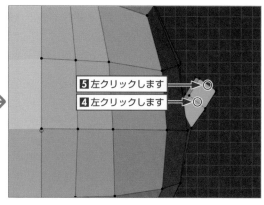

C 耳やその付近のメッシュを移動（ G キー）して形状を整えます。

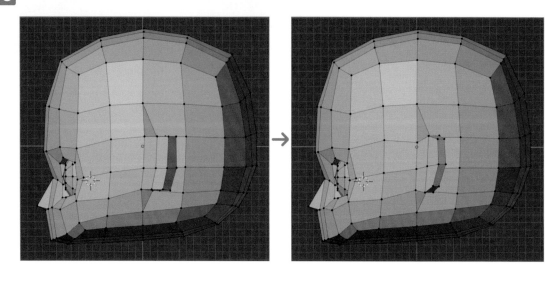

STEP 05 首のモデリング

A 首を作成するためにメッシュを分割します。
ボトムビュー（ Ctrl ＋テンキー 7 ）に切り替え、
[**ナイフ**] ツール（ K キー）を有効にして図のように
左クリックでポイントを打ちながらラインを引きま
す。ラインが引けたら、 Enter キーを押して実行しま
す。

[ナイフ] ツール

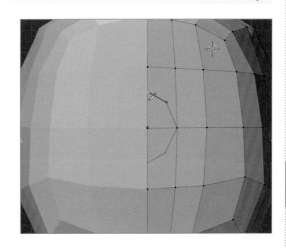

B 多角形になってしまった面を分割します。
連結させる2つの頂点をそれぞれ選択し、3Dビュー
ポートのヘッダーにある [**頂点**] から [**頂点の経路
を連結**]（ J キー）を選択します。

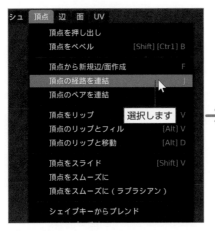

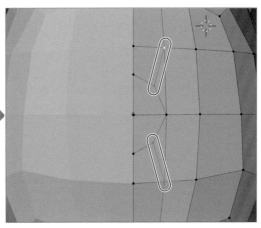

C 首の付け根部分のメッシュを選択して、[**押し出し（領域）**] ツールを有効にします。
ライン先端にある **＋** をマウス左ボタンでドラッグして、下方向に向かってメッシュを押し出します。

※首の太さはボディが完成してから調整を行います。

[押し出し（領域）] ツール

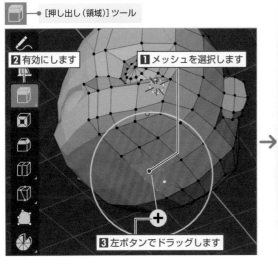

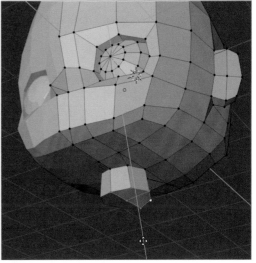

ボディの作成

STEP 06　胴体のモデリング

オブジェクトモード  ／ 編集モード

sample▶ SECTION5-1c.blend

A ボディを作成するためのベースとして立方体オブジェクトを追加しますが、その前に移動した3Dカーソルを原点に戻します。

オブジェクトモード（[Tab]キー）に切り替えて、3Dビューポートのヘッダーにある [オブジェクト] ➡ [スナップ] から [カーソル→ワールド原点] を選択します。

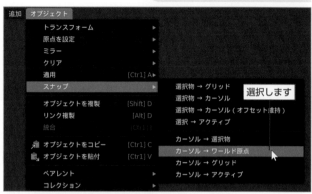

B 頭部はボディを作成するため、一旦非表示にします。

頭部を選択して、3Dビューポートのヘッダーにある [オブジェクト] ➡ [表示/隠す] から [選択物を隠す]（[H]キー）を選択します。

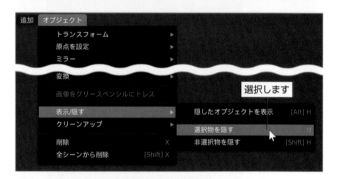

C 3Dビューポートのヘッダーにある [追加]（[Shift] + [A]キー）➡ [メッシュ] から [立方体] を選択します。

D 立方体が選択された状態で編集モード（[Tab]キー）に切り替えます。

すべてのメッシュが選択された状態で拡大（[S]キー）します（アバウトなサイズで大丈夫です）。

3Dビューポート左下の「拡大縮小」パネルで [スケール X] を "0.600"、[Y] を "0.300"、[Z] を "1.000" に設定します。

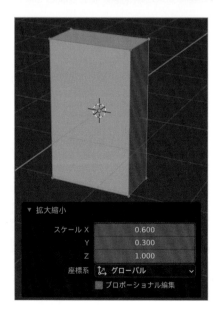

E 3Dビューポートのヘッダーにある [辺] から [細分化] を選択します。
3Dビューポート左下の「細分化」パネルで [分割数] を "3" に設定します。

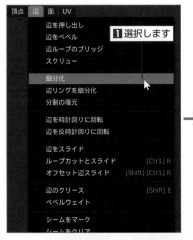

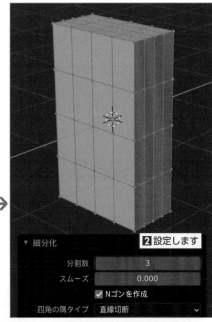

F 頭部と同様に「ミラーモディファイアー」を設定します。
フロントビュー（テンキー①）に切り替え、3Dビューポートのヘッダーにある [透過表示] を左クリックで有効にします。
向かって左半分のメッシュを選択して、削除（ⓧキー）で [頂点] を選択します。

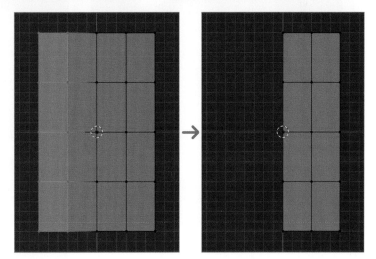

G プロパティの「モディファイアープロパティ」を左クリックして、「モディファイアーを追加」メニューから [ミラー] を選択します。
続けて「ミラー」パネルの [クリッピング] を有効にして、境界からメッシュがはみ出ないようにします。

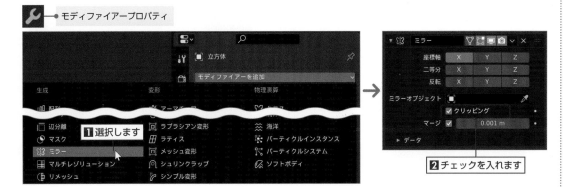

H フロントビュー（テンキー 1 ）に切り替え、メッシュを移動（ G キー）して前面から見た場合の形状を整えます。

⚠ 奥側にあるメッシュも同時に編集を行うため、［透過表示］は有効のままにします。

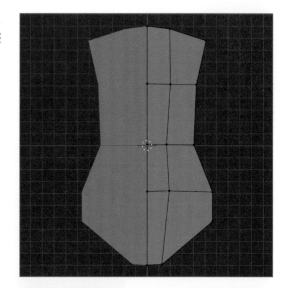

I 腕と脚の付け根のメッシュを削除します。
該当箇所のメッシュを選択して、[**削除**]（ X キー）で [**面**] を選択します。

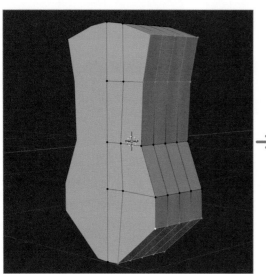 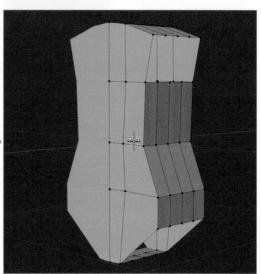

J 腰付近のメッシュを水平に分割します。
フロントビュー（テンキー 1 ）に切り替え、[**ナイフ**]ツール（ K キー）を有効にします。
左クリックで最初のポイントを打ったら Z キーを押します。画面下部に表示されている [**透過カット**] が "ON" に変わります。これによって、奥側の隠れているメッシュも同時に編集することができます。後は通常どおり左クリックでポイントを打ちながらラインを引き、 Enter キーを押して実行します。

→［ナイフ］ツール

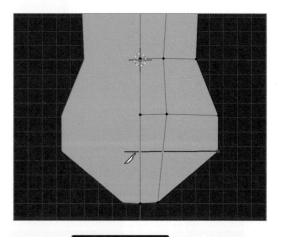

Z:透過カット(ON)、

K 腕と脚の付け根のメッシュが円形になるように、メッシュを移動（Gキー）します。
編集の際は、それぞれメッシュと平行になるように視点を合わせます。

⚠ 視点変更が難しい場合は、ライトビュー（テンキー3）に切り替えてからテンキーの2または8を押して視点を回転します。

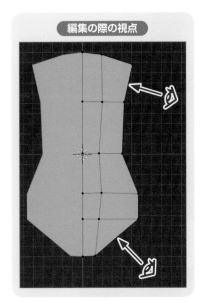

編集の際の視点

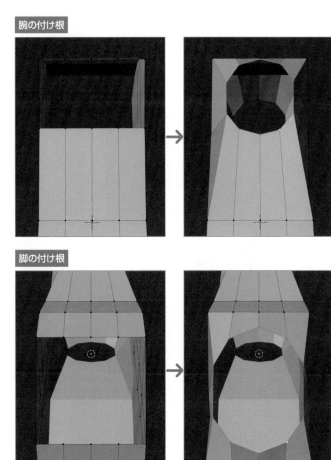

腕の付け根

脚の付け根

L メッシュを移動（Gキー）して、全体的に丸みが出るように形状を整えます。

前面

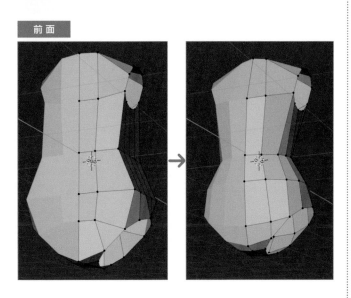

側面

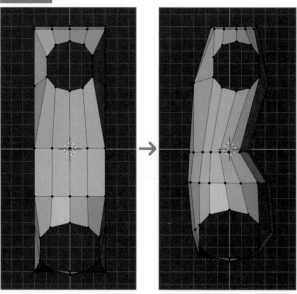

背面

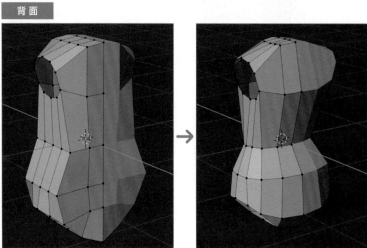

STEP 07 腕のモデリング

編集モード 🗔 sample▶ 📄 SECTION5-1d.blend

A 腕の付け根のメッシュをループ状に選択（[Alt]＋左クリック）して、**[押し出し（領域）]** ツールを有効にします。
フロントビュー（テンキー[1]）に切り替えて、白色の円の内側でマウス左ボタンのドラッグを行い、肘の位置までメッシュを押し出します。

[押し出し（領域）] ツール

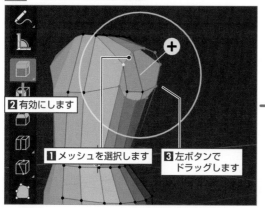

1 メッシュを選択します
2 有効にします
3 左ボタンでドラッグします

→

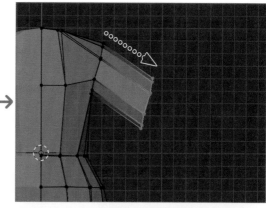

B 腕と垂直になるようにメッシュを回転（[R]キー）し、縮小（[S]キー）して太さを調整します。

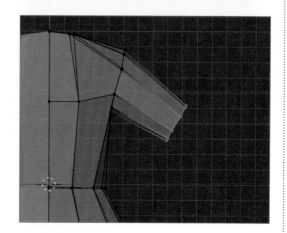

C 同様に **[押し出し（領域）]** ツールを有効にして白色の円の内側でマウス左ボタンのドラッグを行い、手首の位置までメッシュを押し出します。
さらに、縮小（[S]キー）して太さを調整します。

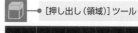
[押し出し（領域）] ツール

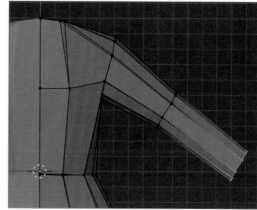

D [ループカット] ツール（ Ctrl + R キー）を有効にして腕の付け根と肘の間、肘と手首の間にそれぞれ辺を追加します。さらに、拡大縮小（ S キー）して腕の太さを調整します。

● [ループカット] ツール

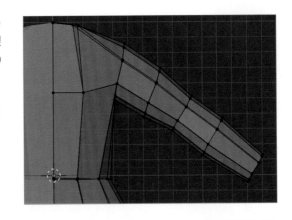

STEP 08　手のモデリング

編集モード 🔲

A 手首のメッシュをループ状に選択（ Alt + 左クリック）して [押し出し（領域）] ツールを有効にします。
白色の円の内側でマウス左ボタンのドラッグを行い、親指の付け根の位置までメッシュを押し出します。

● [押し出し（領域）] ツール

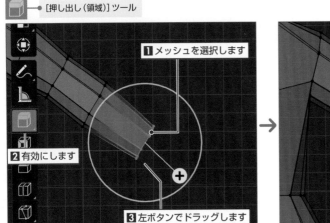

1 メッシュを選択します
2 有効にします
3 左ボタンでドラッグします

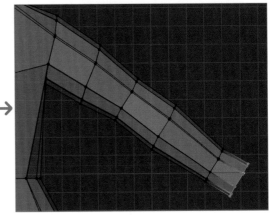

B メッシュを移動（ G キー）して奥行きの幅を広げます。特に親指側のメッシュを広げるようにします。
編集の際は、メッシュと垂直になるように視点を合わせます。また、隠れているメッシュも編集できるように3Dビューポートのヘッダーにある [透過表示] を左クリックで有効にします。

編集の際の視点

● [透過表示]

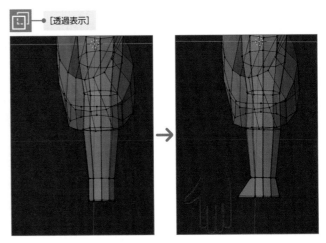

C さらに、**[押し出し(領域)]** ツールを有効にして白色の円の内側でマウス左ボタンのドラッグを行い、メッシュを2回押し出します。

D それぞれの指の付け根の位置を意識して、メッシュを移動(**G** キー)して形状を整えます。

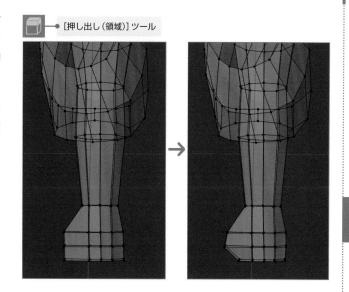

[押し出し(領域)]ツール

E フロントビュー(テンキー **1**)に切り替え、メッシュを移動(**G** キー)して掌の厚みを調整します。

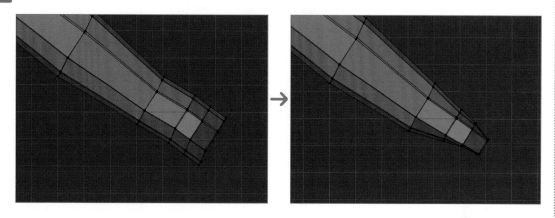

F 掌と垂直になるように視点を合わせます。親指の付け根のメッシュを選択して **[押し出し(領域)]** ツールを有効にし、白色の円の内側でマウス左ボタンのドラッグを行い、メッシュを2回押し出します。

[押し出し(領域)]ツール

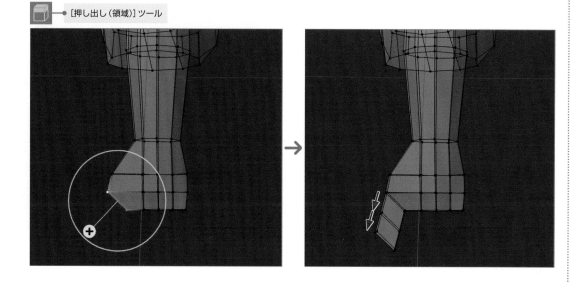

G それぞれのメッシュを移動（Gキー）して、親指の
形状を整えます。

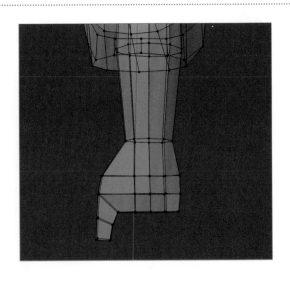

H ここでは、人差し指から小指までを
省略してまとめて作成します。
掌と垂直になるように視点を合わせ
ます。付け根のメッシュを選択して
［押し出し（領域）］ ツールを有効に
し、白色の円の内側でマウス左ボタ
ンのドラッグを行い、メッシュを2
回押し出します。

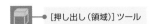
［押し出し（領域）］ツール

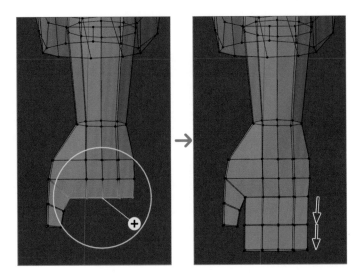

I それぞれのメッシュを移動（Gキー）して、指の形
状を整えます。

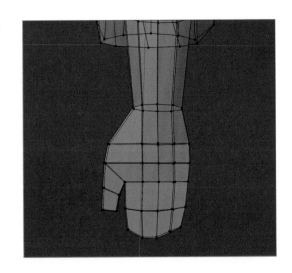

J 指先のメッシュを選択して、3Dビューポートのヘッダーにある [**面**] から [**グリッドフィル**] を選択し、面を作成します。

⚠ メッシュを選択する際は、四隅のいずれかの頂点を最後に選択します（最後に選択された頂点は白色で表示されます）。
四隅以外の頂点を最後に選択すると、グリッドフィルで生成されるメッシュの流れが変化してしまいます。

最後に選択します

PART
5

K 指先を細くするなどそれぞれのメッシュを移動（**G** キー）して、手の形状を整えます。

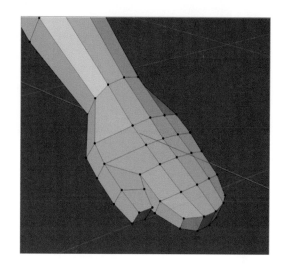

⚠ 指を省略せずに5本作成する場合は、指の付け根の間に辺を追加（**F** キー）して個別にメッシュを押し出します。
さらに指の断面を六角形にすることで、それぞれ指の境界がわかりやすくなります。

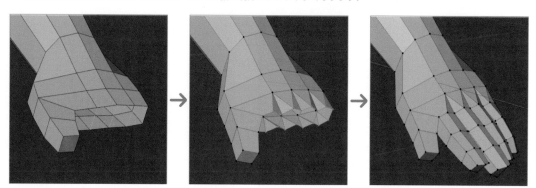

STEP **09** 脚のモデリング　　　　　編集モード 🧊　　　sample▶ 🔷 SECTION5-1e.blend

A 脚の付け根のメッシュをループ状に選択（ Alt ＋左クリック）して、**[押し出し（領域）]** ツールを有効にします。
フロントビュー（テンキー 1 ）に切り替えて白色の円の内側でマウス左ボタンのドラッグを行い、膝の位置までメッシュを押し出します。

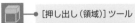[押し出し（領域）] ツール

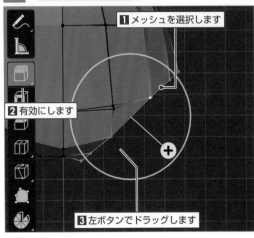

1 メッシュを選択します
2 有効にします
3 左ボタンでドラッグします

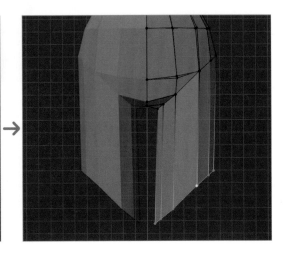

B 脚と垂直になるようにメッシュを回転（ R キー）し、縮小（ S キー）して太さを調整します。

⚠ 編集の際は、メッシュが左右対称の境界を越えないようにしましょう。ミラーモディファイアーの [クリッピング] が有効になっているため、メッシュが境界に接触するとその位置で固定されてしまいます。

C 同様に **[押し出し（領域）]** ツールを有効にして白色の円の内側でマウス左ボタンのドラッグを行い、足首の位置までメッシュを押し出します。さらに、縮小（ S キー）して太さを調整します。

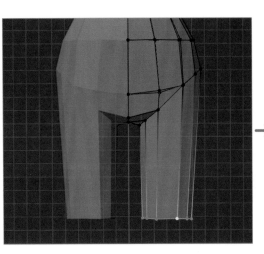

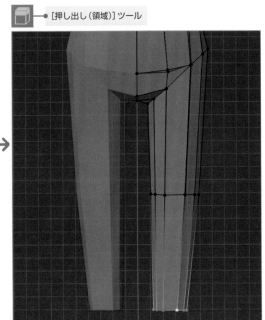[押し出し（領域）] ツール

D ライトビュー（テンキー ③）に切り替え
て膝と足首のメッシュをそれぞれ移動
（ G キー）し、奥行きの位置を調整しま
す。

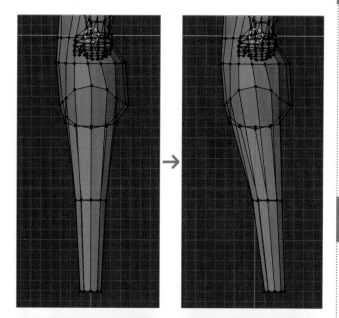

E [ループカット] ツール（ Ctrl ＋ R キー）
を有効にして脚の付け根と膝の間、膝と
足首の間にそれぞれ辺を追加します。
さらに、拡大縮小（ S キー）して脚の太
さを調整します。

→ [ループカット] ツール

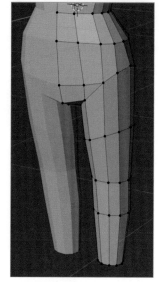 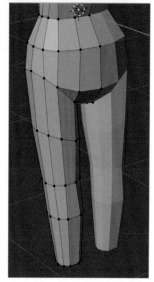

STEP 10 靴のモデリング

編集モード

A ここでは素足ではなく、靴を履いた状態の足を作成
します。
足首のメッシュをループ状に選択（ Alt ＋左クリッ
ク）して [押し出し（領域）] ツールを有効にします。
フロントビュー（テンキー ①）またはライトビュー
（テンキー ③）に切り替えて白色の円の内側でマウ
ス左ボタンのドラッグを行い、下方向にメッシュを
3回押し出します。

→ [押し出し（領域）] ツール

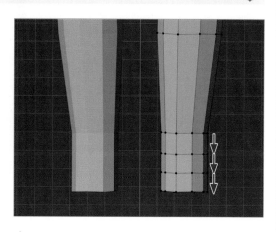

PART
5

B 図のように正面の6枚の面を選択して **[押し出し（領域）]** ツールを有効にします。
ライトビュー（テンキー③）に切り替えて白色の円の内側でマウス左ボタンのドラッグを行い、つま先に向かってメッシュを2回押し出します。

● [押し出し（領域）] ツール

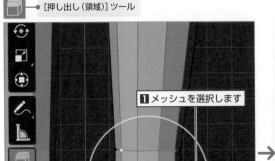

1 メッシュを選択します

2 有効にします

3 左ボタンでドラッグします

C かかと（ヒール）のメッシュをループ状に選択（ Alt ＋左クリック）して3Dビューポートのヘッダーにある **[頂点]** から **[頂点から新規辺/面作成]**（ F キー）を選択し、面を作成します。

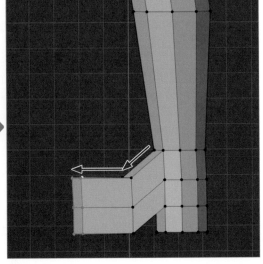

シュ　頂点　辺　面　UV

頂点を押し出し
頂点をベベル　　　　　　　　[Shift] [Ctrl] B
頂点から新規辺/面作成　　　　　　　　　　F
頂点の経路を連結　　　　　　　　　　　　J
頂点のペアを連結

頂点をリップ　　　　　　　　　　　　　　V
頂点のリップとフィル　　　　　　　　[Alt] V
頂点のリップと移動　　　　　　　　　[Alt] D

頂点をスライド　　　　　　　　　　[Shift] V
頂点をスムーズに

1 メッシュを選択します

2 選択します

D 対称となる頂点をそれぞれ2つ選択して、3Dビューポートのヘッダーにある **[頂点]** から **[頂点の経路を連結]**（ J キー）を選択し、面を分割します。

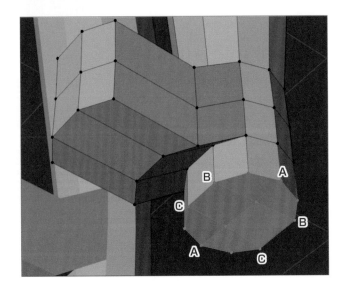

E それぞれのメッシュを移動（Gキー）して形状を整えます。

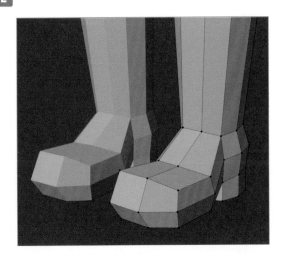
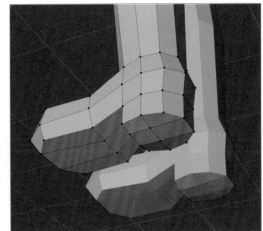

F 靴底のメッシュを選択して縮小（Sキー）、続けて
Zキーを押します。
さらに、テンキー0を押して靴底を平らにします。

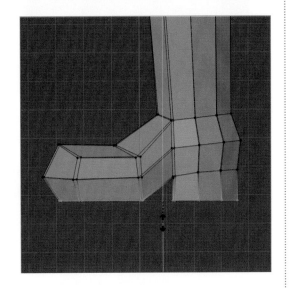

頭部とボディの結合

STEP 11 位置とサイズを調整してオブジェクトの統合 オブジェクトモード 🔲 ／ 編集モード 🔲

sample▶ 🔳 SECTION5-1f.blend

A 頭部とボディの結合箇所のメッシュの形状を調整します。
すでに作成した首が八角形なので、ボディ側にも八角形の穴を作成します。
図のように中心の頂点3点を選択して **[削除]**（Xキー）から **[頂点]** を選択します。

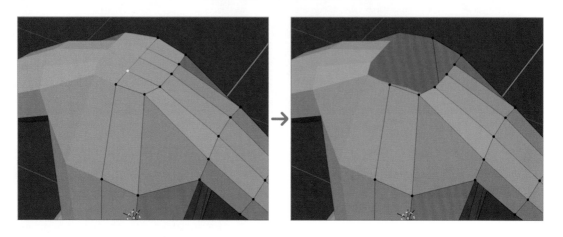

B 図のように頂点2点の2組、計4点を選択して3Dビューポートのヘッダーにある **[メッシュ]** ➡ **[マージ]**
（Mキー）から **[束ねる]** を選択し、それぞれの頂点を結合します。

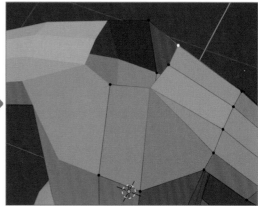

C オブジェクトモード（Tabキー）に切り
替えて3Dビューポートのヘッダーにあ
る **[オブジェクト]** ➡ **[表示/隠す]** から
[隠したオブジェクトを表示]（Alt ＋
Hキー）を選択し、非表示にしていた頭
部を表示させます。
ボディを選択して3Dビューポートの
ヘッダーにある **[オブジェクト]** ➡ **[表
示/隠す]** から **[選択物を隠す]**（Hキー）
を選択します。

D 頭部を選択して編集モード（[Tab]キー）に切り替えます。
首のメッシュを選択して、[**削除**]（[X]キー）から[**頂点**]を選択します。

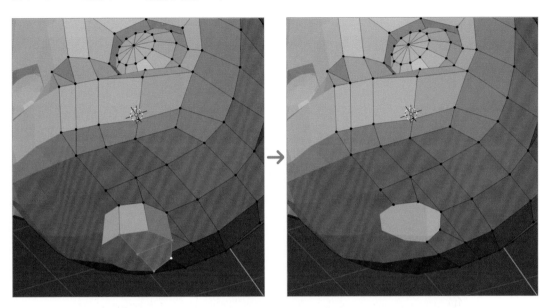

E オブジェクトモード（[Tab]キー）に切り替えて3Dビューポートのヘッダーにある[**オブジェクト**] ➡ [**表示/隠す**]から[**隠したオブジェクトを表示**]（[Alt]＋[H]キー）を選択し、非表示にしていたボディを表示させます。

ここでは頭部を基準とし、ボディのサイズを変更（[S]キー）してバランスを調整します。
併せて、位置を調整（[G]キー）します。

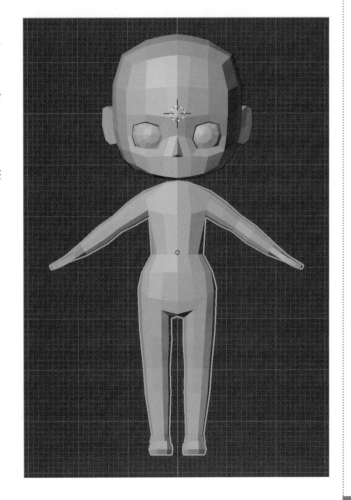

F メッシュを結合するためには、まずオブジェクトを同一オブジェクトとして統合する必要があります。
ボディ、頭部の順に選択して3Dビューポートのヘッダーにある **[オブジェクト]** から **[統合]** (Ctrl + J
キー) を選択します。

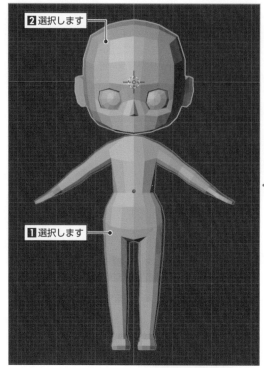

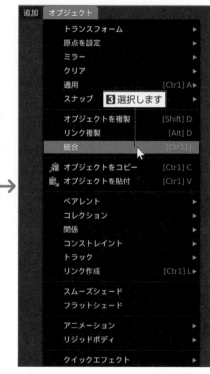

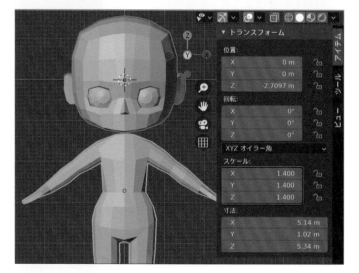

⚠ 統合は最後に選択したオブジェクト (薄
いオレンジ色で表示) が統合後のベース
となります。ボディを最後に選択してし
まうとボディがベースとなり、サイズを
変更した情報が残ってしまいます。
もしそのような場合は、3Dビューポー
トのヘッダーにある [オブジェクト] ➡
[適用] から [スケール] を選択して、現
在のスケールの値をデフォルトとして
設定します。

G 統合したオブジェクトを選択して編集モード（Tabキー）に切り替えます。結合する部分のメッシュを選択して、3Dビューポートのヘッダーにある **[辺]** から **[辺ループのブリッジ]** を選択します。

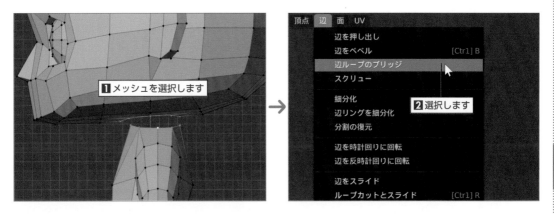

H それぞれのメッシュを移動（Gキー）して、結合部分の形状を整えます。

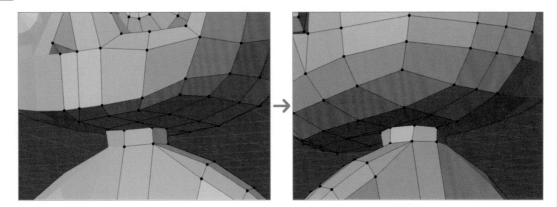

服のモデリング

STEP 12　袖口のモデリング　　　　　編集モード 🔲　　sample▶ 🔵 SECTION5-1g.blend

ここでは、ワンピースを着た状態の形状に変形します。まず腕を編集して、袖口（半袖）の形状を作成します。

A 袖口となるメッシュを追加する前に腕のメッシュの間隔を変更します。
上腕のメッシュをループ状に選択（ Alt ＋左クリック）して **[辺をスライド]** ツールを有効にします。
ライン先端にある ● をマウス左ボタンでドラッグして、現状のメッシュに沿って腕の付け根方向にメッシュ
をスライドさせます。

🔲━▶ [辺をスライド] ツール

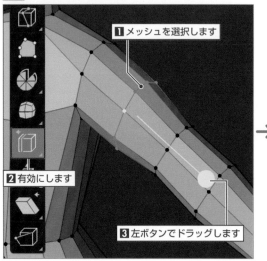
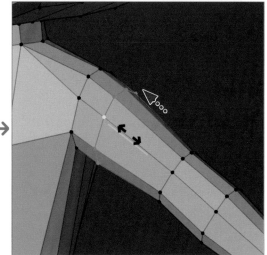

B メッシュの間隔の空いた部分に、袖口となるメッシュを追加します。
フロントビュー（テンキー 1 ）に切り替え、**[ナイフ]** ツール（ K キー）を有効にします。
左クリックで最初のポイントを打ったら Z キーを押します。画面下部に表示されている **[透過カット]** が "ON" に変わります。
これによって、奥側の隠れているメッシュも同時に編集することができます。
この後は、通常どおり左クリックでポイントを打ちながらラインを引き、 Enter キーを押して実行します。

🔲━▶ [ナイフ] ツール

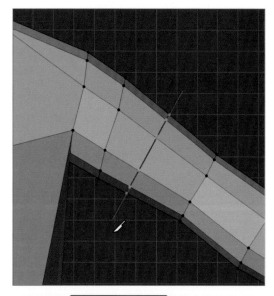

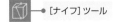

C 追加したメッシュをループ状に選択（Alt ＋左クリック）して [ベベル] ツールを有効にします。
ラインの先端に ● が表示されるので、マウス左ボタンでドラッグしてさらにメッシュを追加します。

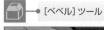 [ベベル] ツール

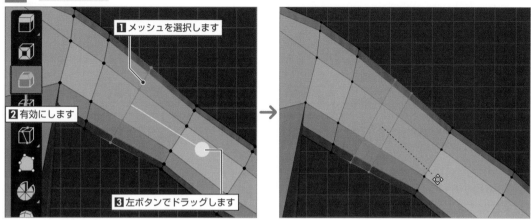

D 袖口に段差を作成します。
図のように袖口となるメッシュをループ状に選択（Alt ＋左クリック）して [領域リップ] ツールを有効にします。黄色の円が表示されるので、マウスポインターを合わせてマウス左ボタンのドラッグでメッシュを切り裂きます。

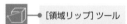 [領域リップ] ツール

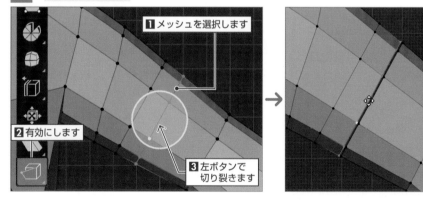

E 切り裂いた腕の付け根側のメッシュをループ状に選択（Alt ＋左クリック）して、若干拡大（S キー）します。

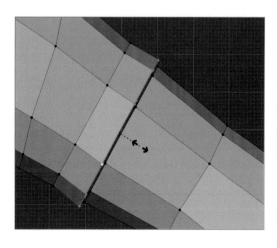

PART
5

F 切り裂いた両側のメッシュをループ状に選択（Shift + Alt +左クリック）して、3Dビューポートのヘッダーにある [**辺**] から [**辺ループのブリッジ**] を選択し、メッシュを繋ぎ合わせます。

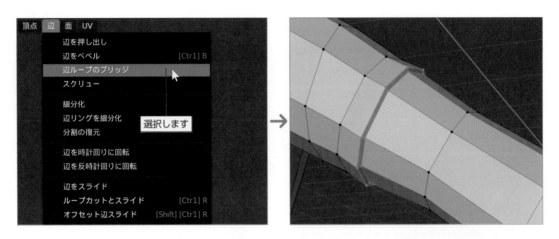

G 袖のメッシュを拡大（Sキー）したり、それぞれのメッシュを移動（Gキー）するなどして形状を整えます。

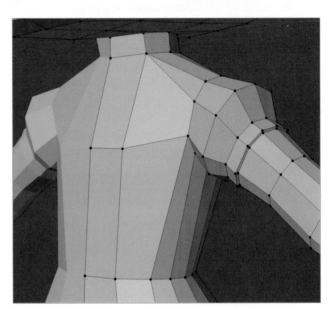

STEP **13** スカートのモデリング　　　　　　　　　　　　　　　　　　　　　　　　編集モード 🗂

A 腰のメッシュを選択（Alt＋左クリック）して [領域リップ] ツールを有効にします。黄色の円が表示されるので、マウスポインターを円の下半分（腰のメッシュより下）に合わせてマウス左ボタンでドラッグします。続けて、Z キーを押して切り裂いたメッシュを下方向に移動します。

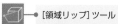
└ [領域リップ] ツール

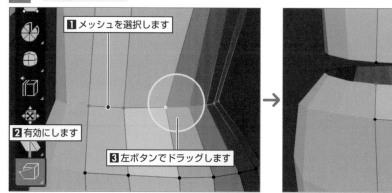

B これから作成するスカートと重ならないように、腰から下のメッシュを縮小します。
まず、ミラーモディファイアーが設定されているので、編集の基点の位置を変更します。
腰のメッシュのうち、中央前後の頂点2点を選択して3Dビューポートのヘッダーにある [メッシュ] から [スナップ] ➡ [カーソル→選択物] を選択し、3Dカーソルを移動します。

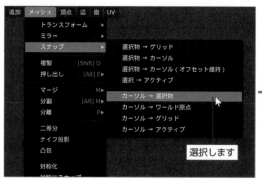
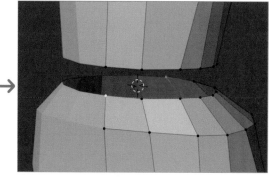

C 3Dビューポートのヘッダーにある「トランスフォームピボットポイント」メニューから [3Dカーソル] を選択します。

D 3Dビューポートのヘッダーにある**「多重円」**アイコン◎を左クリックして、プロポーショナル編集を有効にします。右側の**「プロポーショナル編集の減衰」**メニューを左クリックで開き、**［接続のみ］**にチェックを入れて有効にします。

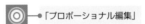 「プロポーショナル編集」

E 図のように腰骨付近のメッシュを選択（ Alt ＋左クリック）して縮小（ S キー）します。
編集の際は、マウスホイールを回転して影響範囲の調整を行いながら操作します。

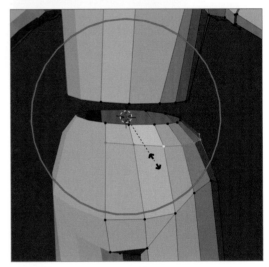

F 上半身側の腰のメッシュを選択（ Alt ＋左クリック）して **［押し出し（領域）］** ツールを有効にします。白色の円の内側でマウス左ボタンのドラッグを行い、続けて Z キーを押して下方向に押し出します。
下半身のメッシュと重ならないように拡大（ S キー）したり、それぞれのメッシュを移動（ G キー）するなどして形状を整えます。

 ［押し出し（領域）］ツール

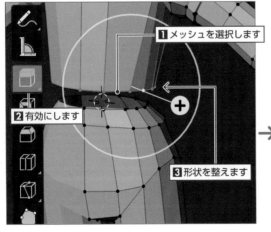

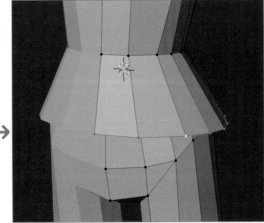

G 同様に、押し出しと形状編集を2回繰り
返してスカートを作成します。

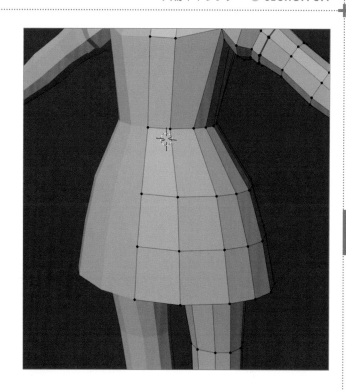

表面を滑らかにして部分的にエッジを際立たせる

STEP **14** スムーズシェードとシャープの設定　　　オブジェクトモード◻ ／ 編集モード◻

A オブジェクトモード（ Tab キー）に切り
替えて3Dビューポートのヘッダーにあ
る［**オブジェクト**］から［**スムーズ
シェード**］を選択して、表面を滑らかに
表示させます。

B 編集モード（ Tab キー）に切り替えて、3Dビューポートの
ヘッダーにある **[選択モード切り替え]** から **[辺選択]** を左ク
リックで有効にします。

際立たせるエッジを選択して3Dビューポートのヘッダーに
ある **[辺]** から **[シャープをマーク]** を選択します。ここで
は、鼻の下と袖口、腰、靴底のメッシュに対して設定します。
[シャープ] として指定されたメッシュは、水色で表示されま
す。

「辺選択」

選択します

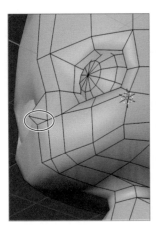
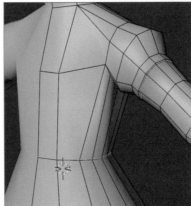
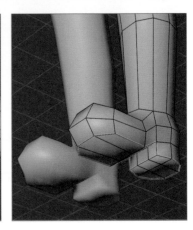

C プロパティの **「オブジェクトデータプロ
パティ」** を左クリックし、**「ノーマル」** パ
ネルの **[自動スムーズ]** にチェックを入
れて有効にします。

続けて、チェックボックス右側の値を
"180°" に設定することで、**[シャー
プ]** として指定されたメッシュ以外がす
べて **[スムーズシェード]** で表示されま
す。

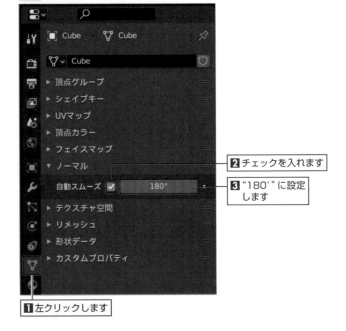

「オブジェクトデータプロパティ」

2 チェックを入れます

3 "180°" に設定
します

1 左クリックします

[シャープ] 設定前

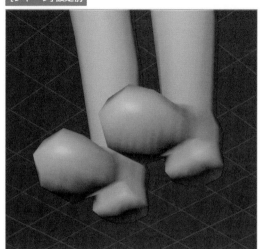

[シャープ] 設定後

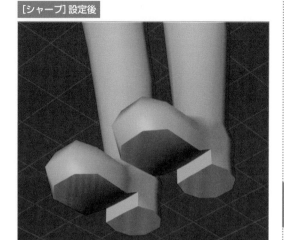

仕上がり見本　　　　　仕上がりsample ▶ SECTION5-1h.blend

SECTION 5.2　髪の毛

すでに完成した人物キャラクターに対して髪の毛を作成します。髪の毛の作成方法は、パーティクル（15ページ参照）や板状ポリゴンにテクスチャを貼り付けたものなどさまざまです。
ここでは、カーブオブジェクトをガイドとして、断面の形状を設定して髪の毛を房単位で作成します。

前髪の作成

STEP 01　スナップを用いてガイド作成　　　　オブジェクトモード 🧊 ／ 編集モード 🧊

　髪の毛を作成するためのガイドは、カーブオブジェクトでなければなりません。ここでは、編集が比較的容易なメッシュオブジェクトで作成し、最終的にカーブオブジェクトへ変換してガイドとして使用します。

Ａ SECTION 5.1で作成した人物キャラクターのファイル（**SECTION5-1h.blend**）を開きます。
3Dビューポートのヘッダーにある [**オブジェクト**] ➡ [**スナップ**] から [**カーソル→ワールド原点**] を選択します。
3Dビューポートのヘッダーにある [**追加**]（Shift + A キー）➡ [**メッシュ**] から [**平面**] を選択します（メッシュはすべて削除するので形状は問いません）。

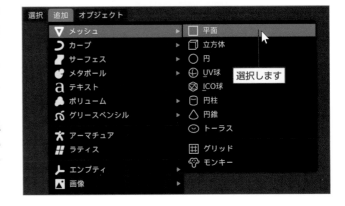

B 平面が選択された状態で編集モード（ [Tab] キー）に切り替え、すべてのメッシュを削除（ [X] キー）します。
3Dビューポートのヘッダーにある「**磁石**」アイコン  を左クリックして「**スナップ**」を有効にし、「**スナップ
先**」メニューから [**面**] を選択します。

C 前髪の付け根の位置で [Ctrl] ＋右クリックしてメッ
シュを作成します。

⚠ 編集の際は、スナップ先の面に対して垂直になるように視
点を合わせます。

「スナップ」切り替え

選択します

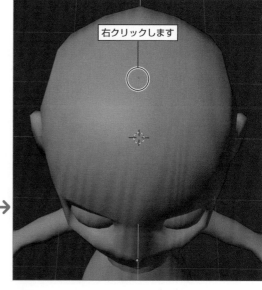

右クリックします

D プロパティの「**オブジェクトプロパティ**」を左ク
リックして「**ビューポート表示**」パネルの [**最前面**]
を有効にし、スナップ先のメッシュと重なっても隠
れず、編集中のメッシュが常に表示されるようにし
ます。

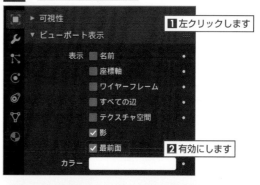

オブジェクトプロパティ

1 左クリックします

2 有効にします

E [**押し出し（領域）**] ツール（ [E] キー）を有効にして白
色の円の内側でマウス左ボタンのドラッグを行い、
毛先に向かって数回メッシュを押し出します。

[押し出し（領域）] ツール

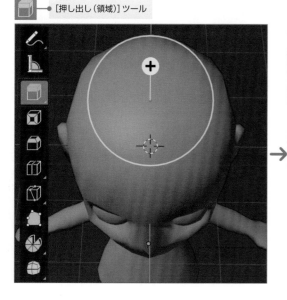

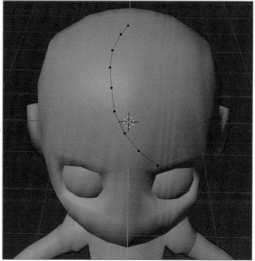

PART
5

F 選択を解除（ Alt ＋ A キー）して同様に前髪の付け根の位置で Ctrl ＋右クリックしてメッシュを作成し、
［押し出し（領域）］ ツール（ E キー）で毛先に向かって数回メッシュを押し出します。
これらの操作を繰り返し行い、前髪のガイドを作成します。

［押し出し（領域）］ツール

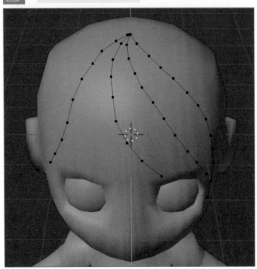
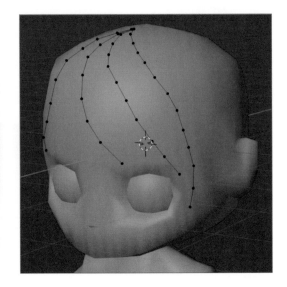

G 3Dビューポートのヘッダーにある **「磁石」** アイコン
を左クリックして **「スナップ」** を無効にします。
付け根以外のメッシュを選択して3Dビューポート
のヘッダーにある **［メッシュ］** ➡ **［トランスフォー
ム］** から **［収縮/膨張］** （ Alt ＋ S キー）を選択し、頭
部と前髪の間に隙間をつくります。

⚠ 編集が完了したら「ビューポート表示」パネルの［最前面］
を無効にします。

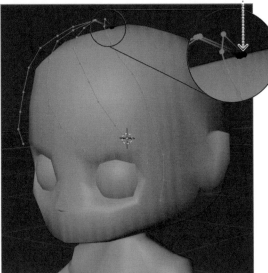
付け根のメッシュは選択しない

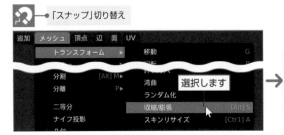
「スナップ」切り替え

選択します

H オブジェクトモード（ Tab キー）に切り替えて3D
ビューポートのヘッダーにある **［オブジェクト］** ➡
［変換］ から **［カーブ］** を選択します。

選択します

STEP 02 円をベースに断面を作成

オブジェクトモード 🔲 ／ 編集モード 🔲

sample ▶ 🔶 SECTION5-2a.blend

ガイドとして作成したカーブオブジェクトに対して設定する髪の毛の房の断面を作成します。

その断面もカーブオブジェクトでなければならないので、ガイドと同様にメッシュオブジェクトをカーブオブジェクトへ変換して作成します。

A 3Dビューポートのヘッダーにある [追加]（Shift + A キー）➡ [メッシュ] から [円] を選択します。

3Dビューポート左下の「円を追加」パネルで、[頂点] を "12" に設定します。

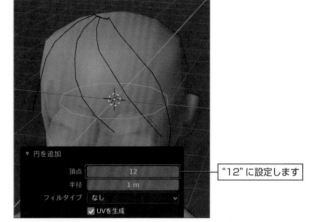

"12" に設定します

※図は透過表示になっています。

B 人物キャラクターと重ならないように円を移動します。ここでは、移動（G キー）に続けて X キーを押して、向かって右側に移動します。

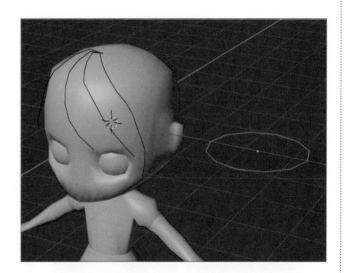

C 3Dビューポートのヘッダーにある [オブジェクト] ➡ [変換] から [カーブ] を選択します。

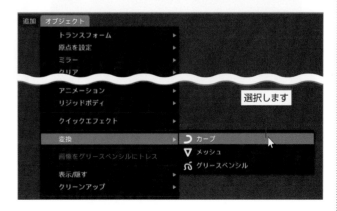

選択します

D ガイドとなるカーブオブジェクトを選択
してプロパティの**「オブジェクトデータ
プロパティ」**を左クリックします。
「ジオメトリ」パネルの**「ベベル」**にある
[オブジェクト] を左クリックで有効に
します。
「オブジェクト」から作成した"円"を選
択し、**[端をフィル]** にチェックを入れ
て有効にします。

オブジェクトデータプロパティ

2 左クリックします
3 "円" を選択します
4 チェックを入れます
1 左クリックします

E 円を選択して編集モード（Tab キー）に切り替え、サイズ（太さ）と形状を編集します。
サイズ変更（S キー）はガイドのポイント（頂点）ごとに個別に調整が可能なので、ここではおおまかでかまいません。形状は楕円に変形（S キー ➡ Y キー）し、各頂点を移動（G キー）して、図のように突起を作成します。
円を変形すると、前髪の断面も連動して変形します。

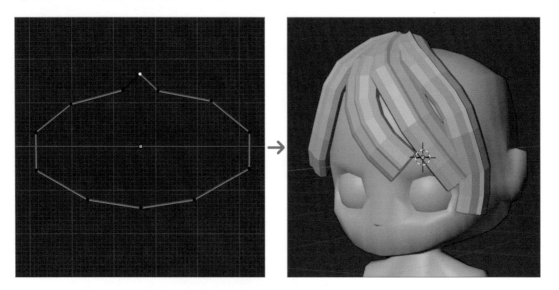

STEP 03　カーブの太さや傾きを編集　　　　オブジェクトモード 🔲 ／ 編集モード 🔲

A 前髪を選択して編集モード（ Tab キー）に切
り替え、ポイント（頂点）ごとに個別にサイズ
（太さ）と傾きを編集します。

編集は、[半径] ツールと [傾き] ツール、も
しくはサイドバー（ N キー）の「アイテム」タ
ブを左クリックすると表示される「トランス
フォーム」パネルの [平均半径] と [平均傾
き] で行います。

📐● [半径] ツール

🔧● [傾き] ツール

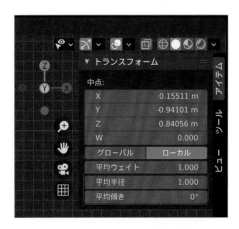

B メッシュの編集と同様に3Dビューポートのヘッダーにある [カーブ] ➡ [表示/隠す] から [選択物を隠す]
（ H キー）を選択すると、選択した箇所を非表示にすることができます。

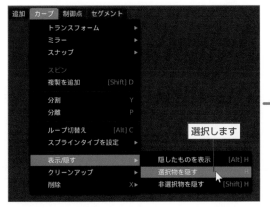

選択します

→

C 各ポイント（頂点）ごとに選択して、半径（太さ）を個別に調整します。
また、断面の突起側が正面を向くように、傾きを個別に調整します。

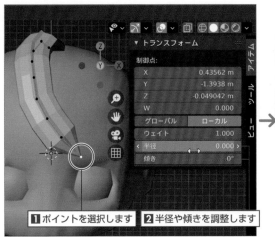

1 ポイントを選択します　**2** 半径や傾きを調整します

→

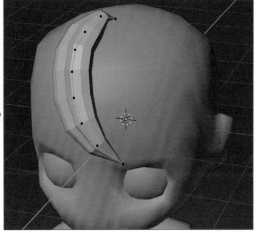

PART
5

D 髪の毛の房ごとに編集を行います。隣の房との重なり具合を見ながら、さらに半径（太さ）と傾きの調整を行います。場合によっては、ポイント（頂点）を移動（ **G** キー）して形状を整えます。

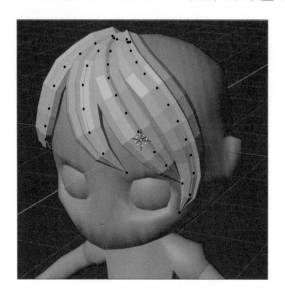
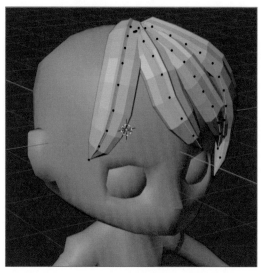

E オブジェクトモード（ **Tab** キー）に切り替え、3Dビューポートのヘッダーにある **[オブジェクト]** から **[スムーズシェード]** を選択して、ボディと同様に表面を滑らかに表示させます。

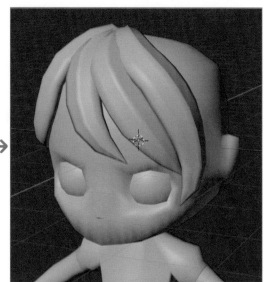

後ろ髪の作成

STEP 04 向かって右側のガイド作成

オブジェクトモード 🗍 ／ 編集モード 🗍

sample▶ 🖫 **SECTION5-2b.blend**

後ろ髪も基本的に制作手順は前髪と同じですが、後ろ髪は左右対称の形状なので、ミラーモディファイアーを用いて作成します。

A オブジェクトモードで3Dビューポートのヘッダーにある[**追加**]（Shift＋Aキー）➡[**メッシュ**]から[**平面**]を選択します（メッシュはすべて削除するので、形状は問いません）。

平面（"平面.001"）が選択された状態で編集モード（Tabキー）に切り替え、すべてのメッシュを削除（Xキー）します。

3Dビューポートのヘッダーにある「**磁石**」アイコン 🧲 を左クリックして「**スナップ**」を有効にし、「**スナップ先**」メニューから[**面**]を選択します。

「スナップ」切り替え

スナップ先
- ┼─┼ 増分
- ⠿ 頂点
- ═ 辺
- ▢ 面
- ◣ ボリューム
- ◢ 辺の中心
- ⫫ 辺と直交する点

選択します

B 髪の毛の付け根の位置でCtrl＋右クリックしてメッシュを作成します。後述で「**ミラーモディファイアー**」を設定しますが、中央に隙間ができないように、ここでは敢えて左右対称の境界である中央からはみ出した位置にメッシュを作成します。

⚠ 編集の際は、スナップ先の面に対して垂直になるように視点を合わせます。

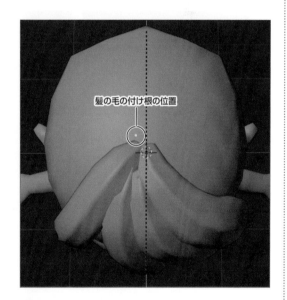

髪の毛の付け根の位置

C プロパティの「**オブジェクトプロパティ**」を左クリックして「**ビューポート表示**」パネルの[**最前面**]を有効にし、スナップ先のメッシュと重なっても隠れず、編集中のメッシュが常に表示されるようにします。

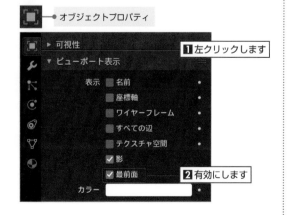

オブジェクトプロパティ

- ▶ 可視性　　　　　　　　**1**左クリックします
- ▼ ビューポート表示

表示　☐ 名前
　　　☐ 座標軸
　　　☐ ワイヤーフレーム
　　　☐ すべての辺
　　　☐ テクスチャ空間
　　　☑ 影
　　　☑ 最前面　　**2**有効にします
カラー

D [押し出し（領域）] ツール（Eキー）を有効にして白
色の円の内側でマウス左ボタンのドラッグを行い、
毛先に向かって数回メッシュを押し出します。

毛先の頭部に吸着しない部分の編集を行う際には、
3Dビューポートのヘッダーにある **「磁石」アイコン**
を左クリックして **「スナップ」** を一旦無効にしま
す。

「スナップ」切り替え

E 同様の操作で、向かって右側の髪の毛のガイドをすべて作成します。

⚠ 編集が完了したら、「ビューポート表示」パネルの [最前面] を無効にします。

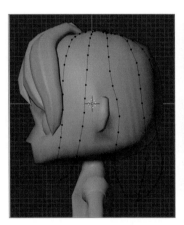 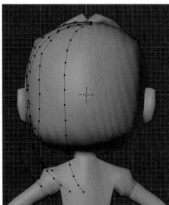 

STEP 05 ミラーモディファイアーの設定　　　　　　オブジェクトモード

A オブジェクトモード（Tabキー）に切り
替えて3Dビューポートのヘッダーにあ
る [オブジェクト] ➡ [変換] から [カー
ブ] を選択します。

⚠ ミラーモディファイアーを設定したあとにカー
ブへ変換すると、その時点で自動的にモデ
ィファイアーが適用されてしまうので、モデ
ィファイアーを設定する前にカーブへ変換し
ます。

B プロパティの「**オブジェクトデータプロパティ**」を左クリックします。「**ジオメトリ**」パネルの「**ベベル**」にある [**オブジェクト**] を左クリックで有効にします。
「**オブジェクト**」から "**円**" を選択し、[**端をフィル**] にチェックを入れて有効にします。

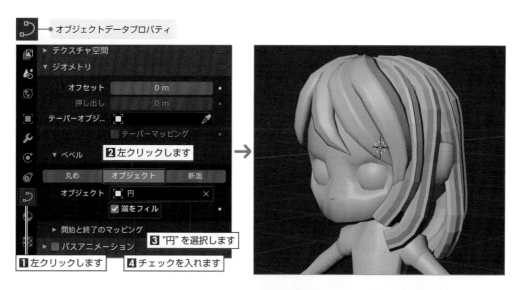

C プロパティの「**モディファイアープロパティ**」を左クリックして、「**モディファイアーを追加**」メニューから [**ミラー**] を選択します。
続けて、「**ミラー**」パネルの [**二等分：X**] を有効にして、境界からはみ出たメッシュが削除されるようにします。

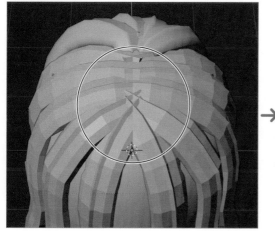

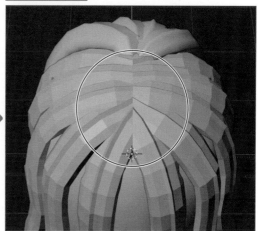

STEP 06 カーブの太さや傾きを編集　オブジェクトモード 🔲 ／ 編集モード 🔲

A 編集モード（ Tab キー）に切り替え、各ポイント（頂点）ごとに選択して半径（太さ）を個別に調整します。また断面の突起側が正面を向くように傾きを個別に調整します。

編集は、[半径] ツールと [傾き] ツール、もしくはサイドバー（ N キー）の「アイテム」タブを左クリックすると表示される「トランスフォーム」パネルの [平均半径] と [平均傾き] で行います。

- [半径] ツール
- [傾き] ツール

中点:	
X	0.15511 m
Y	-0.94101 m
Z	0.84056 m
W	0.000
グローバル	ローカル
平均ウェイト	1.000
平均半径	1.000
平均傾き	0°

B 隣の房との重なり具合を見ながら、さらに半径（太さ）と傾きの調整を行います。
場合によっては、ポイント（頂点）を移動（ G キー）して形状を整えます。

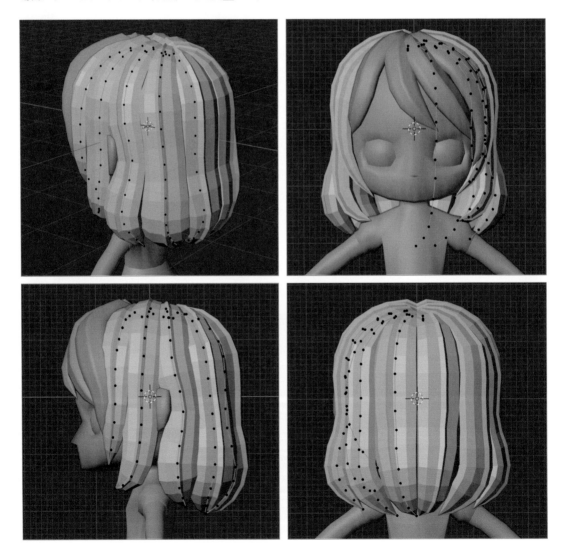

C オブジェクトモード（Tabキー）に切り替え、3D
ビューポートのヘッダーにある [**オブジェクト**] か
ら [**スムーズシェード**] を選択して、ボディや前髪
と同様に表面を滑らかに表示させます。

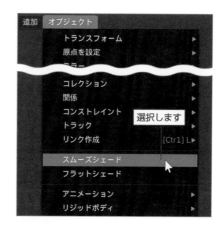

仕上がりsample ▶ 🔵 **SECTION5-2c.blend**

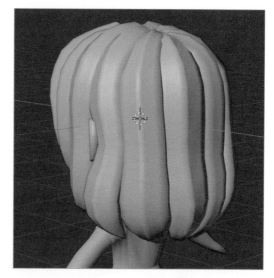

D [**傾き**] の調整など工夫しだいでは、カー
ルのかかった髪型などさまざまなアレン
ジを行うことが可能です。

PART
5

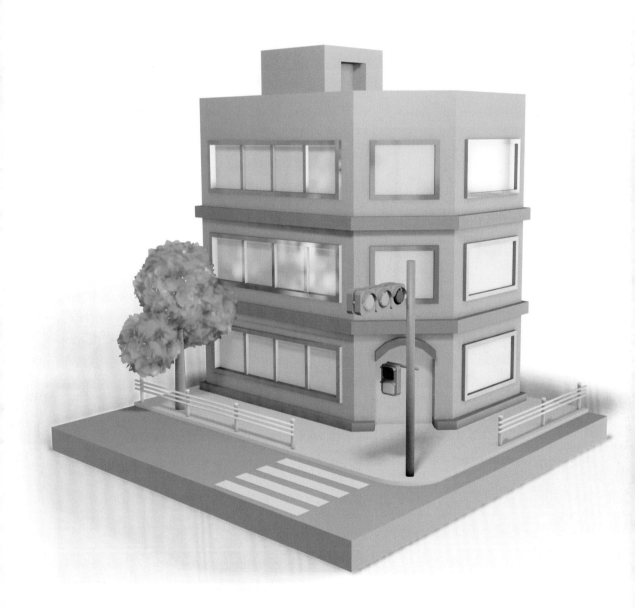

PART 6

スカルプトモデリング

SECTION 6.1　スカルプトの基本操作

スカルプトとはモデリング技法の一種で、オブジェクトをマウスでなぞって引き出したり、押し込んだり、粘土細工のように直感的に編集作業を行うことができます。

スカルプトは、人間などの有機的な形状や、通常のモデリングでは作成するのが困難な、細かく複雑な凹凸のある形状などの制作に向いたモデリング技法となります。また、ペンタブレットを活用することで、より直感的に編集作業を行うことができます。

ベースとなるおおよその形状を通常のメッシュモデリングで作成してから、ディテールをスカルプトで編集して形状を仕上げていく工程はもちろん、メッシュモデリングが苦手な方でも、立方体や球体などの単純な形状からスカルプトだけで複雑な形状を作り上げることが可能です。

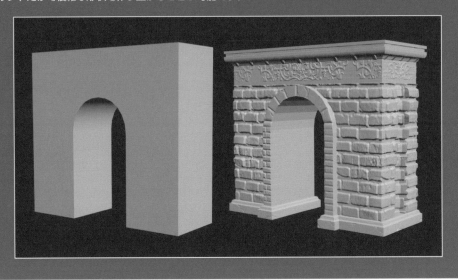

基本設定

ワークスペース「Sculpting」

スカルプトを行うオブジェクトを選択して3Dビューポートのヘッダーにあるモード切り替えメニューから[スカルプトモード]を選択すると、スカルプトが行えるようになります。

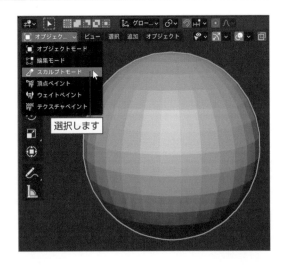

デフォルトのワークスペース「**Layout**」でもスカルプトを使用できますが、最適なワークスペース「**Sculpting**」が用意されています。

画面最上部の [**Sculpting**] タブを左クリックすると、スカルプトを使用するのに最適な画面構成に切り替わります。

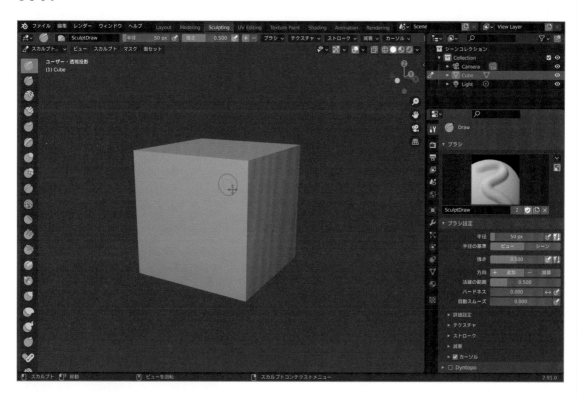

ベースの準備

メッシュの分割方法

スカルプトによって生成される凹凸の精度はメッシュの分割数に依存するため、ある程度メッシュを細分化する必要があります。そこで、メッシュの分割方法を3通り紹介します。

❖「マルチレゾリューション」モディファイアー

スカルプトに特化したモディファイアーで、スカルプトの編集を行いながら分割数を変更できます。

モディファイアーのため元のメッシュ構造が維持されており、編集モードでの編集を容易に行うことができます。アニメーションなどポーズを変更する場合に適した分割方法です。

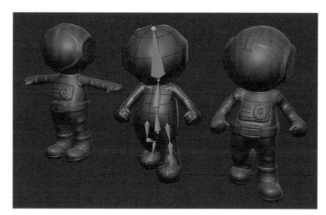

設定はプロパティの**「モディファイアープロパティ」**を左クリックして、**「モディファイアーを追加」**メニューから**[マルチレゾリューション]**を選択します。

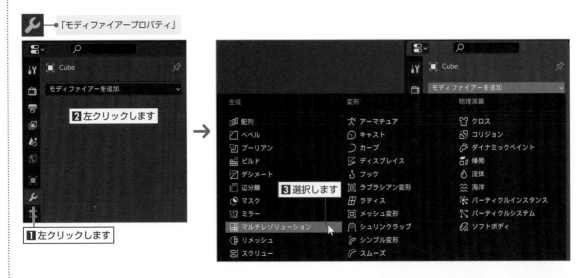

「Multires」パネルの**[細分化]**を左クリックすると、クリックした回数分細分化のレベルが上がります。細分化レベルを上げるのは、編集する形状などの状況に合わせて少しずつ行うようにしましょう。

誤って細分化のレベルを上げ過ぎてしまった場合は、**[スカルプト]**のレベル（オブジェクトモードの場合は**[ビューポートのレベル数]**）を希望のレベルまで下げて**[高いレベルを削除]**を左クリックします。

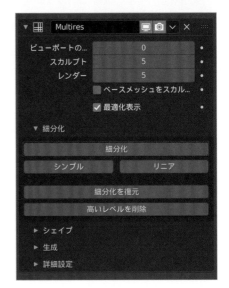

✤Dyntopo（ダイナミックトポロジー）

Dyntopoを有効にすると、ベースオブジェクトのメッシュの分割数に関係なく、なぞった部分だけが細分化されます。

編集を行っていない部分は、無駄に細分化されることはありません。

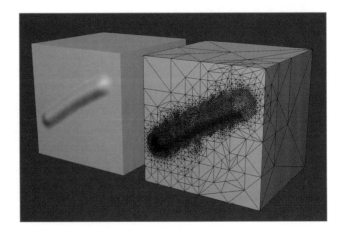

設定は、プロパティの「**アクティブツールとワークスペースの設定**」を左クリックして表示される「**Dyntopo**」パネル、または3Dビューポートのヘッダーにある「**Dyntopo**」にチェックを入れて有効（ Ctrl + D キー）にします。

　[**ディテールサイズ**] の数値を小さくすると、より細かく細分化されます。

⚠ ブラシの種類によっては細分化されないものもあります。

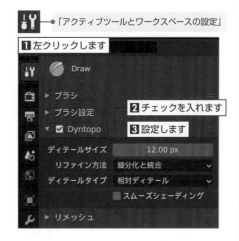

「アクティブツールとワークスペースの設定」

1 左クリックします

Draw

▶ ブラシ
▶ ブラシ設定　　　　　**2** チェックを入れます
▼ ☑ Dyntopo　　　　　**3** 設定します

ディテールサイズ　　　12.00 px
リファイン方法　　　　細分化と統合
ディテールタイプ　　　相対ディテール
　　　　　　　　　　　☐ スムーズシェーディング
▶ リメッシュ

　立方体や球体などプリミティブオブジェクトをベースにスカルプトを行うときに、[Dyntopo] を有効にすると警告が表示されます。

　プリミティブオブジェクトにはデフォルトでUVマップ（テクスチャを貼り付けるための展開情報）が設定されています。[Dyntopo] を使用する場合は、事前にUVマップを削除しましょう。

⚠ 警告！

ℹ 頂点データ発見！
　Dyntopo（ダイナミックトポロジー）スカルプトは頂点カラーやUV、その他カスタムデータを維持しません

OK　　　　　　　　　　　　　　　　　　　　　　　　　　　　　[Ctrl] D

　プロパティの「**オブジェクトデータプロパティ**」を左クリックすると、「**UVマップ**」パネルが表示されます。

　━ を左クリックすると、UVマップの情報を削除できます。

⚠ その他、頂点グループが設定されている場合は、削除が必要となります。また、シェイプキーについては警告は表示されませんが、機能しなくなるので注意しましょう。

「オブジェクトデータプロパティ」

Cube

▼ 頂点グループ

　　　　　　　　　　　＋

▼ シェイプキー

　　　　　　　　　　　＋

1 左クリックします

▼ UVマップ

　UVMap　　　　　📷　＋

▶ 頂点カラー

2 左クリックで情報
を削除します

PART
6

✤リメッシュ

本来はスカルプトによって細かくなり過ぎたメッシュを削減する機能ですが、設定しだいでは分割する方法として用いることができます。

「マルチレゾリューション」モディファイアーによる分割では、元のメッシュ構造によっては部分的にメッシュの大きさがまちまちになってしまいますが、「リメッシュ」はメッシュを再構築するため大きさが均等になります。（設定方法は342ページを参照してください）

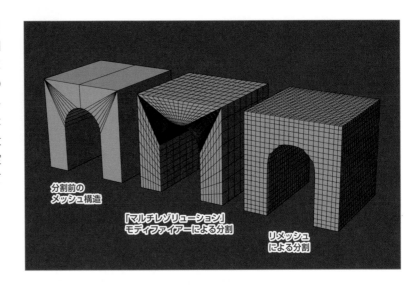

分割前の
メッシュ構造

「マルチレゾリューション」
モディファイアーによる分割

リメッシュ
による分割

ベースの作成方法

立方体や球体などプリミティブオブジェクトをベースにスカルプトを行うことも可能ですが、ベースの形状をある程度仕上がりに近づけることで、効率的に編集を行うことができます。

そこで、メッシュモデリングが苦手な方や手軽にベースを作成したい方などのために、簡単なベース作成方法を2通り紹介します。

✤複数のプリミティブオブジェクトを結合

立方体や球体など複数のプリミティブオブジェクトを組み合わせることで複雑な編集は必要なく、モチーフによっては移動や回転、拡大縮小などの単純な編集だけでも、ある程度の形状を作成することが可能です。

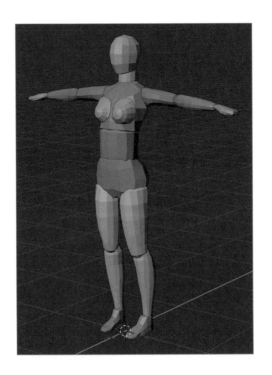

複数のオブジェクトを統合（`Ctrl` + `J` キー）し、さらに
「リメッシュ」の**［ボクセル］**（342ページ参照）を設定する
と、オブジェクトの重なり合う部分を結合することができ
ます。

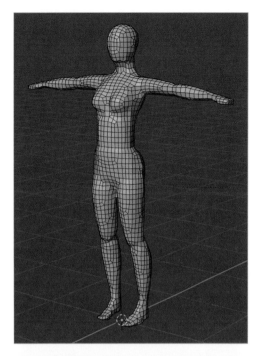

❖「スキン」モディファイアー

　PART3 SECTION3.5の犬のモデリング（157ページ）
でも紹介した**「スキン」**モディファイアーを用いることで、
頂点と辺で構成されたメッシュに対して厚みや太さのある
メッシュを生成できるので、スカルプトのベースとして十
分な形状を作成できます。

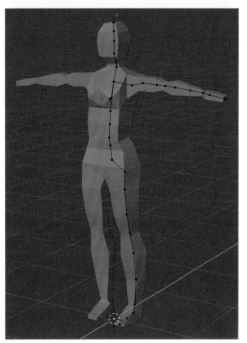

トランスフォームの適用

　準備したベースのオブジェクトは、スカルプトを行う前に必ずトランスフォーム（回転・スケール）の適用を
行いましょう（トランスフォームの確認・適用は66ページを参照）。トランスフォームの情報が残っているとス
カルプトの効果に不具合が生じる場合があります。

編集

ブラシ

スカルプトでは、オブジェクトをマウス左ボタンのドラッグでなぞることで、引き出したり、押し込んだりして形状を変形していきます。オブジェクトをなぞる際に使用するのが**[ブラシ]**ツールで、編集の要となります。

ブラシにはさまざまな種類が用意されており、ツールバー（Tキー）で切り替えることができます。

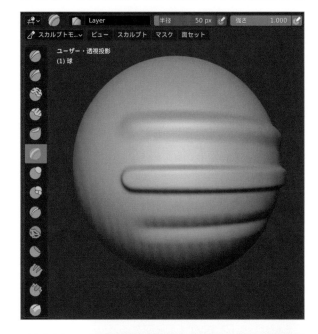

プロパティの**「アクティブツールとワークスペースの設定」**を左クリックすると**「ブラシ」**パネルと**「ブラシ設定」**パネルが表示されます。ツールバーで選択したブラシは、**「ブラシ」**パネルにサムネールが表示され、どのような形状になるか、どのような効果があるかなどを確認することができます。**「ブラシ設定」**パネルでは、ブラシの太さや強さなどを設定することができます。

[半径]でブラシの太さ（影響範囲）を設定します。**[強さ]**で効果の強さ（影響力）を設定します。それぞれ右側の**「多重円とペン」**アイコン ✐ は、有効にするとペンタブレットの筆圧感知が機能します。**「ハケと筆」**アイコン 🖌️ は、有効にすると別のブラシに切り替えても数値が維持されます。

[半径の基準]では、ブラシの半径の基準を**[ビュー]**と**[シーン]**で切り替えることができます。**[シーン]**を有効にすると、3Dビューポートの表示をズームイン／ズームアウトしてもオブジェクトに対して太さが一定に保たれます。

[方向：＋追加]で引き出し（凸）、**[方向：－減算]**で押し込み（凹）となります。Ctrlキーを押しながら編集を行うと、設定を切り替えずに逆の効果を与えることができます。

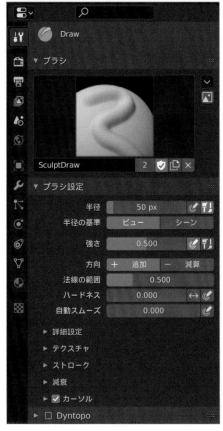

　マウスポインターをオブジェクト
に重ねると、二重の円が表示されま
す。外側がブラシの太さ、内側が強
さを表しています。

　この円は、常に法線方向に対して
垂直に表示されています。

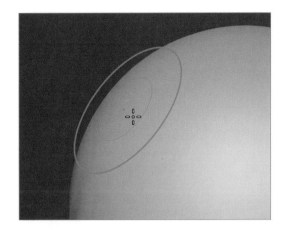

　オブジェクトの表面に細かい凹凸があった場合、それに合わせて円の角度も変化します。

　[法線の範囲] の数値を大きくすると検知する範囲が広がり、細かい凹凸の影響を受けづらくなります。

[法線の範囲] "0.000"

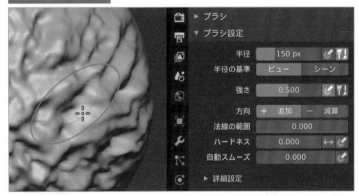

[法線の範囲] "1.000"

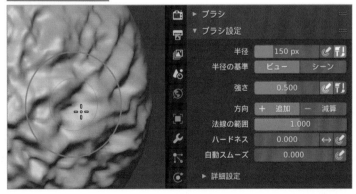

主なブラシの種類

ツールバーの上から順に、アイコンが青色のブラシは、表面に凹凸を描画する場合に使用します。赤色のブラシは、表面を平らや滑らかに整える場合に使用します。

黄色のブラシは、メッシュを移動する場合に使用します。白色のブラシは、マスクなど編集の補助を行います。その他、「クロス」ブラシや「マスク」ブラシなどが用意されています。

 ドローシャープ

「ドロー」ブラシと似ていますが、よりシャープな凹凸を生成します。また、「ドロー」ブラシとは異なりDyntopoが機能しないので、そのままのメッシュ分割数で変形されます。

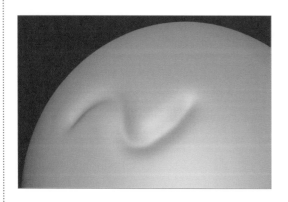

 クレイストリップ

「クレイ」ブラシの生成される形状が球体なのに対して、「クレイストリップ」は立方体となり、帯状の凹凸を生成します。

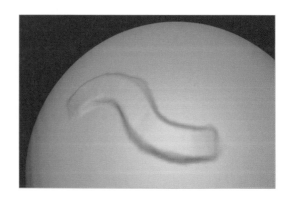

クリース

効果範囲の頂点をつまみながら、シャープな凹凸を生成します。

 スムーズ

編集によってできてしまった不要な凹凸を滑らかに整えます。

「スムーズ」以外のブラシを選択中でも、Shift キーを押しながらマウス左ボタンでドラッグすれば同様の効果となります。

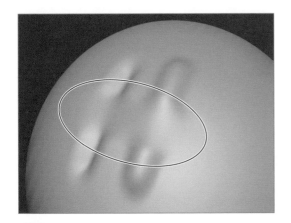

 スネークフック

「グラブ」ブラシとは異なり、引っ張る方向を一度の編集中に変更できます。

また、**「グラブ」**ブラシはDyntopoが機能しないのに対して、**「スネークフック」**ではDyntopoが機能します。

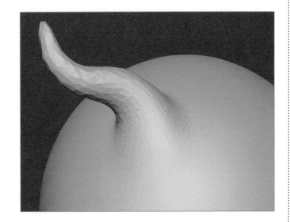

 ポーズ

関節のようにメッシュを折り曲げます。変形の基点はブラシのサイズに連動して変化しますが、**「ブラシ設定」**パネルの**[ポーズ原点オフセット]**でも変更することができます。

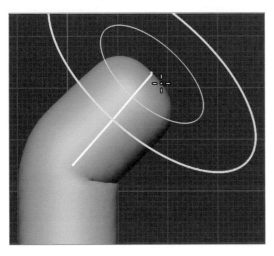

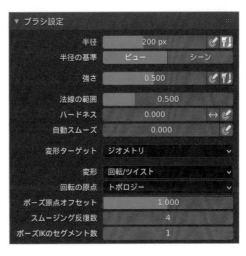

スライドリラックス

形状を極力維持しつつメッシュのトポロジー（構成）をスライドします。Shift キーを押しながら編集することで「リラックス」モードとなり、トポロジーを均等化します。

「リラックス」モードによるトポロジー均等化

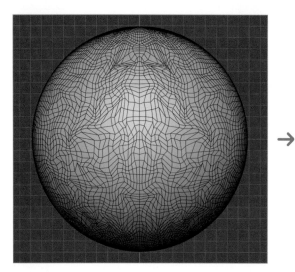 →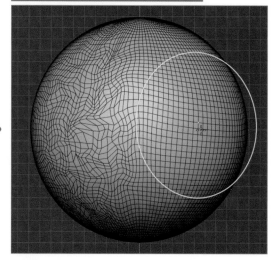

 ## 境界

ブラシの影響範囲内のメッシュを折り曲げたり、引っ張ったりして形状を変形します。体積のない板状オブジェクトなどの編集に向いています。

 ## クロス

メッシュを摘まんで移動することで、布のようなシワをつくることができます。

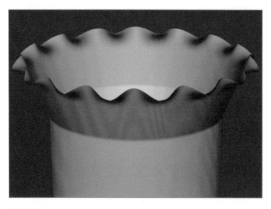

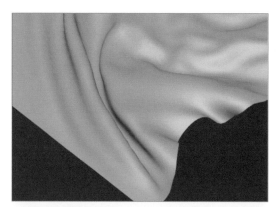

マスク

マウス左ボタンのドラッグでなぞった部分が黒色に塗られてマクスとして機能し、編集を無効にします。

ライン投影

ラインで区切った片側を削除します。削除する側は、ドラッグする方向で変化します。

 メッシュフィルター

膨張／収縮やランダムな凹凸、形状のシャープ化などメッシュ全体に変形（フィルター）を加えます。
プロパティの **「アクティブツールとワークスペースの設定」** を左クリックすると表示される **[フィルタータイプ]** から効果を変更することができます。

 クロスフィルター

メッシュに簡易的なクロスシミュレーションをかけることができます。固定する箇所にはマスクを設定します。

左から右へ向かってのドラッグで重力に従って変形します。反対に右から左へ向かってのドラッグで重力に逆らって変形します。

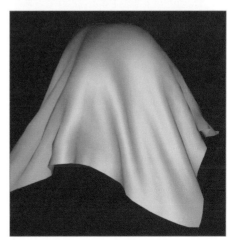

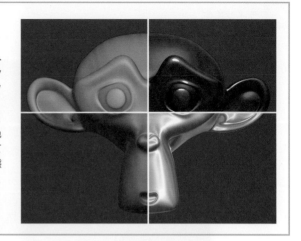

MatCap(Material Capture)とは、制作中のモデルへ
簡易的にマテリアルを設定することができ、ライティン
グ等の設定を行わなくても3Dビューポートにリアルタ
イムで表示されます。
特にスカルプティングでは複雑な凹凸を扱う場合が多く、
マテリアルによってその見え方は大きく変化します。色
合いや光沢、反射などさまざまなMatCapが用意されて
おり、それらを活用することでより仕上がりに近い状態
を確認しながら編集することができます（詳しくは、
156ページを参照してください）。

マスク

　「**マスク**」ブラシなどで黒色に塗った部分はマス
クとして機能し、編集を無効にします。
　3Dビューポートのヘッダーにある［**マスク**］から
は、［**マスクを反転**］（ Ctrl ＋ I キー）や［**マスクをク
リア**］（ Alt ＋ M キー）、境界線をぼかす［**マスクをス
ムーズに**］などマスクの編集項目を選択できます。

面セット

　メッシュを［**面セットをドロー**］などで塗り分ける
ことで、面セットを設定することができます。面セッ
トは色々な編集場面で活用できます。

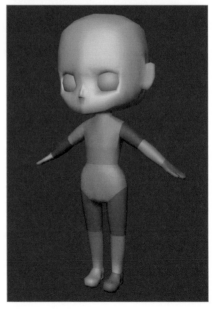

❖設定方法

[面セットをドロー] ツールを有効にしてメッシュをマウス左ボタンのドラッグでなぞると、面セットとして色を塗ることができます。マウス左ボタンを離すと色が切り替わり、新たな色を塗ることができます。

Ctrl キーを押しながらマウス左ボタンのドラッグで同じ色を塗り足すことができます。

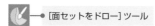 ●─ [面セットをドロー] ツール

⚠ 面セットの配色はランダムに設定されます。

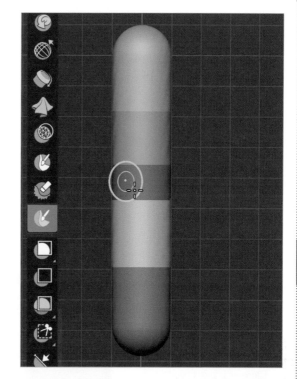

[ボックス面セット] ツールは、矩形で囲んだ箇所を塗ることができます。

 ●─ [ボックス面セット] ツール

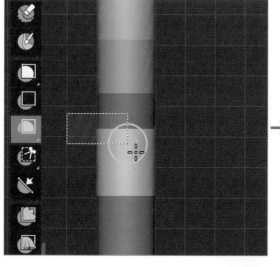 →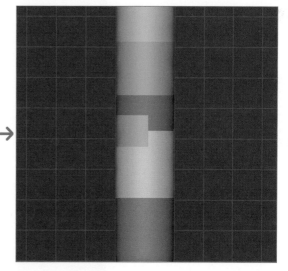

3Dビューポートのヘッダーにある [面セット] ➡ [面セットを初期化] からは、マテリアルごとに塗り分けたり、辺に設定されているUVシームやシャープ辺などによって塗り分けたりすることができます。

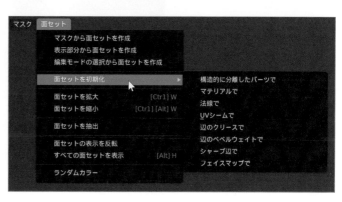

❖活用方法

表示／非表示

　Hキーを押すと、マウスポインターと重なっている面セット以外が非表示になります。

　Shift + Hキーを押すと、マウスポインターと重なっている面セットが非表示になります。

　Alt + Hキーで再度表示することができます。

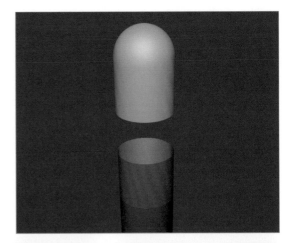

マスク

　プロパティの「**アクティブツールとワークスペースの設定**」を左クリックすると表示される「**オプション**」パネルの [**面セット**] を有効にすると、一回の編集（ドラッグ）では、別の面セットへの変形が無効化されます。

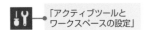「アクティブツールとワークスペースの設定」

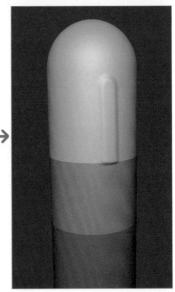

　「**オプション**」パネルの [**面セット境界**] を有効にすると、面セットの境界部分への変形が無効化されます。

疑似頂点グループ

「ポーズ」ブラシによる編集で、頂点グループのように面セット単位で変形を行うことができます。

プロパティの「アクティブツールとワークスペースの設定」を左クリックして表示される「ブラシ設定」パネルの「回転の原点」から [面セット] を選択すると機能します。

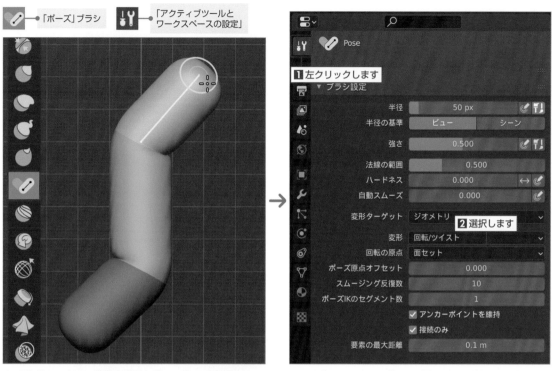

⚠ 頂点グループとは、複数の頂点をグループとして登録することができ、モディファイアーの部分的反映やボーン変形での連動箇所の指定などに用いられます。

テクスチャ

読み込んだ画像の形状をブラシとして使用することができます。

画像の読み込みは、プロパティの「テクスチャプロパティ」を左クリックして [新規] を左クリックします。

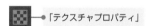● 「テクスチャプロパティ」

PART
6

「**タイプ**」が [**画像または動画**] になっていること
を確認し、「**画像**」パネルの「**設定**」にある [**開く**] を左
クリックします。

画面がBlenderファイルビューに切り替わるので、
使用する画像を指定します。

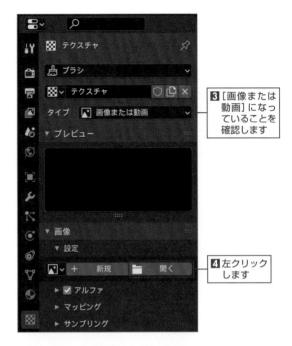

3 [画像または
動画] になっ
ていることを
確認します

4 左クリック
します

描画するいずれかのブラシを選択してプロパティの
「**アクティブツールとワークスペースの設定**」を左ク
リックすると「**ブラシ設定**」パネルが表示されます。

「**ブラシ設定**」パネルの「**テクスチャ**」には読み込
んだ画像のサムネイルが表示されます。複数の画像を
読み込んだ場合は、サムネイルを左クリックすると切
り替えることができます。

この状態で編集を行うと、メッシュが画像の形状に
変形します。

「アクティブツールとワークスペースの設定」

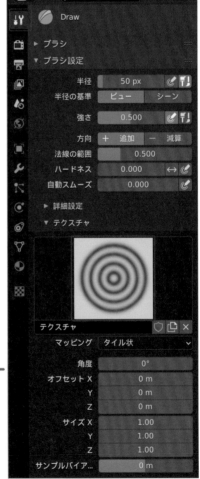

対称

プロパティの「**アクティブツールとワークスペースの設定**」を左クリックすると「**対称**」パネルが表示されます。

「**ミラー**」のいずれかを有効にすると、指定した軸を対称としてどちらか一方を編集すると逆側も対称的に編集されます。

デフォルトでは [**フェザー**] が有効になっており、対称の境界を超えて編集を行った際の重なった部分の効果を弱めます。

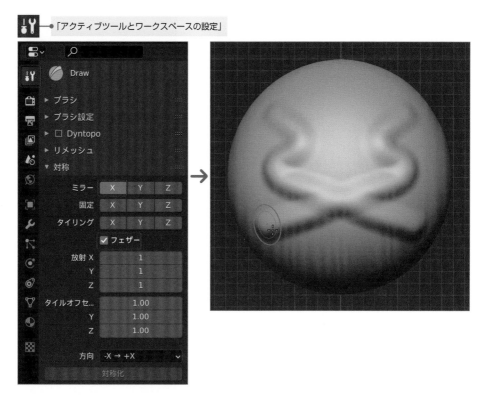

[**固定**] は、それぞれのローカル座標の軸方向への編集を無効にします。

[**タイリング**] は、それぞれのローカル座標の軸方向へ [**タイルオフセット**] で指定した間隔（数値が小さいほど間隔が狭まります）で連続で編集されます。

[**放射**] は、それぞれのローカル座標の軸方向へ指定した回数分、放射状に連続で編集されます。

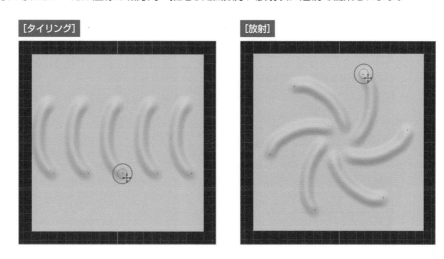

[タイリング]　　　　　　　　　　　　　　　[放射]

リトポロジー

オブジェクトのメッシュ構造のことを「**トポロジー**」と言い、そのメッシュ構造を再構築することを「**リトポロジー**」と言います。

スカルプトによる編集で細かく分割されたメッシュや3Dスキャンしたオブジェクトなどは、ポリゴン数が極端に多く容量も大きくなってしまいます。そのため、テクスチャを貼り付けるためのUV展開やアーマチュア（骨格）を適用しての変形など、そのままでは非常に扱いづらい状態となっています。

そのようなモデルをさまざまな場面で扱えるようにするには、リトポロジーでメッシュ構造を再構築してポリゴン数を減らすことが必要となります。

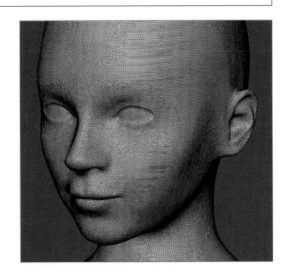

自動リトポロジー

✿ボクセル

オブジェクトモードまたはスカルプトモードでプロパティの「**オブジェクトデータプロパティ**」を左クリックすると、「**リメッシュ**」パネルが表示されます。

「**モード**」の［**ボクセル**］を有効にすると、面の大きさをできるだけ均等に揃えたメッシュで再構築されます。形状の再現度はあまり高くありませんが、処理が速いのが特長です。［**ボクセルサイズ**］で生成される面の大きさを指定します。

［**ボクセルリメッシュ**］を左クリックするとメッシュの再構築が実行されます。スカルプトの編集中にメッシュを整えたり、メッシュの交差部分の結合などにも使用できます。

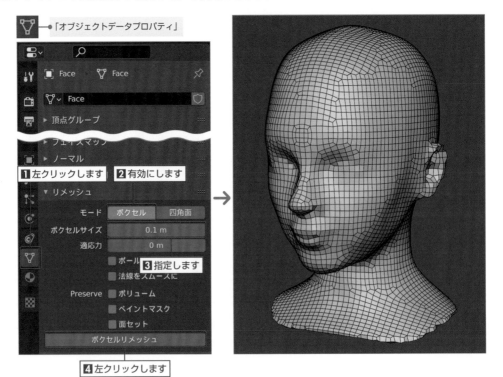

［ボクセルサイズ］を設定する際、スカルプトモードで Shift + R キーを押すとグリッドが表示され、プレビューしながらサイズを指定することができます。

マウスポインターを左右に移動するとグリッドの大きさが変化します。左クリックで決定、右クリックでキャンセルとなります。

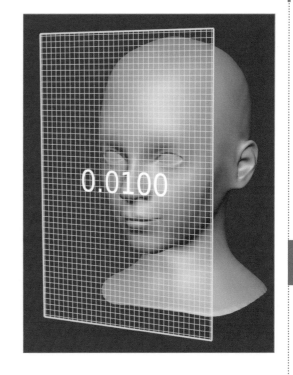

❖ 四角面

「リメッシュ」パネルの「モード」で［四角面］を有効にすると、凹凸などの形状に沿ってメッシュが再構築されます。ボクセルに比べて処理は遅くなりますが、形状の再現度が比較的高いのが特長です。

［QuadriFlow リメッシュ］を左クリックすると、「QuadriFlow リメッシュ」メニューが表示されます。「モード」では、［面（数）］［（現状との）比率］［辺の長さ］から再構築の基準を選択します。

［OK］を左クリックすると実行されます。

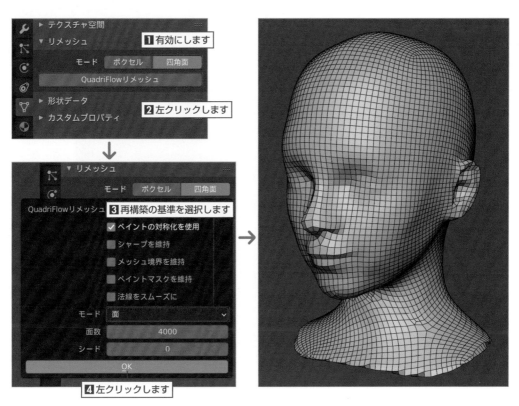

手動リトポロジー

自動ではどうしても再現度に限界があります。さらに再現度を上げるためには、手動でリトポロジーを行う必要があります。

スナップ機能と [ポリビルド] ツールを使用すると、手動でも比較的簡単にリトポロジーを行うことができます。

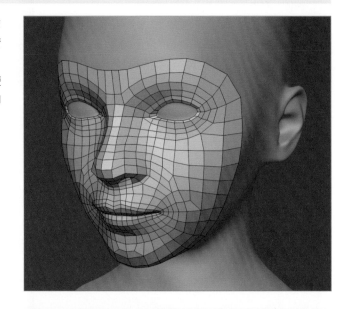

A オブジェクトモードで3Dビューポートのヘッダーにある [追加]（Shift + A キー）から [メッシュ] ➡ [平面] を選択します。

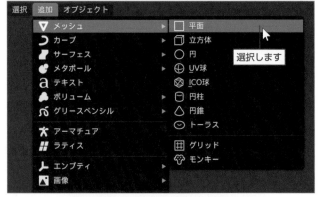

B 平面が選択された状態で編集モード（Tab キー）に切り替え、3Dビューポートのヘッダーにある「磁石」アイコン🧲を左クリックして「スナップ」を有効にします。「スナップ先」メニューから [面] を選択します。

これによって頂点を移動すると、シーンに配置されている他のオブジェクトの面に、（視点から垂直に）吸着するようになります。

🧲 ●「スナップ」

C 編集の際メッシュが重なり合って作業が
しづらいので、プロパティの**「オブジェ
クトプロパティ」**を左クリックして表示
される**「ビューポート表示」**パネルの**[最
前面]**にチェックを入れて有効にします。

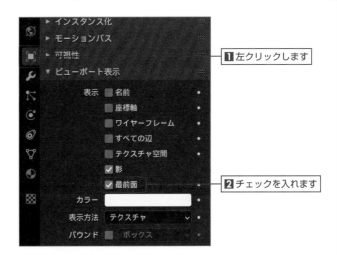

1 左クリックします

2 チェックを入れます

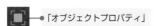

「オブジェクトプロパティ」

D ツールバー（Tキー）の**[ポリビルド]**
ツールを選択します。
マウスポインターを頂点に近づけると、
頂点が青色で表示されます。
その状態でマウス左ボタンでドラッグす
ると移動することができ、スナップが有
効になっているので面に吸着します。

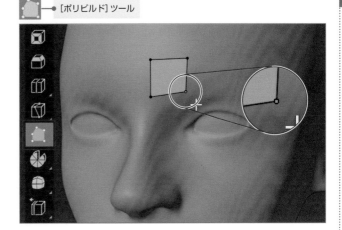

[ポリビルド]ツール

PART
6

E マウスポインターを辺に近づけると、辺が青色で表示されます。
その状態で左クリックまたはマウス左ボタンでドラッグすると、メッシュを押し出すことができます。

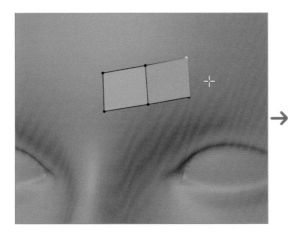

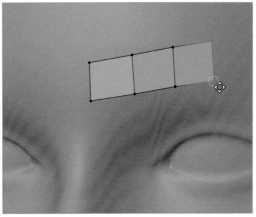

F [Ctrl] キーを押しながら左クリックまたはマウス左ボタンでドラッグすると、三角面が生成されます。
同様の操作を繰り返すと、2つの三角面が四角面に変換されます。

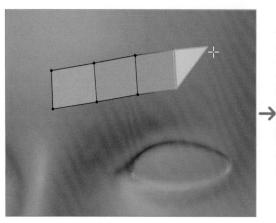
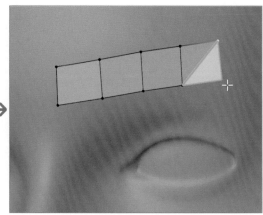

G [Shift] キーを押しながらマウスポインターをメッ
シュに近づけると、赤色で表示されます。
その状態で左クリックすると、面または頂点を削除
することができます。

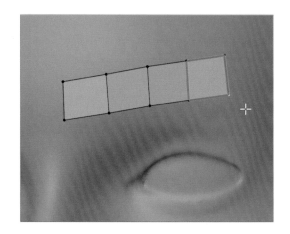

H プロパティの「**アクティブツールとワークスペース
の設定**」を左クリックすると「**オプション**」パネルが
表示されます。
「**オプション**」パネルの [**自動マージ**] にチェックを
入れて有効にすると、[**しきい値**] で設定した距離
内に近づいた頂点が自動的に結合されるようにな
り、編集の際に誤ってできてしまう重複点の発生を
防ぐことができます。

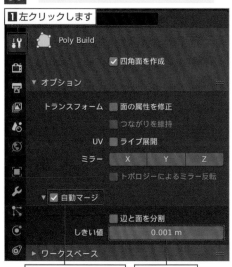

SECTION 6.2　猫

スカルプトで猫を作成します。プリミティブオブジェクトの立方体と球体を結合させて、スカルプトのベースとして使用します。
全体のフォルムからディテールまでさまざまなブラシを活用して、スカルプティングを行います。

ベースの作成

STEP 01　立方体と球体の編集　　　　　編集モード

A デフォルトで配置されている立方体オブジェクト "Cube" が選択された状態で [編集モード]（Tab キー）に切り替えます。すべてのメッシュが選択された状態で拡大（S キー）します（アバウトなサイズで大丈夫です）。
拡大直後、3Dビューポートの左下に「**拡大縮小**」パネルが表示されるので、▶を左クリックして開きます。[スケール X] を "1.000"、[Y] を "1.700"、[Z] を "1.000" と入力してサイズ変更を行います。

⚠ オブジェクトモードで拡大縮小などの編集を行うと倍率などの情報が残った状態となり、スカルプトの効果に不具合が生じる場合があるので注意しましょう。

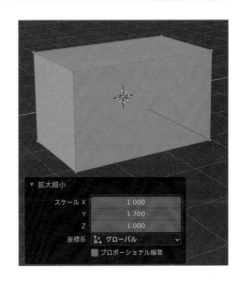

B [ベベル] ツールを有効にすると、ラインの先端に ◯ が表示されるので、マウス左ボタンでドラッグしてベベルを実行します（アバウトなサイズで大丈夫です）。

 [ベベル] ツール

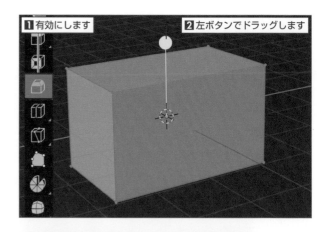

C 3Dビューポート左下の「**ベベル**」パネルで [**幅**] を "0.5"、[**セグメント**] を "2" に設定します。

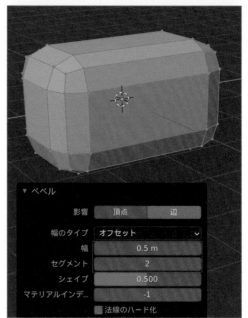

D 3Dカーソルが原点にあることを確認して3Dビューポートのヘッダーにある [**追加**]（ Shift ＋ S キー）から [**UV球**] を選択します。
3Dビューポート左下の「**UV球を追加**」パネルで [**半径**] を "1.8" に設定します。

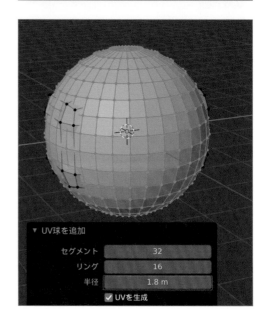

E ライトビュー（テンキー③）に切り替え
て（立方体を変形した）直方体を胴体、球
体を頭部として球体の位置を調整（**G**
キー）します。

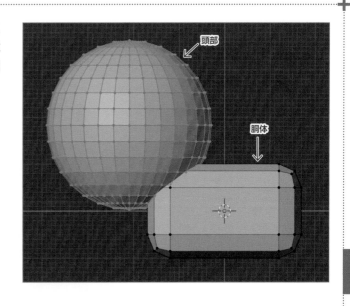

頭部

胴体

STEP 02　リメッシュ（ボクセル）でメッシュの結合　　　　オブジェクトモード 🔲

A [**オブジェクトモード**]（**Tab**キー）に切り替えてプ
ロパティの「**オブジェクトデータプロパティ**」を左
クリックします。
「**リメッシュ**」パネルにある「**モード**」の[**ボクセル**]
を有効にします。[**ボクセルリメッシュ**]を左ク
リックしてメッシュの再構築を実行し、胴体と頭部
を結合します。

●「オブジェクトデータプロパティ」

| ▶ ノーマル |
| ▶ テクスチャ空間 |
| ▼ リメッシュ　**2** 有効にします |

モード	ボクセル	四角面
ボクセルサイズ	0.1 m
適応力	0 m
	☐ ポールを修正
	☐ 法線をスムーズに
Preserve	☐ ボリューム
1 左クリックします	☐ ペイントマスク
	☐ 面セット
	ボクセルリメッシュ
▶ 形状データ　**3** 左クリックします

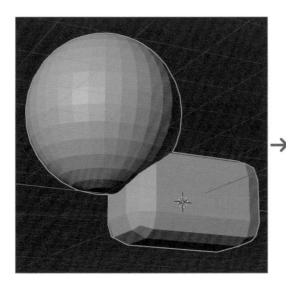

→

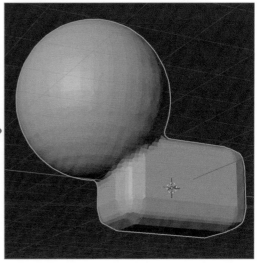

スカルプティングでフォルム作成

A 画面最上部の [Sculpting] タブを左ク
リックしてワークスペース（画面構成）
を切り替えます。

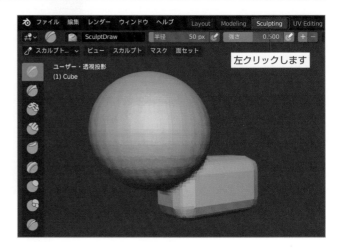

B プロパティの「**アクティブツールとワー
クスペースの設定**」を左クリックして表
示される「**Dyntopo**」パネルにチェック
を入れて有効（ Ctrl + D キー）にし、編
集箇所を自動的に細分化させるようにし
ます。
さらに [**ディテールサイズ**] の数値を
"**3.00**" に設定して、細分化されるメッ
シュの大きさを指定します。

⚠ ブラシの種類によっては細分化されないもの
　もあります。

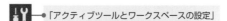
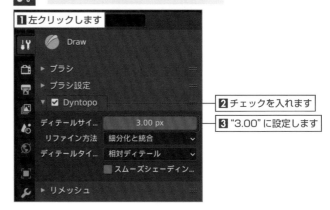

C 続いて、「**対称**」パネルにある「**ミラー**」の [X] を有効にして、左右対称に編集が行えるようにします。

⚠ 「Dyntopo」と「対称」については、3Dビューポートのヘッダーでも同様の設定が可能です。

「対称」パネル

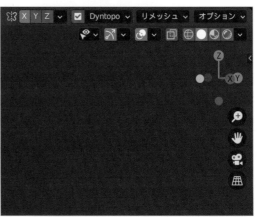

3Dビューポートのヘッダー

STEP 04　脚の作成　　　　　　　　　　　　　　　　　　スカルプトモード

A　「**スネークフック**」ブラシを有効にします。
プロパティの「**アクティブツールとワーク
スペースの設定**」を左クリックして表示さ
れる「**ブラシ設定**」パネルにある「**半径の基
準**」から [**シーン**] を有効にします。
さらに「**半径**」を "**0.7**" に設定します。

⚠ 「半径の基準」の [ビュー] では、表示サイズに
よってオブジェクトに対しての影響範囲が変化
するため、ここでは、ズームイン／ズームアウ
トしても一定に保たれる [シーン] を有効にし
ます。

B　ライトビュー（テンキー ③）に切り替えて前脚の付け根部分からマウス左ボタンのドラッグで、下方向に向
かってメッシュを押し出します。

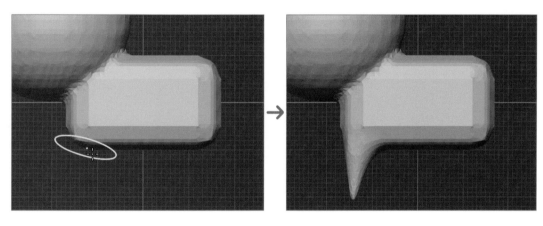

C　後ろ脚の付け根部分からマウス左ボタンのドラッグで、下方向に向かってメッシュを押し出します。
「**スネークフック**」ブラシは押し出す方向を変化することができます。

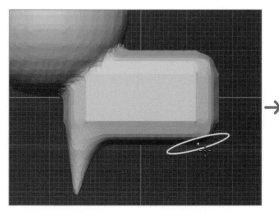
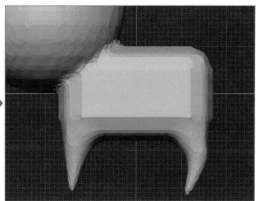

D 「インフレート」ブラシを有効にします。「インフレート」ブラシはメッシュを膨張します。

ここでは、作成した脚をマウス左ボタンでドラッグして太さを調整します。

● 「インフレート」ブラシ

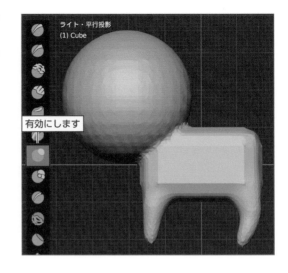

STEP 05　足の甲の作成　　　　　　スカルプトモード

A まず前足の甲から作成するので、後ろ脚を非表示にします。

「**ボックスハイド**」を有効にして、マウス左ボタンのドラッグで後ろ脚付近を囲むと、囲んだ部分が非表示になります。

● 「ボックスハイド」

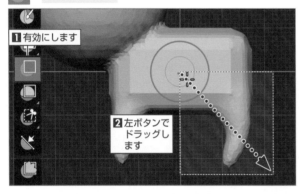

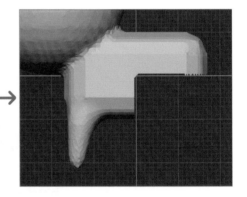

B フロントビュー (テンキー 1) に切り替えて「**ドロー**」ブラシを有効にします。「**ブラシ設定**」パネル、または 3Dビューポートのヘッダーにある「**半径**」を "**0.3**" に設定し、足の甲付近をマウス左ボタンでドラッグしてメッシュを押し出します。

● 「ドロー」ブラシ

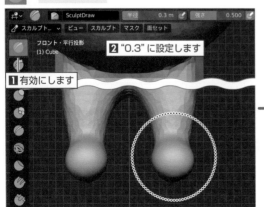

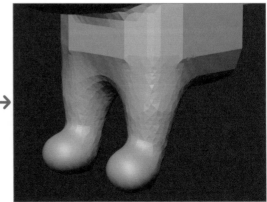

C 後ろ脚を再度表示して今度は前脚を非表示にします。
「**ボックスハイド**」を有効にして `Ctrl` キーを押しながらマウス左ボタンのドラッグで後ろ脚付近を囲むと、非表示になっていた箇所が表示されます。
続けて（`Ctrl` キーを押さずに）前脚付近を囲んで非表示にします。

　「ボックスハイド」

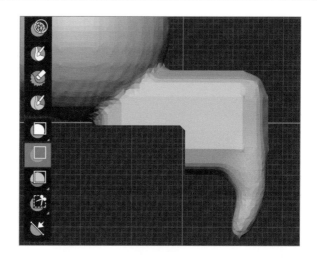

D 前足の甲と同様にフロントビュー（テンキー `1`）に切り替えて「**ドロー**」ブラシを有効にし、足の甲付近をマウス左ボタンでドラッグしてメッシュを押し出します。

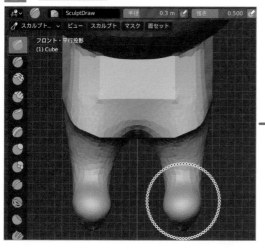

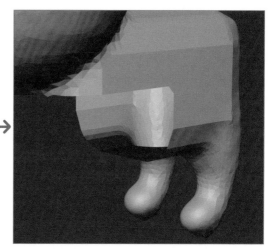

E 「**ボックスハイド**」を有効にし、`Ctrl` キーを押しながらマウス左ボタンのドラッグで前脚付近を囲んで、非表示になっていた箇所を表示させます。
足の甲の高さが揃っていない場合は、「**エラスティック変形**」ブラシなどを用いてメッシュを移動して高さを揃えます。

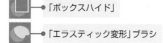　「ボックスハイド」
　「エラスティック変形」ブラシ

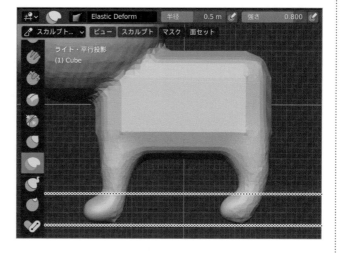

F 足の裏を平らにカットします。

ライトビュー（テンキー③）に切り替えて**「ライン投影」**を有効にします。

足の裏の高さで向かって左から右にマウス左ボタンのドラッグで、水平にラインを引いてラインから下側の
メッシュを削除します。

「ライン投影」

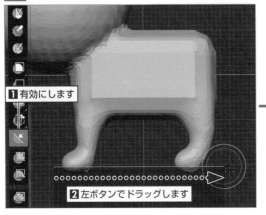
1 有効にします

2 左ボタンでドラッグします

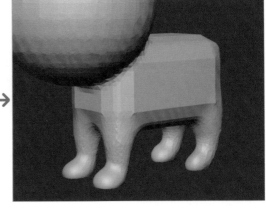

STEP 06　尻尾の作成

スカルプトモード 🔄　　sample ▶ 📄 SECTION6-2b.blend

A トップビュー（テンキー⑦）に切り替えて**「スネークフック」**ブラシを有効にします。

「ブラシ設定」パネル、または3Dビューポートのヘッダーにある**「半径」**を "0.3" に設定し、尻尾の付け根付近からマウス左ボタンでドラッグして向かって上方向にメッシュを押し出します。

「スネークフック」ブラシ

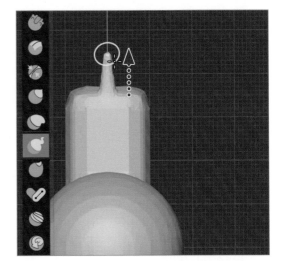

B ライトビュー（テンキー③）に切り替えて**「スネークフック」**ブラシで尻尾の形状に合わせてマウス左ボタンでドラッグしてさらにメッシュを押し出します。

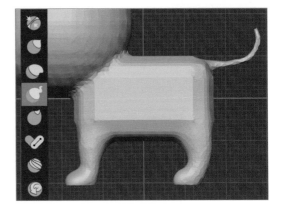

C 「**インフレート**」ブラシを有効にして、マ
ウス左ボタンのドラッグで尻尾の太さを
調整します。

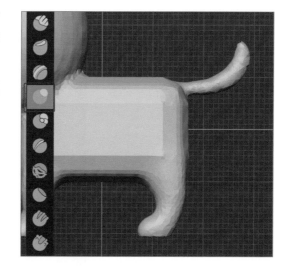

「インフレート」ブラシ

STEP 07 耳の作成　　　　　　　　　　　　　　スカルプトモード 🔲

A 「**ドロー**」ブラシを有効にしてマウス左
ボタンのドラッグで耳の付け根のメッ
シュを押し出します。

「ドロー」ブラシ

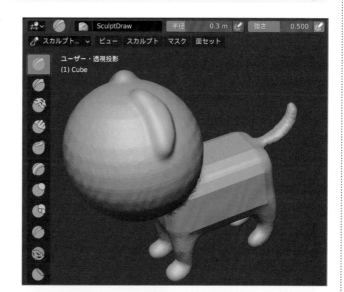

B マウス左ボタンのドラッグを繰り返し行
い、さらに耳のメッシュを押し出します。

⚠ この時点では、図のようにある程度表面に凸
凹があっても問題ありません。

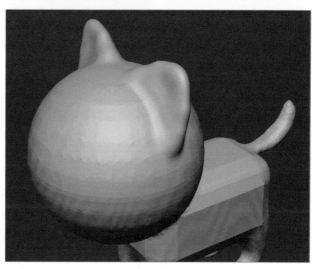

C 「エラスティック変形」ブラシを有効にしてマウス左ボタンのドラッグで耳の形状を整えます。

「ブラシ設定」パネル、または3Dビューポートのヘッダーにある「半径」を"0.3〜0.5"に設定して少しずつメッシュを移動し、変形していきます。

表面の凸凹な部分は、Shiftキーを押しながら（または「スムーズ」ブラシを使って）マウス左ボタンのドラッグで滑らかにします。

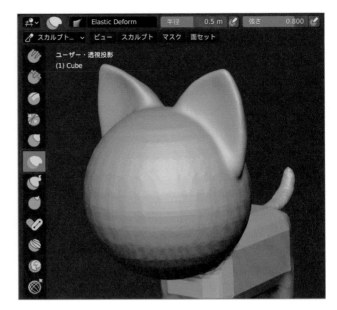

「エラスティック変形」ブラシ

STEP 08 輪郭の作成　　　　　　　　　　　　　　スカルプトモード

A 「エラスティック変形」ブラシを有効にして「ブラシ設定」パネル、または3Dビューポートのヘッダーにある「半径」を"0.7〜1"に設定します。

ライトビュー（テンキー③）に切り替えて図のように目の付近を窪ませて、鼻と口の付近を押し出します。

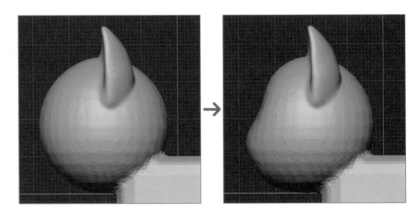

B フロントビュー（テンキー①）に切り替えて、図のように頬の付近を外側に向かって押し出します。

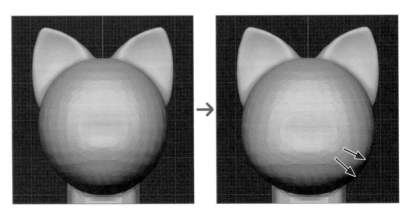

C 「ブラシ設定」パネル、または3Dビューポートのヘッダーにある「**半径**」を"**1〜1.5**"に設定します（数値を直接入力することで、スライドによる設定最大値の"**1**"以上に設定することが可能です）。
頭頂部からマウス左ボタンでドラッグして頭部を横長の楕円に変形します。

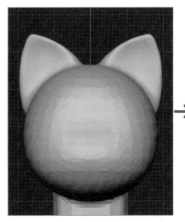
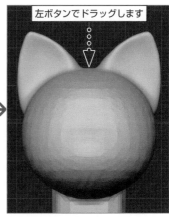

左ボタンでドラッグします

PART 6

メッシュの分割

STEP 09　リメッシュ（四角面）の実行　　スカルプトモード 🖉　　sample ▶ 🔷 SECTION6-2c.blend

　全体的にフォルムの編集が完了したので、ディテールの編集を行う前に改めてメッシュの再構築を行い、メッシュの大きさを均等に揃えます。

A スカルプトによってまちまちになったメッシュの大きさをリメッシュで均等にします。ただし、「**Dyntopo**」が有効になっているとリメッシュが実行できないので、無効にします。
プロパティの「**アクティブツールとワークスペースの設定**」を左クリックして表示される「**Dyntopo**」パネルのチェックを外して無効（ **Ctrl** ＋ **D** キー）にします。

⚠ 3Dビューポートのヘッダーでも同様の設定が可能です。

B プロパティの「**オブジェクトデータプロパティ**」を左クリックして「**リメッシュ**」パネルにある「**モード**」の [四角面] を有効にします。
ベースを作成する際はメッシュを結合する必要があったので [ボクセル] を用いましたが、ここではボクセルに比べて処理は遅くなりますが、形状の再現度が比較的高い [四角面] を用いてメッシュの再構築を行います。
[QuadriFlowリメッシュ] を左クリックします。

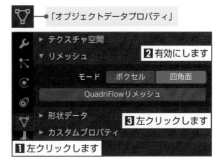

C [QuadriFlowリメッシュ] を左クリックすると、「QuadriFlowリメッシュ」メニューが表示されます。

再構築されるメッシュが左右対称になるように、[ペイントの対称化を使用] にチェックを入れて有効にします。さらに実行後に表面を滑らかに表示させるため、[法線をスムーズに] にチェックを入れて有効にします。

[OK] を左クリックすると、実行されます。

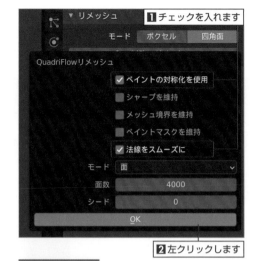

リメッシュ実行前

リメッシュ実行後

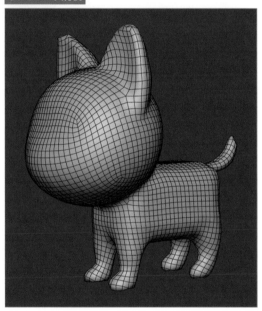

STEP 10 「マルチレゾリューション」モディファイアーの設定 スカルプトモード

A ディテールの編集のためにメッシュの分割を行いますが、ここではこれまで用いた「Dyntopo」ではなく「マルチレゾリューション」モディファイアーを設定します。

プロパティの「モディファイアープロパティ」を左クリックして「モディファイアーを追加」メニューから [マルチレゾリューション] を選択します。

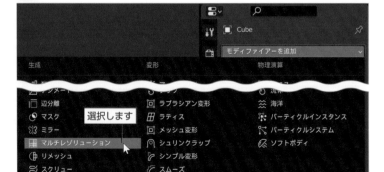

B 「Multires」パネルの [**細分化**] を2回左クリックして、細分化レベルを "**2**" に設定します。

> ⚠ パソコンの動作が鈍くなったり、レベルを上げすぎてしまった場合は、[スカルプト] のレベルを下げて [高いレベルを削除] を左クリックします。

2回左クリックします

スカルプティングでディテール作成

STEP 11 メッシュを窪ませる

スカルプトモード 🧊

A ディテールの編集を行う前に、表面を滑らかにします。
「**スムーズ**」ブラシを有効にして、首の付け根や胴体など角ばった部分をマウス左ボタンのドラッグで滑らかにします。

●━「スムーズ」ブラシ

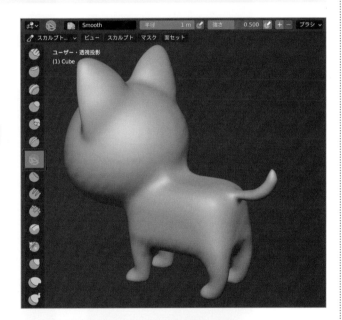

B 尻尾など「**スムーズ**」ブラシによって収縮した部分は、「**インフレート**」ブラシを有効にしてマウス左ボタンのドラッグで調整します。

●━「インフレート」ブラシ

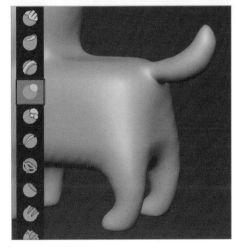

C 「レイヤー」ブラシを有効にして「ブラシ設定」パネル、または3Dビューポートのヘッダーにある「半径」を
"0.2" 前後に設定し、「方向」の [−減算]（3Dビューポートヘッダーでは ━ ）を有効にします。
フロントビュー（テンキー 1 ）に切り替えて、マウス左ボタンのドラッグで図のように目と耳に窪みを作成
します。

⚠ 「レイヤー」ブラシは一定の高さに凹凸を作成しま
す。ドラッグを重ねて行うと段差ができてしまう
ので、ここでは一度のドラッグで編集を行うよう
にします。

● 「レイヤー」ブラシ

D 「ドロー」ブラシを有効にして「ブラシ設定」
パネル、または3Dビューポートのヘッダー
にある「方向」の [−減算]（3Dビューポート
ヘッダーでは ━ ）を有効にします。
目と耳の内側をマウス左ボタンのドラッグで
さらに窪ませます。

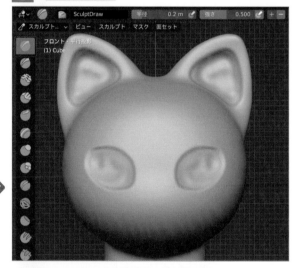

● 「ドロー」ブラシ

E Shift キーを押しながら（または「スムーズ」
ブラシで）マウス左ボタンのドラッグで目と
耳の内側を滑らかにします。

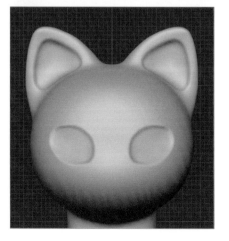

STEP **12** メッシュを押し出す

スカルプトモード

A **「レイヤー」**ブラシを有効にして**「ブラシ設定」**パネル、または3Dビューポートのヘッダーにある**「方向」**の [**+追加**] (3Dビューポートヘッダーでは ➕) を有効にします。
マウス左ボタンのドラッグで図のように黒目と鼻の部分のメッシュを押し出します。

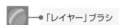 ●「レイヤー」ブラシ

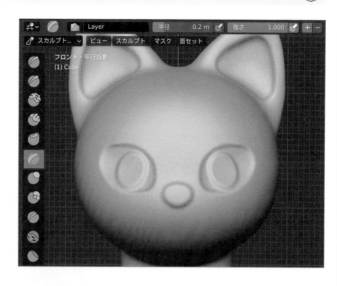

B **「ドロー」**ブラシを有効にして**「ブラシ設定」**パネル、または3Dビューポートのヘッダーにある**「方向」**の [**+追加**] (3Dビューポートヘッダーでは ➕) を有効にします。
黒目と鼻の部分のメッシュをマウス左ボタンのドラッグでさらに押し出します。

 ●「ドロー」ブラシ

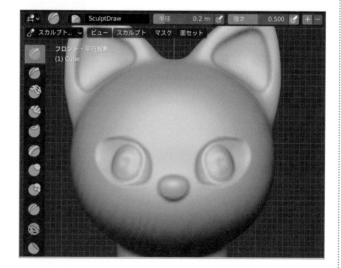

C Shift キーを押しながら (または**「スムーズ」**ブラシで) マウス左ボタンのドラッグで黒目と鼻の部分のメッシュを滑らかにします。

 ●「スムーズ」ブラシ

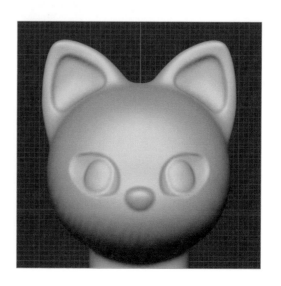

PART
6

STEP **13** 線状の凹凸を作成

A 「**クリース**」ブラシを有効にして「**ブラシ設定**」パネル、または3Dビューポートのヘッダーにある「**半径**」を "**0.05**" 前後に設定します。

マウス左ボタンのドラッグで図のように口と足の部分に線状の窪みを作成します。

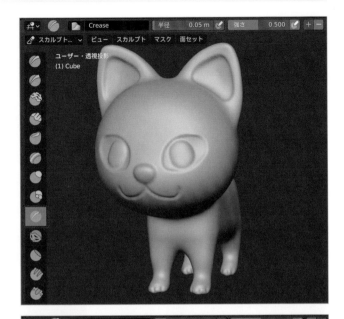

● 「クリース」ブラシ

B 「**ドロー**」ブラシを有効にして「**ブラシ設定**」パネル、または3Dビューポートのヘッダーにある「**半径**」を "**0.2**" 前後に設定し、口の上部のメッシュをマウス左ボタンのドラッグで押し出します。

さらに Shift キーを押しながら（または「**スムーズ**」ブラシで）マウス左ボタンのドラッグでメッシュを滑らかにします。

● 「ドロー」ブラシ

C 「**クリース**」ブラシを有効にして「**ブラシ設定**」パネル、または3Dビューポートのヘッダーにある「**半径**」を "**0.05**" 前後に設定し、「**方向**」の [**＋追加**]（3Dビューポートヘッダーでは ＋）を有効にします。

マウス左ボタンのドラッグで図のように線状にメッシュを押し出してヒゲを表現します。

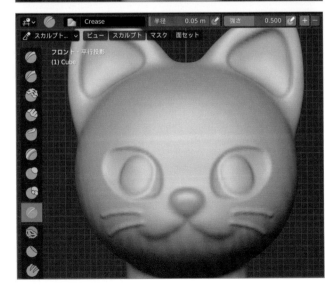

● 「クリース」ブラシ

STEP **14**　**首を傾ける**　　　　　　　　スカルプトモード 🖫　sample ▶ 📄 SECTION6-2d.blend

A 首を傾けて少し動きを付けます。
左右非対称になるため**「対称」**を無効に
します。
プロパティの**「アクティブツールとワー
クスペースの設定」**を左クリックして表
示される**「対称」**パネルにある**「ミラー」**
の **[X]** を無効にします。

⚠ 3Dビューポートのヘッダーでも同様の設定
が可能です。

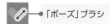
「アクティブツールとワーク
スペースの設定」

B **「ポーズ」**ブラシを有効にしてプロパ
ティの**「アクティブツールとワークス
ペースの設定」**を左クリックします。
「ブラシ設定」パネルの**「半径」**を"**3.5**"
前後に設定します（直接、数値を入力す
ることで、スライドによる設定最大値の
"1"以上に設定することが可能です）。
さらに**「スムージング反復数」**を"**100**"
に設定して、変形の際の境界を滑らかに
します。

「ポーズ」ブラシ

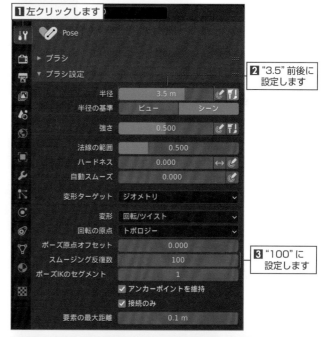

C ライトビュー（テンキー③）に切り替え、
おでこ付近でマウス左ボタンのドラッグ
を行い、首を下に少し傾けます。

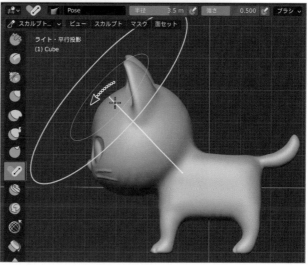

PART
6

D フロントビュー（テンキー 1 ）に切り替
え、おでこ付近でマウス左ボタンのド
ラッグを行い、向かって右側に首を少し
傾けます。

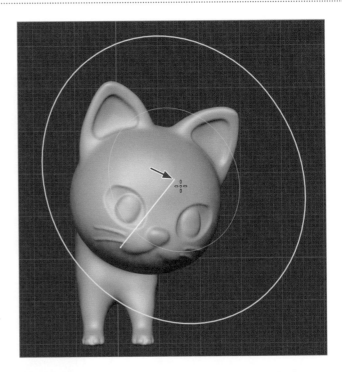

仕上がり見本　　　　　　　　　　　仕上がりsample ▶ **SECTION6-2e.blend**

SECTION 6.3 「ポーズ」ブラシでポージング

制作した人物キャラクターに対してポージングを行います。本来は、アーマチュア（骨格）を作成して人物キャラクターと関連付けすることで、関節などの変形が可能となりますが、ここでは猫の変形でも使用した「ポーズ」ブラシを用いた簡易的な編集方法を紹介します。関節など折れ曲がる部分の制御には、面セットを活用します。

オブジェクトの統合

STEP 01　ボディと髪の毛を1つのメッシュオブジェクトとして統合　オブジェクトモード ⬜ ／ 編集モード ⬜

A SECTION 5.2で作成した人物キャラクターのファイル（**SECTION5-2c.blend**）を開きます。
前髪（平面）と後ろ髪（平面.001）を選択して、3Dビューポートのヘッダーにある[**オブジェクト**] ➡ [**変換**]から[**メッシュ**]を選択します。

B [編集モード]（Tabキー）に切り替えて
すべてのメッシュを選択（Aキー）しま
す。

3Dビューポートのヘッダーにある
[メッシュ]➡[クリーンアップ]から
[距離でマージ]を選択して重複点を削
除します。

⚠ 筒状に設定したカーブオブジェクトの先端
（フィル）は、メッシュに変換すると重複点が
発生する場合があるので注意しましょう。

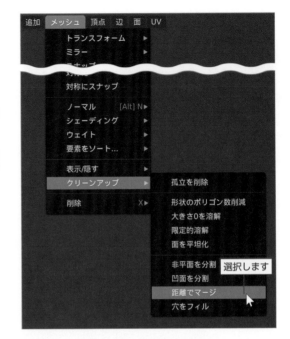

C [オブジェクトモード]（Tabキー）に切
り替えてボディ（Cube）を選択します。
プロパティの「**モディファイアープロパ
ティ**」を左クリックして「Mirror」パネ
ル上部の☑を左クリックして[適用]を
選択します。

🔧 ─「モディファイアープロパティ」

D 前髪（平面）、後ろ髪（平面.001）、ボ
ディ（Cube）を選択し、3Dビューポート
のヘッダーにある[オブジェクト]から
[統合]（Ctrl＋Jキー）を選択して、1
つのメッシュオブジェクトとして統合し
ます。

面セットの設定

STEP 02　シームの設定

編集モード 🗊

本来**「シーム」**とは、テクスチャを貼り付ける際に立体的なメッシュを平面に展開するときの切り取り線として使用しますが、ここでは各面セットの境界として使用します。

A [編集モード]([Tab]キー)に切り替えて3Dビューポートのヘッダーにある**[選択モード切り替え]**ボタンから**[辺選択]**を左クリックで有効にします。
図のように関節などの折れ曲がる部分の辺を選択します。

選択箇所	
首	腰
腕の付け根	脚の付け根
肘	膝
手首	足首

🞀━●「辺選択」モード

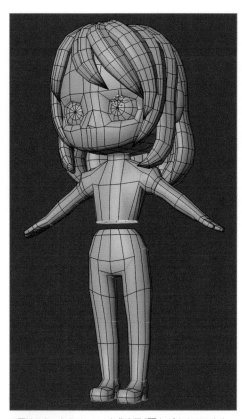

B 3Dビューポートのヘッダーにある**[辺]**から**[シームをマーク]**を選択します。シームとして設定された辺は赤色で表示されます。

※図はスカートのメッシュを非表示([H]キー)にしています。

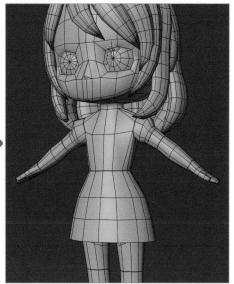

PART
6

STEP 03 シームによる面セットの設定 スカルプトモード

A 画面最上部の [Sculpting] タブを左クリックしてワークスペース（画面構成）を切り替えます。
3Dビューポートのヘッダーにある [面セット] ➡ [面セットを初期化] から [UVシームで] を選択します。面セットが設定されると各面セットが色分けされます。

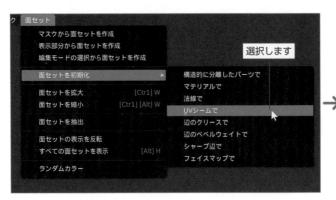

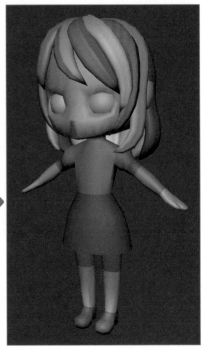

⚠ 面セットの配色はランダムに設定されます。

STEP 04 選択箇所による面セットの設定 編集モード ／ スカルプトモード

髪の毛の束や眼球は、メッシュが繋がっていないため、異なる面セットとして設定されています。
ポージングの際に頭部と連動させたいので、頭部、髪の毛、眼球を1つの面セットとして設定します。

A [編集モード]（[Tab] キー）に切り替えて3Dビューポートのヘッダーにある [選択モード切り替え] ボタンから [面選択] を左クリックで有効にします。
図のように頭部、髪の毛、眼球のメッシュを選択します。

⚠ 「面選択」モードでマウスポインターを合わせて[L]キーを押すと、シームで区切られたメッシュを選択することができます。

「面選択」モード

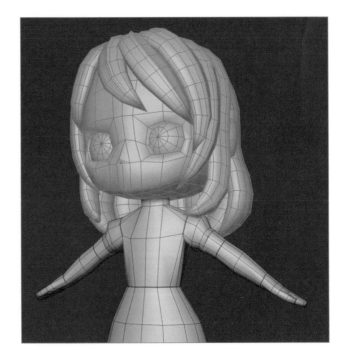

B [スカルプトモード]（ Tab キー）に切り
替えて3Dビューポートのヘッダーにあ
る[面セット] ➡ [編集モードの選択か
ら面セットを作成]を選択すると、編集
モードで選択している箇所が1つの面
セットとして設定されます。

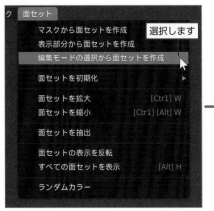

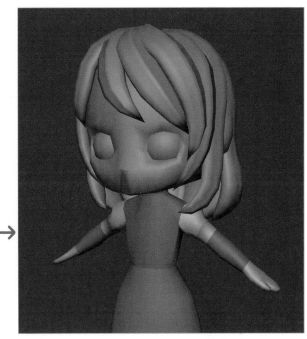

PART
6

「ポーズ」ブラシで変形

STEP 05　首を傾ける　　　　　　　スカルプトモード 🗇　sample▶ 🔷 SECTION6-3a.blend

A 「ポーズ」ブラシを有効にします。
プロパティの「**アクティブツールとワー
クスペースの設定**」を左クリックして表
示される「**ブラシ設定**」パネルの「**回転の
原点**」から[**面セット**]を選択します。
さらに「**スムージング反復数**」を"**0**"に
設定し、[**接続のみ**]のチェックを外し
て無効にします。

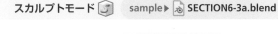

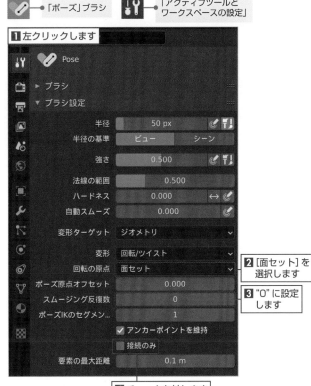

B 頭頂部でマウス左ボタンのドラッグを行い、向かって右側に首を少し傾けます。

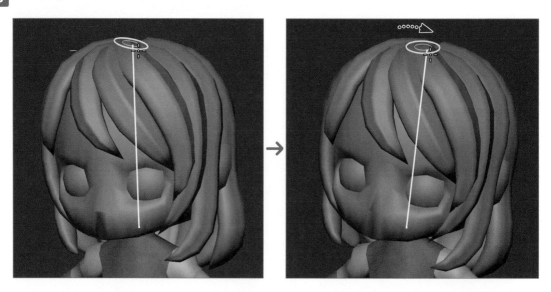

C アゴ付近でマウス左ボタンのドラッグを行い、反時計回りに首を少し回転します。

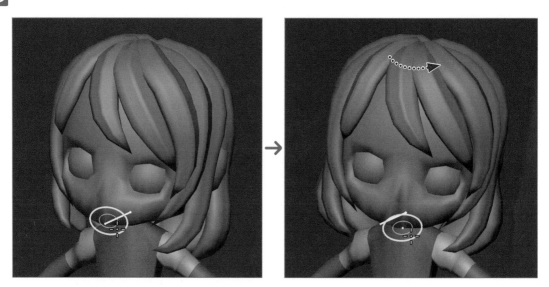

STEP **06** **手足を動かす** スカルプトモード

A 「**ブラシ設定**」パネルの「**回転の原点**」から [**面セットFK**] を選択します。
さらに [**接続のみ**] にチェックを入れて有効にします。

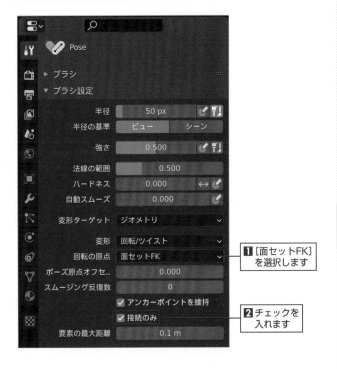

1 [面セットFK]
を選択します

2 チェックを
入れます

B ライトビュー（テンキー③）に切り替えて足首付近でマウス左ボタンのドラッグを行い、左足の膝を少し曲げます。

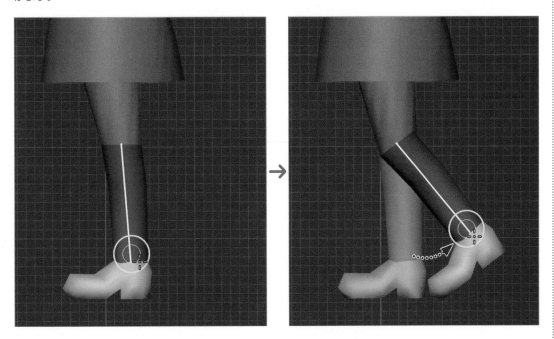

C フロントビュー（テンキー 1）に切り替えて上腕付近でそれぞれマウス左ボタンのドラッグを行い、両腕を下に曲げます。

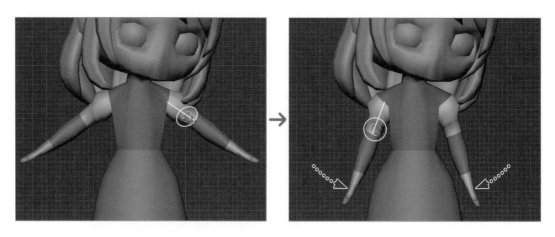

D 指先付近でそれぞれマウス左ボタンのドラッグを行い、両手首を上に少し曲げます。

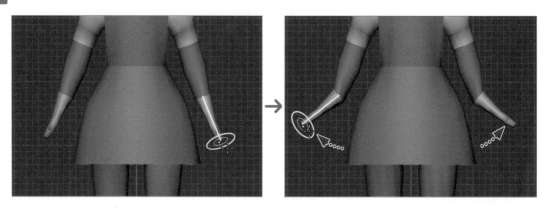

E ライトビュー（テンキー 3）に切り替えて上腕付近でマウス左ボタンのドラッグを行い、左腕を後ろに少し曲げます。

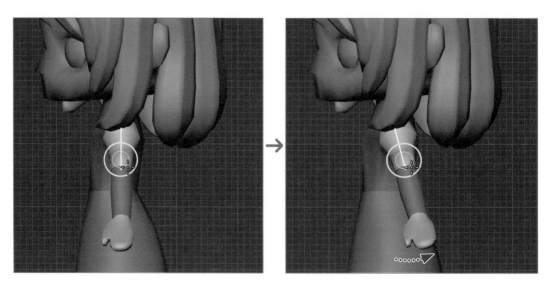

F レフトビュー（ Ctrl ＋テンキー 3 ）に切り替えて上腕付近でマウス左ボタンのドラッグを行い、右腕を前に少し曲げます。

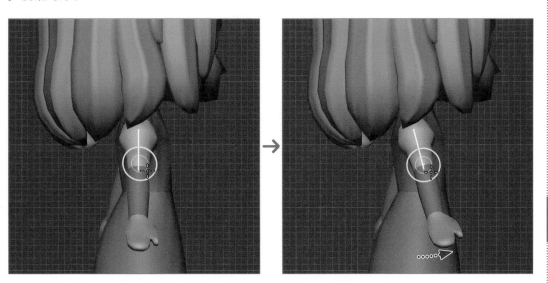

仕上がり見本　　　　　　仕上がりsample ▶ 📄 **SECTION6-3b.blend**

SECTION 6.4　クロス

人物キャラクターの服に対して布を表現するためにシワ加工を施します。
上半身には、スカルプティングで布のように変形することができる「クロス」ブラシを使用します。スカートには、重力を用いた簡易的なクロスシミュレーションがかけられる「クロスフィルター」を使用してシワを作成します。

「クロス」ブラシでシワ加工

STEP 01　「マルチレゾリューション」モディファイアーの設定　オブジェクトモード ⬜ ／ 編集モード ⬜

A SECTION 6.3で作成した人物キャラクターのファイル（SECTION6-3b.blend）を開きます。
　腰の周辺がタイトなので、シワ加工した際に違和感がないように変形します。
　人物キャラクター（**Cube**）を選択して[**編集モード**]（[Tab]キー）に切り替えます。
　[**ループカット**]ツール（[Ctrl]＋[R]キー）を有効にして腹部付近に水平方向に2カ所、辺を追加します。

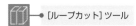
→[ループカット]ツール

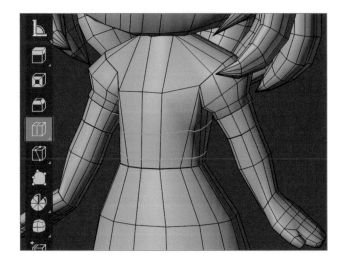

B それぞれの辺をループ状に選択（ Alt ＋左クリック）して上側は縮小（ S キー）、下側は拡大（ S キー）します。

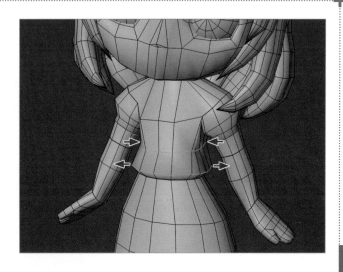

C [オブジェクトモード]（ Tab キー）に切り替えてプロパティの「**モディファイアープロパティ**」を左クリックし、「**モディファイアーを追加**」メニューから [**マルチレゾリューション**]を選択します。

「モディファイアープロパティ」

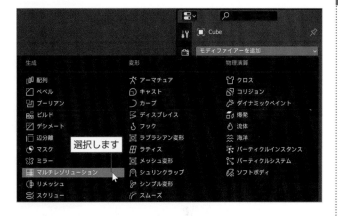

D 「Multires」パネルの[**シンプル**]を1回、[**細分化**]を1回左クリックして細分化レベルを"**2**"に設定します。
表面が滑らかになるようにメッシュを分割する[**細分化**]に対して、[**シンプル**]は形状を変えずにメッシュを分割します。

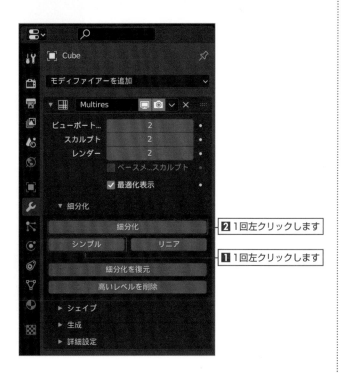

STEP 02 「クロス」ブラシで上半身をスカルプティング　編集モード／スカルプトモード

sample▶ SECTION6-4a.blend

A 編集を行う上半身のみを表示させます。[編集モード]（Tab キー）に切り替えて3Dビューポートのヘッダーにある [選択モード切り替え] ボタンから [面選択] を左クリックで有効にします。図のように上半身を選択します。

「面選択」モード

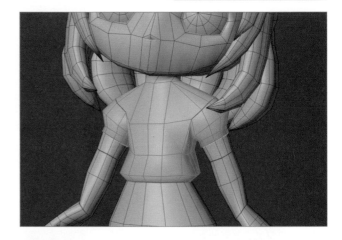

B 3Dビューポートのヘッダーにある [選択] から [反転]（Ctrl + I キー）を選択します。

選択します

C 続けて3Dビューポートのヘッダーにある [メッシュ] ➡ [表示/隠す] から [選択物を隠す]（H キー）を選択して、頭部、腕、下半身を非表示にします。

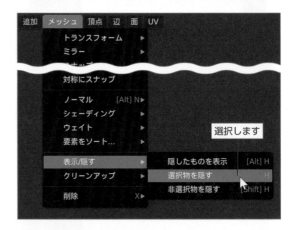

選択します

D 画面最上部の [Sculpting] タブを左クリックしてワークスペース（画面構成）を切り替えます。

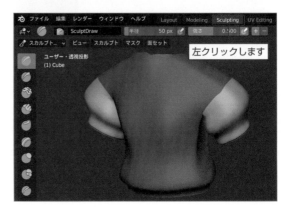

左クリックします

E 「**クロス**」ブラシを有効にします。

プロパティの「**アクティブツールとワークスペースの設定**」を左クリックして「**ブラシ設定**」パネルを表示させて、以下の設定を行います。

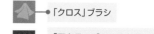
「クロス」ブラシ

「アクティブツールとワークスペースの設定」

「**ハードネス**」は、ブラシの影響力の減衰範囲を設定します。数値が大きいほど減衰しなくなり、影響範囲のフチ側でも影響（効果）が出やすくなります。ここでは "**0.500**" に設定します。

「**シミュレーション領域**」は、影響の範囲を設定します。ここでは、ブラシ周辺だけでなく、メッシュ全体（表示部分のみ）に影響を及ぼす [**グローバル**] を選択します。

「**変形**」は、[**インフレート**（膨張）] や [**グラブ**（掴む）] などブラシの効果を変更します。ここでは、摘まみ寄せるような働きをする [**ポイントピンチ**] を選択します。

「**力の減衰**」は、影響を与える範囲の形状（ブラシの形状）を変更します。ここでは [**平面**] を選択します。

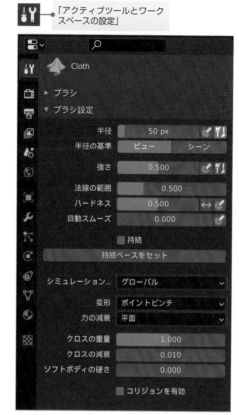

F 腹部や袖の周辺でマウス左ボタンのドラッグを行い、シワを作成します。マウスポインターの移動距離は短めに、編集は少しずつ行います。

シワが強すぎる部分やメッシュ構造が乱れた部分は、Shift キーを押しながら（または「**スムーズ**」ブラシで）マウス左ボタンのドラッグで表面を滑らかにします。

⚠ やり直しを行う場合は「マルチレゾリューション」モディファイアーを削除して再度設定すれば、「クロス」ブラシによる編集がリセットされます。

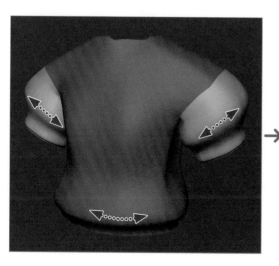 →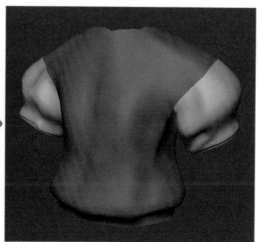

PART
6

377

「クロスフィルター」でシワ加工

STEP 03 下半身にコリジョンの設定

オブジェクトモード 📦 ／ 編集モード 📦

sample ▶ 📄 SECTION6-4b.blend

スカートに対して重力を用いた簡易的なクロスシミュレーション「クロスフィルター」を使用します。
まず、下半身に対してスカートがめり込まないように衝突判定となる「コリジョン」を設定します。

A [編集モード]（[Tab]キー）に切り替えて
3Dビューポートのヘッダーにある
[メッシュ] ➡ [表示/隠す] から [隠し
たものを表示]（[Alt]＋[H]キー）を選択
してすべてのメッシュを表示します。

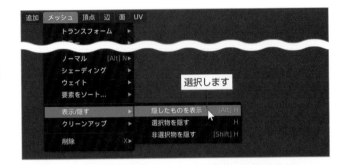

B 下半身を選択して3Dビューポートの
ヘッダーにある[メッシュ] ➡ [分離]
から [選択]（[P]キー）を選択し、別オブ
ジェクトとして分離します。

C [オブジェクトモード] に切り替えて下
半身のオブジェクトを選択します。
プロパティの「物理演算プロパティ」を
左クリックして [コリジョン] を左ク
リックします。

「物理演算プロパティ」

STEP 04 「クロスフィルター」をスカートに適用　　編集モード ⬚ ／ スカルプトモード ◌

A 編集を行うスカートのみを表示させます。
頭部からスカートまでのオブジェクトを選択し、[**編集モード**] に切り替えて図のようにスカートを選択します。

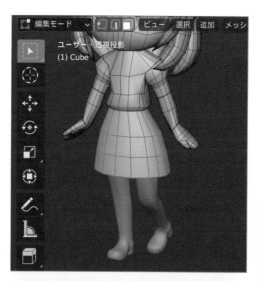

「面選択」モード

B 3Dビューポートのヘッダーにある [**選択**] から [**反転**] (Ctrl + I キー) を選択します。

選択します

C 続けて3Dビューポートのヘッダーにある [**メッシュ**] ➡ [**表示/隠す**] から [**選択物を隠す**] (H キー) を選択して上半身を非表示にします。

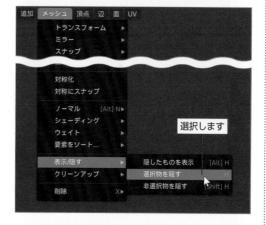

選択します

D [**スカルプトモード**] に切り替えます。
「**クロスフィルター**」を適用する前に重力でスカートが落下しないように部分的に固定します。
「**ボックスマスク**」を有効にしてマウス左ボタンのドラッグでスカートの上部を囲みます。マスクをかけた箇所は重力が無効化されて、クロスシミュレーション時に固定することができます。

「ボックスマスク」

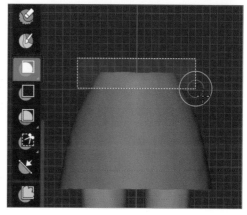

PART 6

E 「クロスフィルター」を有効にしてプロパティの「ア
クティブツールとワークスペースの設定」を左ク
リックします。
[コリジョンを使用] にチェックを入れて有効にし
ます。

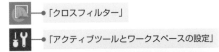

「クロスフィルター」

「アクティブツールとワークスペースの設定」

1 左クリックします

Cloth Filter

フィルタータイプ	重力
強さ	1.000
力の軸	X　Y　Z
座標系	ローカル
クロスの重量	1.000
クロスの減衰	0.000
□ 面セットを使用
✓ コリジョンを使用
▶ リメッシュ	2 チェックを入れます

F 左から右へ向かってマウス左ボタンのドラッグを行
うと、重力に従ってスカートが変形します。
マウスポインターの移動距離は短めに、編集は少し
ずつ行います。

※コリジョンを設定しているにも関わらず、部分的にスカー
トが下半身にめり込んでしまう場合がありますが、後述で
修正します。

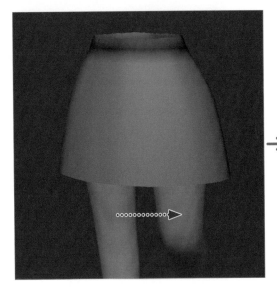

→

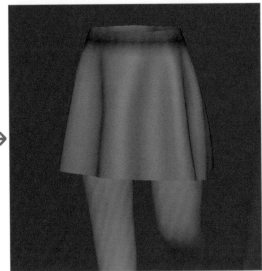

STEP 05 「境界」ブラシで形状を整える

スカルプトモード

メッシュのめり込みの修正も含めて、ス
カートの形状を変形します。

A 「境界」ブラシを有効にします。
プロパティの「アクティブツールとワー
クスペースの設定」を左クリックして表
示される「ブラシ設定」パネルにある「半
径の基準」から [シーン] を有効にし、
「半径」を "1.5" と入力します。

「境界」ブラシ

「アクティブツールとワークスペースの設定」

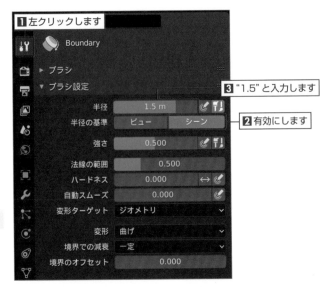

1 左クリックします

Boundary

▶ ブラシ
▼ ブラシ設定

3 "1.5" と入力します

半径	1.5 m
半径の基準	ビュー　シーン	2 有効にします
強さ	0.500
法線の範囲	0.500
ハードネス	0.000
自動スムーズ	0.000
変形ターゲット	ジオメトリ
変形	曲げ
境界での減衰	一定
境界のオフセット	0.000

B スカートの裾から下へ向かってマウス左ボタンでドラッグし、スカートの裾が広がるように変形させます。

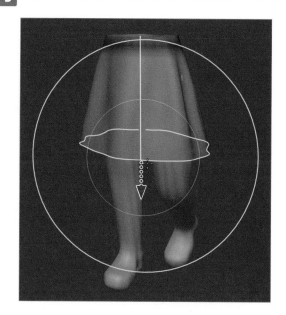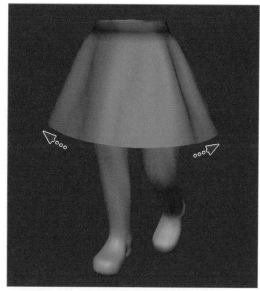

C 「ブラシ設定」パネルの「半径」を "1" に設定して「減衰」の「カーブプリセット」メニューから [スムーズ] を選択し、折れ曲がる部分が滑らかになるようにします。

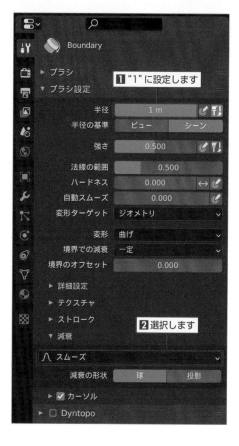

D スカートの裾から上へ向かってマウス左ボタンでドラッグし、裾を縮めてスカートが弧を描くように変形させます。

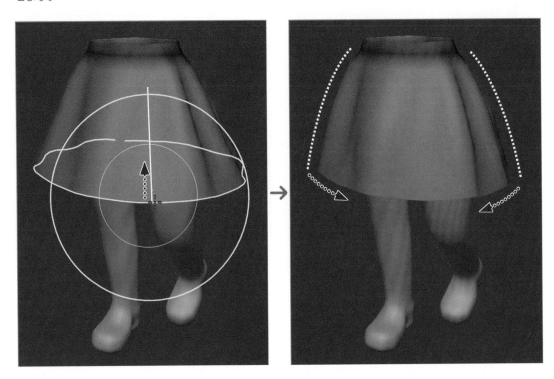

E 「ブラシ設定」パネルの「半径」を "0.5" に設定して「変形ターゲット」から [クロスシミュレーション] を選択します。

さらに、「変形」から [ツイスト] を選択します。

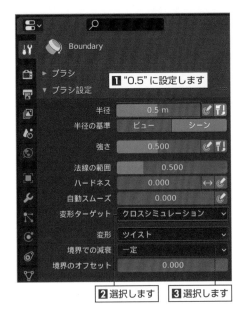

F スカートの裾から下へ向かってマウス左ボタンでドラッグし、スカートの裾が捻じれるように変形させます。

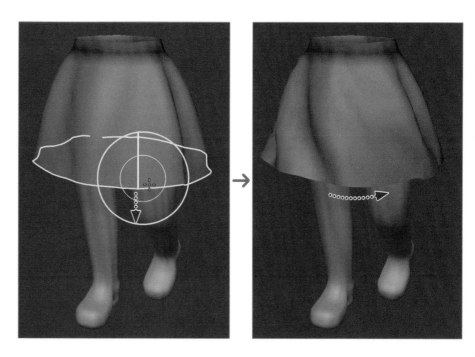

仕上がり見本　　仕上がりsample ▶ 📄 SECTION6-4c.blend

モデリングで主に使用するショートカットキー

Macの場合　Ctrl キー ➡ control キー（一部の機能は command キー）
Alt キー ➡ option キー

:: 基本操作

操作内容	ショートカットキー
新規ファイルを開く	Ctrl + N
Blenderファイルを開く	Ctrl + O （アルファベット：オー）
保存	Ctrl + S
別名保存	Shift + Ctrl + S
Blenderの終了	Ctrl + Q
操作の取り消し	Ctrl + Z
操作のやり直し	Shift + Ctrl + Z
画像をレンダリング	F12
レンダリング画像の保存	Alt + S

:: 画面操作

操作内容	ショートカットキー
ワークスペースの切り替え	Ctrl + Pageup ／ Ctrl + Pagedown
オブジェクトモードと編集モードの切り替え	Tab
四分割表示	Ctrl + Alt + Q
エリアの最大化	Ctrl + Space
ツールバー	T
サイドバー	N
3Dカーソルを原点へ移動	Shift + C
シェーディング・パイメニュー	Z
モード・パイメニュー	Ctrl + Tab

:: 視点操作

操作内容	ショートカットキー
視点切り替え（フロント（前）ビュー）	テンキー 1
視点切り替え（ライト（右）ビュー）	テンキー 3
視点切り替え（トップ（上）ビュー）	テンキー 7
視点切り替え（バック（後）ビュー）	Ctrl +テンキー 1
視点切り替え（レフト（左）ビュー）	Ctrl +テンキー 3
視点切り替え（ボトム（下）ビュー）	Ctrl +テンキー 7
視点を下に15度回転	テンキー 2
視点を左に15度回転	テンキー 4
視点を右に15度回転	テンキー 6
視点を上に15度回転	テンキー 8
視点を下に平行移動	Ctrl +テンキー 2
視点を左に平行移動	Ctrl +テンキー 4
視点を右に平行移動	Ctrl +テンキー 6
視点を上に平行移動	Ctrl +テンキー 8
視点を反時計回りに回転	Shift +テンキー 4
視点を時計回りに回転	Shift +テンキー 6
視点切り替え（カメラビュー）	テンキー 0
視点切り替え（選択中のオブジェクトを中心に表示）	テンキー .
平行投影と透視投影の切り替え	テンキー 5
ズームイン	テンキー +
ズームイン	テンキー －
ビュー・パイメニュー	@ （アットマーク）

:: 選択

操作内容	ショートカットキー
全選択	A
選択解除	Alt + A
ボックス選択	B
サークル選択	C
反転	Ctrl + I （アルファベット：アイ）
[選択] ツールの切り替え	W
頂点選択	1
辺選択	2
面選択	3
つながったメッシュの選択	Ctrl + L

:: オブジェクトの編集など

操作内容	ショートカットキー
オブジェクトの追加	Shift + A
削除	X
非表示	H
再表示	Alt + H
移動	G
回転	R
拡大縮小	S
複製	Shift + D
リンク複製	Alt + D
ミラー（反転）	Ctrl + M
オブジェクトの統合	Ctrl + J
編集の適用	Ctrl + A
移動のクリア	Alt + G
回転のクリア	Alt + R
拡大縮小のクリア	Alt + S
座標系・パイメニュー	, （カンマ）
ピボットポイント・パイメニュー	. （ピリオド）

:: オブジェクトの編集など

操作内容	ショートカットキー
収縮／膨張	Alt + S
押し出し	E
ループカット	Ctrl + R
ナイフ	K
ベベル	Ctrl + B
面を差し込む	I （アルファベット：アイ）
オブジェクトの分離	P
メッシュの分離	Y
メッシュの結合	M
リップ（切り裂き）	V
辺／面の作成	F
頂点の連結	J
面を三角化	Ctrl + T
三角面を四角面に結合	Alt + J
フィル	Alt + F
面の向きを外側に揃える	Shift + N
面の向きを内側に揃える	Shift + Ctrl + N
プロポーショナル編集	O （アルファベット：オー）
スナップ・パイメニュー	Shift + S
プロポーショナル編集の減衰・パイメニュー	Shift + O （アルファベット：オー）

INDEX

著者紹介

Benjamin（ベンジャミン）

東京在住の 1975 年生まれ。デザイン事務所、企業内デザイナーを経て、2003 年にフリーランスとして独立。

ポスターやパンフレットなど紙媒体のデザインの他、Web サイトのアートディレクションおよびデザイン、イラスト制作に従事。最近では、3DCG を活用してのグラフィック・Web デザインも行っている。

個人ブログの「Project-6B」（http://6b.u5ch.com/）や「Blender Snippet」（http://blender.u5kun.com/）では、主に Blender を使用した 3DCG 作品、それらの制作過程を公開している。

著書に「Blender 2.8 3DCG スーパーテクニック」「Blender 3D キャラクター メイキング・テクニック」「3DCG ソフト & 3D プリンタで作ろう！オリジナル・フィギュア」（ソーテック社）などがある。

Blender 2.9
3DCG モデリング・マスター

2021年5月31日　初版　第1刷発行
2022年3月10日　初版　第2刷発行

著　者	Benjamin
装　幀	広田正康
カバーイメージ	Benjamin
発行人	柳澤淳一
編集人	久保田賢二
発行所	株式会社　ソーテック社
	〒102-0072　東京都千代田区飯田橋4-9-5　スギタビル4F
	電話（注文専用）03-3262-5320　FAX03-3262-5326
印刷所	大日本印刷株式会社